Benedito Tadeu Vasconcelos Freire
Carlos Alexandre Gomes da Silva
Claudio Carlos Dias

Notas de Aula:
Teoria dos Números

Editora Ciência Moderna

Notas de Aula: teoria dos números

Editor: Paulo André P. Marques
Produção Editorial: Dilene Sandes Pessanha
Capa: Daniel Jara
Copidesque: Equipe Ciência Moderna

FICHA CATALOGRAFICA

FREIRE, Benedito Tadeu Vasconcelos; SILVA, Carlos Alexandre Gomes da; DIAS, Cláudio Carlos.

Notas de Aula: teoria dos números

Rio de Janeiro: Editora Ciência Moderna Ltda., 2021.

1. Matemática
I — Título

ISBN: 978-65-5842-074-3 CDD 510

Editora Ciência Moderna Ltda.
R. Alice Figueiredo, 46 – Riachuelo
Rio de Janeiro, RJ – Brasil CEP: 20.950-150
Tel: (21) 2201-6662/ Fax: (21) 2201-6896
E-MAIL: LCM@LCM.COM.BR
WWW.LCM.COM.BR

06/21

Sumário

Apresentação

Este texto constitui as Notas de Aula da disciplina de Teoria dos Números, do Curso de Licenciatura em Matemática, na modalidade à distância, da Secretaria de Educação à Distância-SEDIS, da Universidade Federal do Rio Grande do Norte-UFRN.

Ao longo dessas Notas de Aula estudamos o conjunto dos **números naturais** e ampliando o estudo, no que couber, para o conjunto dos **números inteiros**.

Essencialmente, estudamos as relações entre os elementos de diferentes tipos de subconjuntos do conjunto dos números naturais, como por exemplo, os subconjuntos seguintes que encontraremos ao longo dessas Notas de Aula:

- Pares: $\{2, 4, 6, 8, 10, \ldots\}$,
- Ímpares: $\{1, 3, 5, 7, 9, \ldots\}$,
- Quadrados Perfeitos: $\{1, 4, 9, 16, 25, \ldots\}$,
- Cubos Perfeitos: $\{1, 8, 27, 64, 125, \ldots\}$,
- Primos: $\{2, 3, 5, 7, 11, \ldots\}$,
- Compostos: $\{4, 6, 8, 9, 10, \ldots\}$,
- Triangulares: $\{1, 3, 6, 10, 15, \ldots\}$,
- Perfeitos: $\{6, 28, 496, 8128, 33550336, \ldots\}$,
- Fibonacci: $\{1, 1, 2, 3, 5, 8, 13, \ldots\}$,

e muitos outros tipos de subconjuntos.

O objetivo principal dessas Notas de Aula é apresentar relações interessantes, e às vezes inesperadas, entre os elementos destes tipos de subconjuntos e provar que essas relações são verdadeiras. Para isso, introduzimos os resultados básicos da Teoria Elementar dos Números; mostramos aplicações; desenvolvemos mecanismos de reconhecimento de padrões numéricos; e introduzimos o rigor nas provas.

Ao escrever essas Notas de Aulas, procuramos ser o mais claro possível, com o objetivo de facilitar o entendimento do aluno de um curso não presencial. Por isso, apresentamos no texto muitos exemplos com resoluções detalhadas, que esperamos estejam suficientemente claras.

Os exemplos apresentados, com resoluções minuciosas, são aplicações imediatas dos conceitos e propriedades importantes que julgamos fundamentais, como um elemento facilitador no processo de aprendizado vivenciado pelos estudantes e tem por finalidade familiarizá-los com as técnicas. Também, apresentamos questões estimulantes que aparecem com frequência nos textos de Teoria dos Números, concursos e competições matemáticas.

Os problemas propostos são desafios que o estudante vai vivenciar para permitir-lhe o amadurecimento no domínio dos conceitos e técnicas da disciplina. Ao tentar resolver os problemas, o estudante sentirá o quanto ele domina os conceitos e técnicas apresentadas em cada capítulo. Como queríamos apresentar problemas interessantes, que aliasse a motivação para o aprendizado e o desenvolvimento de técnicas de resolução de problemas, optamos por colocar muitas questões de competições matemáticas realizadas no Brasil e em outros países, na sua quase totalidade com sugestões que facilitam a resolução. Os problemas foram escolhidos das competições:

AHSME-American High School Mathematics Examination
APMO-The Asian Pacific Mathematics Olympiad
ARML-American Regions Mathematics League
AIME-American Invitational Mathematics Examination
BMC-Berkley Math Circle
HMMT-Havard-MIT Mathematics Tournaments
IMO-International Mathematical Olympiad
MMC-University of Michigan Mathematics Competition
MMPC-Michigan Mathematics Prize Competition
MOSP-Math Olympiad Summer Program
OBM-Olimpíada Brasileira de Matemática
OBMEP-Olimpíada Brasileira de Matemática das Escolas Públicas
OJM-Olimpíada Juvenil de Matemáticas
OMA-Olimpíada Matemática Argentina
OME-Olimpíada Matemática Espanhola
OMRN-Olimpíada Matemática do Rio Grande do Norte
OPM-Olimpíada Paulista de Matemática
PUTNAM-The William Lowel Putnam Mathematical Competition
RMC-Romanian Mathematical Competitions
Russia-Russian National Mathematical Olympiad
STANFORD-Stanford Mathematics Competition
SMO-Singapore Mathematical Olympiad
TT-International Tournament of Towns
USAMO-United States Mathematical Olympiad

O texto foi escrito usando o editor LaTeX, usando o Miktex 2.09, sendo de muita valia para nós o site *http://tex.stackexchange.com/*, usado frequentemente para tirar dúvidas durante a edição.

Para realização dessas Notas de Aula, contamos com os apoios fundamentais e indispensáveis do Departamento de Matemática da UFRN e de toda a competente equipe da SEDIS.

Todos os erros e equívocos são de nossa responsabilidade. Agradecemos comentários apontando eventuais erros, como também formas de melhorar o texto.

Natal, maio de 2021

Benedito Tadeu V. Freire
beneditofreire22@gmail.com

†Cláudio Carlos Dias
cdias@ufrnet.br

Carlos A. Gomes da Silva
cgomesmat@gmail.com

1. Indução

1.1 Introdução

Neste primeiro capítulo, estudaremos o processo e o método de indução, uma importante técnica usada para provar resultados de Matemática e em especial da Teoria dos Números.

Para facilitar seus estudos:

- Leia com atenção para entender tudo que está sendo explicado no texto.
- Estude com caneta e papel do seu lado.
- Seja paciente e procure ter certeza de que você entendeu o que está lendo.
- Estude os exemplos do capítulo e, depois disso, feche seu livro e tente fazer cada exemplo com seus próprios argumentos.
- Se você não consegue refazer os exemplos, estude-os novamente.
- Procure desenvolver o gosto pelas ideias da Teoria dos Números, pois a pessoa motivada aprende melhor e mais rápido.
- Depois de estudar o capítulo, resolva os problemas e discuta com os colegas.

1.2 Objetivo

Ao final deste capítulo espera-se que você possa:

- Compreender a essência do processo indutivo.
- Usar o Princípio da Indução para provar a validade de resultados e de certas fórmulas envolvendo números naturais.
- Usar o conhecimento de Indução como ferramentas de solução de problemas em vários contextos.

1.3 O processo e o método indutivo

Ao longo de toda essas Notas de Aula, a letra maiúscula $\mathbb{N}$ denotará o conjunto dos números naturais:

$$\mathbb{N} = \{1, 2, 3, \ldots, n, \ldots\}$$

A letra maiúscula $\mathbb{Z}$ denotará o conjunto dos números inteiros:

$$\mathbb{Z} = \{\ldots,\ -4,\ 3,\ -2,\ -1,\ 0,\ 1,\ 2,\ 3,\ 4,\ \ldots\}$$

Nota - Alguns autores consideram o conjunto dos números naturais a partir do 0, ou seja,

$$\mathbb{N} = \{0,\ 1,\ 2,\ 3,\ 4,\ 5,\ 6,\ \ldots,\ n, \ldots\}$$

Não existe consenso quanto a isso. Para os nossos propósitos ajuda mais considerarmos os números naturais a partir do 1.

O conjunto de todas as frações da forma $\frac{m}{n}$, onde $m,\ n$ são números inteiros e $n \neq 0$, é chamado o **conjunto dos número racionais** e é denotado pela letra $\mathbb{Q}$:

$$\mathbb{Q} = \{\frac{m}{n} \mid m,\ n \in \mathbb{Z},\ com\, n \neq 0\}.$$

Assim, os números $\frac{2}{3}$, $\frac{1}{5}$, $7 = \frac{7}{1}$, $0,3333\cdots$ são exemplos de números racionais. Observe que todo número inteiro n é um número racional, pois podemos escrever $n = \dfrac{n}{1}$.

Um número que não pode ser escrito como uma fração $\frac{m}{n}$, onde $m,\ n$ são números inteiros e $n \neq 0$, é dito ser um **número irracional**. Como veremos mais tarde, $\sqrt{2}$, $\sqrt{3}$, $\sqrt{5}$ são exemplos de números irracionais. O número π, a razão entre o comprimento de qualquer círculo (i.e. a circunferência) e o seu diâmetro, é um número irracional.

A coleção dos números formada por todos racionais acrescida de todos os números irracionais é chamada conjunto dos **números reais** e denotada por $\mathbb{R}$.

Em muitos problemas de Matemática, em especial na Teoria dos Números, precisamos verificar a veracidade de uma dada afirmação, $A(n)$, que depende de um número natural n. Para proceder a verificação, usamos o método de indução. Os historiadores da Matemática têm opiniões diferentes sobre quem primeiro formulou o Princípio da Indução Matemática. Mas, já na antiga Grécia, eles usavam argumentos indutivos, basta ver o Teorema $IX-20$ em **Os Elementos**, de Euclides [1], onde ele prova que existe uma infinidade de números primos.

[1] **Euclides de Alexandria** - foi um professor, matemático e escritor. Teria sido educado em Atenas e frequentado a Academia de Platão, em pleno florescimento da cultura helenística. Convidado por Ptolomeu I para compor o quadro de professores da recém-fundada Academia, que tornaria Alexandria o centro do saber da época, tornou-se o mais importante autor de matemática da Antiguidade greco-romana e talvez de todos os tempos, com seu monumental Stoichia (Os elementos, 300 a.C.), uma obra em treze volumes, sendo cinco sobre geometria plana, três sobre números, um sobre a teoria das proporções, um sobre incomensuráveis e os três últimos sobre geometria no espaço. Escrita em grego, a obra cobria toda a aritmética, a álgebra e a geometria conhecidas até então no mundo grego, reunindo o trabalho de seus predecessores, como Hipócrates e Eudóxio, e sistematizava todo o conhecimento geométrico dos antigos e intercalava os teoremas já conhecidos então com a demonstração de muitos outros, que completavam lacunas e davam coerência e encadeamento lógico ao sistema por ele criado. Após sua primeira edição foi copiado e recopiado inúmeras vezes e, versado para o árabe, tornou-se o mais influente texto científico de todos os tempos e um dos com maior número de publicações ao longo da história. Depois da queda do Império Romano, os seus livros foram recuperados para a sociedade europeia pelos estudiosos árabes da península Ibérica. Escreveu ainda Óptica (295 a.C.), sobre a óptica da visão e sobre astrologia, astronomia, música e mecânica, além de outros livros sobre matemática. Entre eles citam-se Lugares de superfície, Pseudaria e Porismas. Algumas das suas obras, como Os elementos, Os dados, outro livro de texto, uma espécie de manual de tabelas de uso interno na Academia e complemento dos seis primeiros volumes de Os Elementos, Divisão de figuras, sobre a divisão geométrica de figuras planas, Os Fenômenos, sobre astronomia, e Óptica, sobre

Alguns historiadores argumentam que a formulação precisa do método e do processo de indução deveu-se a Jacob Bernoulli $(1654-1705)$ e Blaise Pascal $(1623-1662)$.

Em 1889, quando estudava os números naturais, Giuseppe Peano $(1858-1932)$ introduziu o Princípio da Indução Matemática como um dos axiomas dos números naturais.

Em que consiste o método de indução matemática?

A prova por indução pode ser pensada como a brincadeira de arrumar dominós em fila e derrubá-los como uma onda: derrubamos a primeira peça, que ao cair bate na segunda derrubando-a, que ao cair bate na terceira derrubando-a, e assim por diante, até que todas elas sejam derrubadas, veja Figura 1.1 a seguir.

Figura 1.1: Dominós em queda - Fonte: http://tex.stackexchange.com/a/151474

Agora, em vez de peças de dominós, pense numa sequência de afirmações:

$$A(1),\ A(2),\ A(3),\ldots,\ A(n),\ldots.$$

Imagine que seja possível provar as duas etapas seguintes:

1. a primeira afirmação, $A(1)$, é verdadeira;
2. sempre que uma afirmação for verdadeira, a seguinte também será verdadeira.

Concluímos que todas as afirmações $A(1),\ A(2),\ A(3),\ldots,\ A(n),\ \ldots$ são verdadeiras.

Relacionando com as peças de dominó, a etapa 1 seria a derrubada da primeira peça e a etapa 2 seria a queda de uma peça de dominó provocada pela queda da peça anterior.

A etapa 1 é chamada a **base da indução** e a etapa 2 é chamada a **etapa indutiva**.

Observação. É natural aceitarmos o método de indução como um princípio, pois o que ele garante acerca de uma afirmação $A(n)$ é que:

$$A(1)\ \textit{verdadeira} \Rightarrow A(2)\ \textit{verdadeira} \Rightarrow A(3)\ \textit{verdadeira} \Rightarrow \ldots \Rightarrow\ A(n)$$

a visão, sobreviveram parcialmente e hoje são, depois de A Esfera de Autólico, os mais antigos tratados científicos gregos existentes. Pela sua maneira de expor nos escritos deduz-se que tenha sido um habilíssimo professor.
(Fonte: WIKIPÉDIA, 2008, extraído da Internet).

verdadeira $\Rightarrow A(n+1)$ *verdadeira* $\Longrightarrow \ldots$.

Ou seja, essa sequência de implicações varre todos os números naturais.

> ■ **Exemplo 1.1** **(A soma dos primeiros n números naturais)**
> Para todo número natural n, temos: $1+2+3+\ldots+n=\dfrac{n\cdot(n+1)}{2}$ ■

Solução

Observe que a afirmação $A(n)$ a ser provada é: $1+2+3+\ldots+n=\frac{n(n+1)}{2}$, para cada número natural n. Assim, $A(1)$ será entendida como a afirmação: $1=\frac{1\cdot(1+1)}{2}$;

$A(2):\ 1+2=\frac{2\cdot(2+1)}{2}$;

$A(3):\ 1+2+3=\frac{3\cdot(3+1)}{2}$, e assim por diante.

Etapa 1 Vamos verificar a base da indução. Isto é, a condição (1), que é o mesmo que verificar se $A(1)$ é verdadeira. Para isso, basta observar que: $1=\frac{1\cdot(1+1)}{2}$.

Etapa 2 Vamos supor que, para $n=k$, onde k um número natural maior do que ou igual a 1, a fórmula dada seja verdadeira. Isto é:

$$1+2+3+\ldots+k=\frac{k(k+1)}{2}.$$

Agora, provaremos que para $n=k+1$ a igualdade também se verifica. De fato, somando $k+1$ em ambos os membros da expressão anterior, obtém-se:

$$1+2+3+\ldots+k+(k+1)=\frac{k(k+1)}{2}+(k+1) \tag{1.1}$$

$$=\frac{k(k+1)+2(k+1)}{2} \tag{1.2}$$

$$=\frac{(k+1)\cdot(k+2)}{2}. \tag{1.3}$$

Esse valor coincide com o valor da fórmula dada ao substituirmos n por $k+1$, senão vejamos:

$$1+2+3+\ldots+k+(k+1)=\frac{(k+1).[(k+1)+1]}{2}=\frac{(k+1)(k+2)}{2}.$$

Portanto, pelo Princípio da Indução, completamos a prova.

> ■ **Exemplo 1.2** **(A soma dos quadrados dos primeiros n números naturais)**
> Para todo número natural n, temos:
>
> $$1^2+2^2+3^2+\ldots+n^2=\frac{n(n+1)(2n+1)}{6}$$
> ■

Solução

A afirmação, $A(n)$, a ser provada é: $1^2+2^2+3^2+\ldots+n^2=\frac{n(n+1)(2n+1)}{6}$, para todo número natural n. Assim, $A(1)$ será entendida como a afirmação: $\frac{1\times(1+1)\times(2\times1+1)}{6}=\frac{2\times3}{6}=1=1^2$;

$A(2):\ 1^2+2^2=\frac{2\cdot(2+1)\cdot(2\cdot2+1)}{6}$;

nondent $A(3):\ 1^2+2^2+3^2=\frac{3\cdot(3+1)\cdot(2\cdot3+1)}{6}$, e assim por diante.

Etapa 1 Vai verificar a base da indução, isto é, a condição (1). Para isso, basta observar que:

$$1^2 = \frac{1 \cdot (1+1) \cdot (2 \cdot 1 + 1)}{6} = \frac{2 \cdot 3}{6} = 1.$$

Etapa 2 Vamos supor que, para $n = k$, onde k é um número natural maior do que ou igual a 1, a fórmula dada seja verdadeira. Isto é:

$$1^2 + 2^2 + 3^2 + \cdots + k^2 = \frac{k(k+1)(2k+1)}{6},$$

para todo número natural k.
Agora, provaremos que para $n = k+1$ a igualdade também se verifica. De fato, somando $(k+1)^2$ em ambos os membros da igualdade anterior, obtém-se:

$$\begin{aligned}
1^2 + 2^2 + 3^2 + \ldots + k^2 + (k+1)^2 &= \frac{k(k+1)(2k+1)}{6} + (k+1)^2 \\
&= (k+1) \cdot \frac{k(2k+1)}{6} + (k+1)^2 \\
&= (k+1) \cdot \frac{2k^2 + k + 6k + 6}{6} \quad (*) \\
&= (k+1) \cdot \frac{2(k+\frac{3}{2})(k+2)}{6} \\
&= \frac{(k+1)(2k+3)(k+2)}{6} \\
&= \frac{(k+1)(k+2)[2(k+1)+1]}{6},
\end{aligned}$$

que é a expressão $\frac{n(n+1)(2n+1)}{6}$ quando $n = k+1$, o que completa a prova.

Observe que, em $(*)$ acima, usamos o fato de que o trinômio do 2° grau $(2k^2 + 7k + 6)$ se fatora como $2(k+2)(k+\frac{3}{2})$.

▪ **Exemplo 1.3 (A soma dos cubos dos primeiros n números naturais)**
Para todo número natural n, temos:

$$1^3 + 2^3 + 3^3 + \ldots + n^3 = \left[\frac{n(n+1)}{2}\right]^2$$

▪

Solução

A afirmação, $A(n)$, a ser provada é: $1^3 + 2^3 + 3^3 + \ldots + n^3 = [\frac{n(n+1)}{2}]^2$, para todo número natural n.
Assim, $A(1)$ será entendida como a afirmação: $\left[\frac{1 \cdot (1+1)}{2}\right]^2 = \frac{2}{2} = 1 = 1^3$;

$A(2):\ 1^3 + 2^3 = 9 = \left[\frac{2 \cdot (2+1)}{2}\right]^2$;

$A(3):\ 1^3 + 2^3 + 3^3 = 36 = \left[\frac{3 \cdot (3+1)}{2}\right]^2$, e assim por diante.

Etapa 1 Vamos verificar a base da indução. Isto é, se a condição (1) é verdadeira. Para isso, basta observar que:

$$\left[\frac{1(1+1)}{2}\right]^2 = \left[\frac{2}{2}\right]^2 = 1^2 = 1 = 1^3.$$

Etapa 2 Vamos supor que para $n = k$, onde k é um número natural maior do que ou igual a 1, a fórmula dada seja verdadeira. Isto é, $1^3 + 2^3 + 3^3 + \ldots + k^3 = [\frac{k(k+1)}{2}]^2$, para todo número natural k.
Agora, provaremos que para $n = k+1$ a igualdade também se verifica. De fato,

$$\begin{aligned} 1^3 + 2^3 + 3^3 + \ldots + k^3 + (k+1)^3 &= \left[\frac{k(k+1)}{2}\right]^2 + (k+1)^3 \\ &= \frac{k^2(k+1)^2}{4} + (k+1)^3 \\ &= \frac{k^2(k+1)^3 + 4(k+1)^3}{4} \\ &= \frac{(k+1)^2\left[k^2 + 4(k+1)\right]}{4} \\ &= \frac{(k+1)^2[k+2]^2}{4} \\ &= \left[\frac{(k+1)(k+2)}{2}\right]^2, \end{aligned}$$

que é a fórmula dada quando $n = k+1$, o que completa a prova.

Nota - Observe que, pelo exemplo 2.1, temos que $1 + 2 + 3 + \ldots + n = \frac{n(n+1)}{2}$. Agora, o exemplo 2.3, curiosamente, nos permite concluir que:

$$1^3 + 2^3 + 3^3 + \ldots + n^3 = (1 + 2 + 3 + \cdot + n)^2 = \left[\frac{n(n+1)}{2}\right]^2,$$

um resultado, convenhamos, surpreendente! vspace3mm

■ **Exemplo 1.4 —** . Descubra o erro na demonstração da seguinte afirmação:
"*Todos os elementos de um conjunto finito qualquer possuem a mesma cor*". ■

Demonstração

O caso $n = 1$ é óbvio (numa coleção consistindo de um único objeto, existe uma única cor a ser observada). Assumindo, por hipótese, que em qualquer coleção de k objetos, digamos $\{O_1, O_2, \ldots, O_k\}$, todos têm a mesma cor. Precisamos provar que toda coleção de $k+1$ objetos, digamos $\{O_1, O_2, \ldots, O_k, O_{k+1}\}$, será formada totalmente por elementos monocromáticos. De fato, se retirarmos um objeto de uma coleção de $k+1$ objetos, digamos o elemento O_1, os k restantes, $\{O_2, O_3, \ldots, O_k, O_{k+1}\}$, conjunto com k elementos, serão todos da mesma cor (pela hipótese). Agora, se colocamos de volta o objeto que foi retirado, O_1, e retiramos outro qualquer, então, (novamente) pela hipótese de indução, ele tem a mesma cor dos objetos restantes e, com isso, concluímos que todos os objetos de $\{O_1, O_2, \ldots, O_k, O_{k+1}\}$ possuem a mesma cor.

O argumento não vale para o caso $n = 2$.

■ **Exemplo 1.5 —** . Têm-se 2^n moedas de ouro com o mesmo peso a menos de uma delas que é falsa, com peso menor que as demais. Dispõe-se de uma balança de dois pratos, sem nenhum peso. Mostre, por indução, que é possível achar a moeda falsa com n pesagens. ■

Solução

Para $n = 1$ teremos $2^n = 2^1 = 2$ moedas. Nesse caso, colocamos uma moeda em cada prato da balança. Aquele prato que ficar mais alto conterá a moeda mais leve e, portanto, com apenas uma pesagem conseguimos, nesse caso, descobrir a moeda falsa.
Suponhamos que a proposição seja verdadeira para o número natural $n = k$, isto é, com 2^k moedas, uma quantidade de k pesagens são suficientes para descobrirmos a moeda falsa (Hipótese da indução).

Agora, vamos mostrar que a proposição é válida para $n = k+1$, ou seja, com 2^{k+1} moedas podemos descobrir a moeda falsa com $k+1$ pesagens. Com efeito, se possuirmos 2^{k+1} moedas podemos dividir todas essas moedas em dois grupos com 2^k moedas cada um, pois $2^{k+1} = 2.2^k$. Colocamos então cada um desses dois grupos nos pratos da balança. Dessa forma, um dos pratos da balança irá ficar mais alto (pois a moeda falsa estará num desses dois grupos e, portanto, há um grupo mais leve que outro). O prato da balança que ficar mais alto acusará em qual dos grupos estará a moeda falsa. Note que agora temos um grupo com 2^k moedas, onde necessariamente está a moeda falsa. Pela hipótese da indução, com k pesagens podemos descobrir qual é a moeda falsa. Assim, com um grupo de 2^{k+1} moedas, onde apenas uma é falsa (mais leve), $k+1$ pesagens são suficientes para descobrir qual é a moeda falsa; uma pesagem para descobrir qual o grupo em que está a moeda falsa e k pesagens para descobir qual é, de fato, a moeda falsa, resultanto então em um total de $k+1$ pesagens.

▪ **Exemplo 1.6 — .** Um grupo de $n \geq 2$ pessoas está em uma fila para comprar entradas para o cinema. A primeira pessoa da fila é uma mulher e a última é um homem. Mostre que, em algum ponto da fila, uma mulher está diretamente na frente de um homem. ▪

Solução

Para $n = 2$, teremos uma fila com apenas duas pessoas, na qual a primeira pessoa da fila é uma mulher e a segunda é um homem, o que revela que há na fila uma mulher diretamente à frente de um homem.

Suponhamos que a proposição seja verdadeira para o número natural $n = k$, ou seja, numa fila com k pessoas em que a primeira pessoa é uma mulher e a última é um homem em algum ponto da fila, uma mulher está diretamente na frente de um homem (hipótese da indução).

Agora vamos demonstrar que a proposição é verdadeira para $n = k+1$, ou seja, que numa fila com $k+1$ pessoas em que a primeira pessoa é uma mulher e a última é um homem em algum ponto da fila, uma mulher está diretamente na frente de um homem. De fato, seja $a_1a_2a_3\ldots a_ka_{k+1}$ uma fila com $k+1$ pessoas em que a primeira pessoa da fila é uma mulher e a última um homem. Se a pessoa a_2 for um homem a proposição fica demonstrada, pois a_1 é uma mulher e aí teremos então uma mulher diretamente à frente de um homem. Se a_2 for uma mulher, teremos então uma fila com k pessoas, $a_2a_3\ldots a_ka_{k+1}$ onde a primeira pessoa da fila é uma mulher e a última é um homem, que pela hipótese da indução, satisfaz a proposição. Assim, de qualquer forma temos o resultado desejado, ou seja, numa fila com $k+1$ pessoas, em que a primeira pessoa é uma mulher e a última é um homem, em algum ponto da fila uma mulher está diretamente na frente de um homem.

Observação - Dependendo da conveniência, podemos usar uma outra forma para o Princípio da Indução Finita: o **Princípio da Indução Forte**, que consiste também de duas etapas:

ETAPA 1 - Provar que para $n = 1$ a afirmação é verdadeira.

ETAPA 2 - Provar que: se para $n = 1$ é verdadeira e para $n = 2$ é verdadeira, para $n = 3$ é verdadeira, e assim por diante até que para $n = k$ é verdadeira, então para $n = k+1$ a afirmação é verdadeira.

Portanto, a afirmação é verdadeira para todo n.

Podemos fazer uma analogia entre a Indução Forte e uma escada innita, no sentido de que podemos alcançar todos os degraus se:

ETAPA 1 - Pudermos alcançar o primeiro degrau;

ETAPA 2 - Para todo inteiro positvo k, se pudermos alcançar todos os primeiros k degraus, então poderemos alcançar o $(k+1)$-ésimo degrau.

O exemplo seguinte ilustra o uso da Indução Forte.

▪ **Exemplo 1.7 —** . Se $x + \frac{1}{x}$ é um número inteiro, mostre que $x^n + \frac{1}{x^n}$ é número inteiro para todo $n \in \mathbb{N}$. ▪

Solução

Para $n=1$ a proposição é claramente verdadeira, pois para $n=1$ a expressão $x^n+\frac{1}{x^n}$ transforma-se em $x+\frac{1}{x}$, que por hipótese, é um número inteiro.
Usando o Princípio da Indução Forte, suponhamos que a expressão $x^n+\frac{1}{x^n}$, seja um número inteiro para $n=2,\ 3,\ldots,\ k$ (hipótese da indução).
Agora vamos provar que para $n=k+1$ a expressão $x^n+\frac{1}{x^n}$ é um número inteiro. Com efeito, temos que

$$\left(x+\frac{1}{x}\right)\left(x^k+\frac{1}{x^k}\right)=x^{k+1}+\frac{1}{x^{k+1}}+x^{k-1}+\frac{1}{x^{k-1}} \Rightarrow$$

$$x^{k+1}+\frac{1}{x^{k+1}}=\left(x+\frac{1}{x}\right)\left(x^k+\frac{1}{x^k}\right)-\left(x^{k-1}+\frac{1}{x^{k-1}}\right).$$

Ora, como $x+\frac{1}{x}$ é, por hipótese inteiro, e $x^n+\frac{1}{x^n}$, é um número inteiro para $n=2,3,\cdots,k$, segue que no segundo membro da igualdade

$$x^{k+1}+\frac{1}{x^{k+1}}=\left(x+\frac{1}{x}\right)\left(x^k+\frac{1}{x^k}\right)-\left(x^{k-1}+\frac{1}{x^{k-1}}\right)$$

todos os números entre parênteses são inteiros, o que revela que a expressão $x^{k+1}+\frac{1}{x^{k+1}}$ é um número inteiro, concluindo a demonstração.

Exercício 1.1 — . Prove, por indução, que para todo número natural n, valem as seguintes igualdades:
(a) $2+4+6+\ldots+2n=n\cdot(n+1)$
(b) $1+3+5+\ldots+(2n-1)=n^2$
(c) $1^2+3^2+5^2+\ldots+(2n-1)^2=\frac{n\cdot(2n-1)\cdot(2n+1)}{3}$
(d) $\frac{1}{1\cdot 2}+\frac{1}{2\cdot 3}+\frac{1}{3\cdot 4}+\ldots+\frac{1}{n\cdot(n+1)}=\frac{1}{n\cdot(n+1)}$.
(e) $(1-\frac{1}{2^2})(1-\frac{1}{3^2})(1-\frac{1}{4^2})\ldots(1-\frac{1}{n^2})=\frac{n}{n+1}$, se $n\geq 2$.
(f) $1+x+x^2+x^3+\ldots+x^n=\frac{x^{n+1}-1}{x-1}$, se $x\neq 1$. ■

1.4 A Torre de Hanói

A **Torre de Hanói** é um quebra-cabeça que foi apresentado em 1883 por Édouard Lucas (1842 – 1891), um professor do Lycées Saint-Louis, na França, no seu livro Récréations Mathématiques, volume *III*, p. 56. Lucas anexou ao seu brinquedo uma lenda romântica sobre uma torre, a Torre de Brahma, que supostamente tem 64 discos de ouro empilhados em três agulhas de diamantes:

"*No início dos tempos, Deus colocou 64 discos de ouro na primeira agulha e mandou um grupo de sacerdotes transferi-los para a terceira agulha, movendo apenas um disco de cada vez, sem colocar um disco maior em cima de um menor e usando as três agulhas. Os sacerdotes, ao que se saiba, trabalhavam dia e noite nesta tarefa. Quando eles terminarem, a torre ruirá e o mundo irá acabar*".

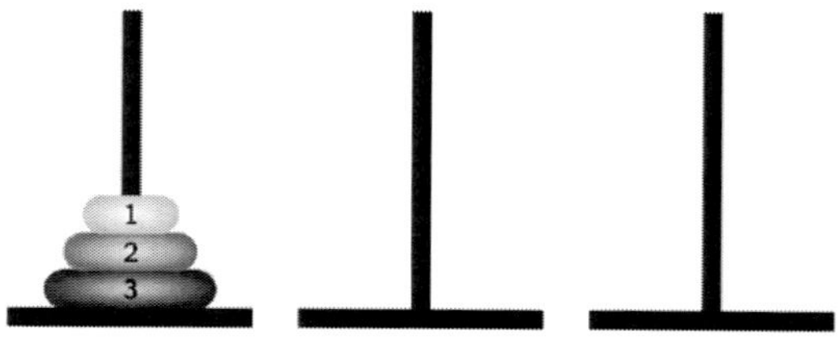

Figura 1.2: A Torre de Hanói

A primeira solução do problema da Torre de Hanói apareceu na literatura matemática em 1884, num artigo de Allardice e Farser, "La Tour d'Hanoi", publicado em Proc. Edinburgh Math. Soc., v. 2, p.50 – 53, 1884.

No exemplo a seguir, enunciamos o problema da Torre de Hanói de forma mais geral.

Exemplo 1.8 — A Torre de Hanói). São dados três pinos e em um deles uma torre com n discos, inicialmente empilhados por tamanhos decrescentes, conforme Figura 1.2. O objetivo é transferir a torre inteira para um dos outros pinos, movendo apenas um disco de cada vez e sem colocar um disco maior em cima de um menor. Ao final todos os três pinos devem ter sido utilizados.
Prove que podemos realizar a transferência dos n discos, de acordo com as regras de Édouard Lucas, com no mínimo $2^n - 1$ movimentos. ■

Solução

Na nossa notação anterior, a afirmação, $A(n)$, a ser provada é: a menor quantidade de movimentos para transferir os n discos é igual a $2^n - 1$.
Assim, $A(1)$ será entendida como a afirmação: A quantidade mínima de movimentos para transferir um disco é igual a $2^1 - 1 = 1$;
$A(2)$: a menor quantidade de movimentos para transferir dois discos é igual a $2^2 - 1$;
$A(3)$: a menor quantidade de movimentos para transferir três discos é igual a $2^3 - 1$, e assim por diante.
Etapa 1 Vamos verificar a base da indução. Ou seja, vamos verificar que $A(1)$ é verdadeira. Para isso, observe que, para transferir um só disco, basta um único movimento. Nesse caso, $1 = 2^1 - 1$ e a fórmula se verifica.
Etapa 2 Vamos supor que para $n = k$, onde k é o número de discos, a menor quantidade de movimentos para realizar a transferência seja $2^k - 1$. Naturalmente, k é um número natural maior do que ou igual a 1.
Agora, provaremos que, para $n = k + 1$ discos, o número mínimo de movimentos que realizam a transferência é dado por $2^{n+1} - 1$.

De fato, se temos $(k+1)$ discos, podemos pensar em dois blocos de discos: um bloco com k discos, contendo todos os discos, com exceção do disco maior, que está embaixo da pilha, e outro, só com o disco maior. Pela hipótese de indução, podemos transferir os k primeiros discos com, no mínimo, $2^k - 1$ movimentos. Assim, transferimos o bloco contendo k discos para um dos pinos vazios, realizando $2^k - 1$ movimentos e, em seguida, transferimos o disco maior para o outro pino vazio e, por último, transferimos o bloco dos k discos para o pino em que se encontra o disco maior, com no mínimo $2^k - 1$ movimentos. Portanto, o total mínimo de movimentos realizados foi:

$$\begin{aligned}(2^k - 1) + 1 + (2^k - 1) &= 2.2^k - 1 \\ &= 2^{k+1} - 1,\end{aligned}$$

o que conclui a prova.

Pelo que vimos acima, no caso de $n = 64$ discos, o número mínimo de movimentos será $2^{64} - 1$, necessários antes que o mundo se acabe... Agora, observe que o número $2^{64} - 1$ é igual a 18.446.744.073.709.551.615. Se fizermos uma transferência por segundo, 24 horas por dia, durante 365 dias no ano, levaríamos 58.454.204.609 séculos e mais seis anos para terminar o trabalho!......

Observação - É oportuno observar que a demonstração por indução exige que comprovemos que uma dada afirmação $A(n)$ sobre números naturais seja verdadeira para $n = 1$, e, supondo verdadeira para $n = k$, possamos, através de meios legítimos, provarmos que ela seja verdadeira para $n = k + 1$. Somente após essas **duas** etapas, podemos concluir que a afirmação $A(n)$ é verdadeira para todo número natural n. Os dois exemplos a seguir ilustram bem o teor dessa observação.

Exemplo 1.9 — . Muitos matemáticos têm tentado, sem sucesso, descobrir uma fórmula simples capaz de expressar todos os números primos. Por exemplo, a expressão $n^2 + n + 41$ representa um número primo para $n = 1, 2, 3, \ldots, 39$ (verifique essa afirmação, substituindo na expressão dada os valores: $n = 1$, $n = 2, \ldots, n = 39$). Mas, para $n = 40$, temos:

$n^2+n+41 = 40^2+40+41 = 40(40+1)+41 = 41\cdot(40+1) = 41^2$, que **não** é um número primo. Esse cálculo evidencia que a validade para $n=39$ não implica a validade da fórmula para $n=40$. Esse é um exemplo famoso que foi dado por Leonard Euler. ■

■ **Exemplo 1.10 — .** Suponha verdadeira a seguinte afirmação:

$$A(n) = 1+2+3+4+\ldots+n = \frac{(n-1)\cdot(n+2)}{2}.$$

Então, usando a veracidade de $A(n)$ como hipótese, podemos concluir que a afirmação:

$$A(n+1) = (1+2+3+4+\ldots+n)+(n+1) = \frac{(n-1)(n+2)}{2}+(n+1) =$$

$$= \frac{(n-1)(n+2)+2(n+1)}{2} = \frac{n^2+2n-n-2+2n+2}{2} = \frac{n^2+3n}{2} = \frac{n(n+3)}{2}$$

é verdadeira. Logo, a veracidade de $A(n)$ implica na de $A(n+1)$. No entanto, $A(1)=1$, enquanto $\frac{(n-1)(n+3)}{2}=0$, para $n=1$. ■

Isso nos diz que $A(1)$ não é verdadeira. Portanto, não podemos concluir que $A(n)$ é verdadeira para todo n. Na verdade, como sabemos do exemplo 2.1, temos: $1+2+3+4+\ldots+n \neq \frac{(n-1)\cdot(n+2)}{2}$ e, o que é correto é: $1+2+3+4+\ldots+n = \frac{n\cdot(n+1)}{2}$.

Observação O exemplo acima considera uma expressão onde $A(n)$ é válida para $n=1$, no entanto, a validade de $A(n)$ não implica na validade de $A(n+1)$, enquanto o Exemplo 1.7 nos mostra uma expressão $A(n)$ onde a validade de $A(n)$ implica na validade de $A(n+1)$, no entanto, $A(1)$ não é válida. Esses exemplos servem para alertar que não podem ser negligenciadas qualquer uma das etapas do processo de indução.

Exercício 1.2 — . (a) Encontre os valores de $n\in\mathbb{N}$ para os quais a afirmação $2^{n-1}\leq n^2$ é verdadeira, e também o menor valor de $n\in\mathbb{N}$ para o qual a afirmação é falsa.

(b) Verfique se o número n^2+n+1, é sempre um número primo, para todo número natural n.

■

1.5 Um problema de Steiner

Jakob Steiner(1796-1863) foi um matemático suíço, qualificado como "o maior geômetra desde Apolônio", Steiner possuía um poder incrível para o tratamento sintético da geometria. Assim é que contribuiu prolificamente para esse campo e escreveu tratados do mais alto padrão. Diz-se que ele detestava o modo analítico, que considerava uma muleta para os espíritos menos dotados. Ele produziu geometria nova com uma rapidez tão grande que às vezes não tinha tempo de anotar suas demonstrações, resultando daí que muitas das suas descobertas permanecessem por anos como quebra-cabeça para aqueles que procuravam demonstrações. Seu trabalho "Systematische Entwickelungen", publicado em 1832, imediatamente lhe trouxe reputação. (Fonte: [21]).

■ **Exemplo 1.11 — (Jakob Steiner).** Desenham-se n retas distintas no plano. Elas dividem o plano em regiões. Mostre, usando indução, que o número máximo de regiões determinadas por n retas no plano é igual a $L_n = \frac{n(n+1)}{2}+1$. ■

Solução

Para $n = 1$, o plano fica dividido em duas regiões, veja a Figura 1.3, a seguir.

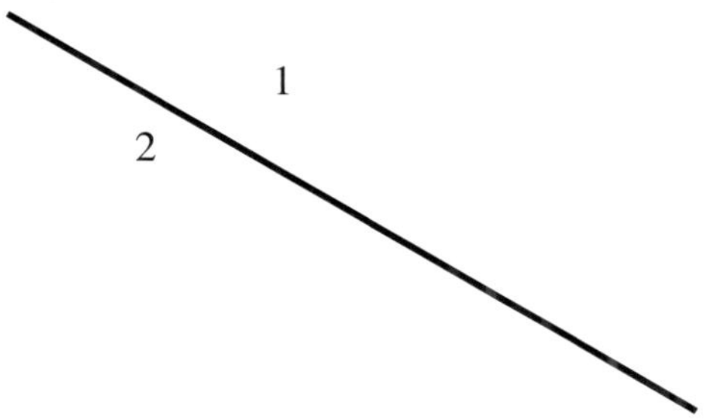

Figura 1.3 - Divisão do Plano em regiões, usando uma reta

Desse modo, $L_1 = \frac{1\times(1+1)}{2} = 2$. O que mostra que a afirmação é verdadeira para $n = 1$.
Traçando duas retas não paralelas, conforme a Figura 1.4, a seguir, o plano fica dividido em 4 regiões.

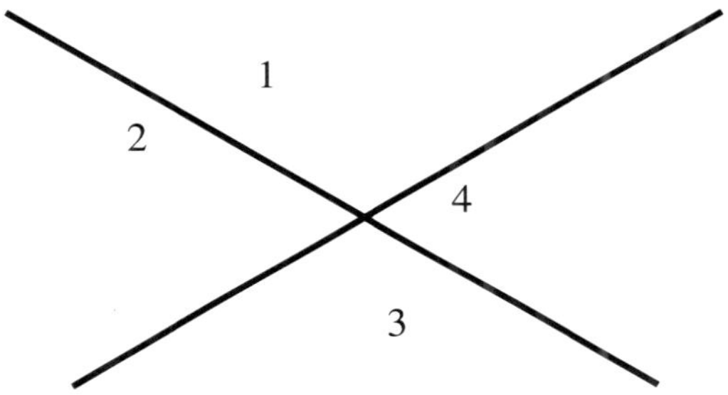

Figura 1.4 - Divisão do Plano em regiões, usando duas retas não paralelas

Desse modo, a expressão dada é verdadeira: $L_2 = \frac{2\cdot(2+1)}{2} + 1 = 4$. Agora, observe que, traçando uma terceira reta, verificamos que esta divide no máximo três das quatro regiões já existentes, independentemente da posição das duas primeiras retas traçadas, veja a Figura 1.5 a seguir.

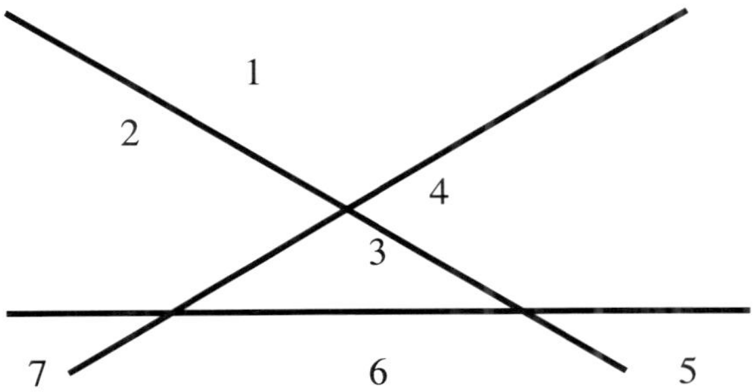

Figura 1.5 - Divisão do Plano em regiões, usando três retas, duas a duas não paralelas

Desse modo, a expressão dada é verdadeira: $L_3 = \frac{3\cdot(3+1)}{2} + 1 = 7$.
Observe que, nos casos $n = 2$ e $n = 3$ examinados acima, temos: $L_2 = L_1 + 2$, $L_3 = L_2 + 3$.
Agora, para $n \geq 1$, a $n-$ésima reta aumenta o número de regiões do plano de k se, e somente se, essa reta divide k das regiões já existentes. Por outro lado, a $n-$ésima reta intersecta k regiões já existentes se ela intersecta as retas anteriores no total de $k-1$ pontos. Mas, duas retas se intersectam em no máximo um ponto. Portanto, a $n-$ésima reta só pode intersectar as $n-1$ retas anteriores em no máximo $n-1$ pontos. Desse modo, como $k \leq n$, temos $L_n \leq L_{n-1} + n$.
Desenhando a $n-$ésima reta de tal maneira que ela não seja paralela a nenhuma das outras $n-1$ retas e não passe por nenhum dos pontos de interseção já existentes, temos que $L_n = L_{n-1} + n$. Essa igualdade foi verificada acima para $n = 2$ *e* $n = 3$. Observe que o passo da indução da etapa n para a etapa $n+1$ é dado

por:

$$\begin{aligned} L_{n+1} &= L_n + (n+1) \\ &= \left[\frac{n(n+1)}{2} + 1\right] + (n+1) \\ &= (n+1)\left[\frac{n}{2} + 1\right] + 1 \\ &= \frac{(n+1)(n+2)}{2} + 1 \end{aligned}$$

Portanto, o número máximo de regiões definidas por n retas no plano é $L_n = \dfrac{n(n+1)}{2} + 1$, para todo número natural n.

1.6 Pintura do plano com duas cores

Exemplo 1.12 — . Desenha-se n círculos num dado plano. Eles dividem o plano em regiões. Mostre que é possível pintar o plano com duas cores, azul e vermelho, de modo que duas regiões com fronteira comum tenham cores distintas. ∎

Solução

Se $n = 1$, então, o plano fica dividido em duas regiões, uma externa ao círculo, que é pintada de azul, e a outra, região interna, pintada de vermelho, veja a Figura 1.6.

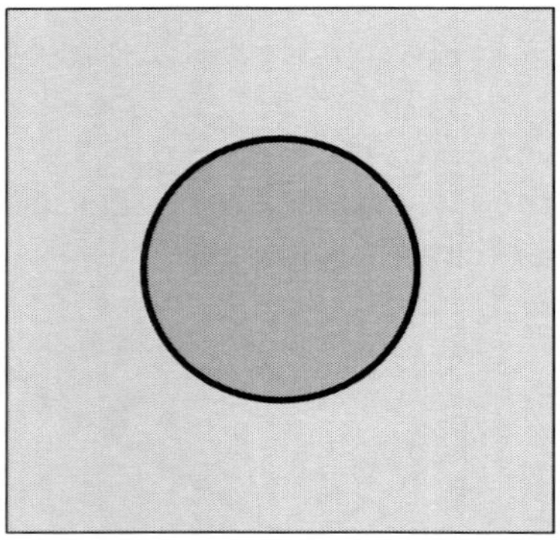

Figura 1.6 - Divisão do plano em regiões, usando um círculo

Se $n = 2$, é fácil ver que podemos pintar o plano com duas cores, de modo que regiões com fronteira comum tenham cores distintas, veja a Figura 1.7 a seguir.

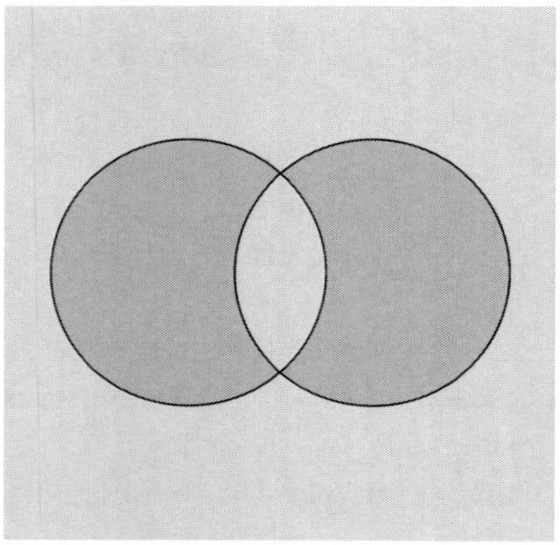

Figura 1.7 - Divisão do plano em regiões, usando dois círculos

Para fazer a pintura do plano, no caso de dois círculos, raciocinamos do seguinte modo: temporariamente, retiramos o segundo círculo e pintamos o plano de acordo com o caso de um único círculo. Agora, recolocamos o segundo círculo (não coincidindo com o primeiro círculo), deixando fixa a cor da região externa a ele e mudando a cor da região comum aos dois círculos, de acordo com a Figura 1.7. (Faça este mesmo raciocínio para o caso de três círculos, veja Figura 1.8, a seguir.)

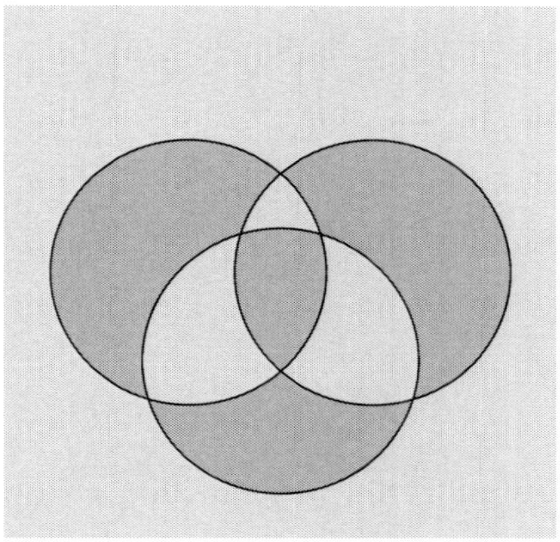

Figura 1.8 - Divisão do plano em regiões, usando três círculos

Vamos supor que, para o caso de n círculos, seja possível pintar o plano com duas cores, de modo que regiões com fronteira comum tenham cores distintas. Para o caso de $n+1$ círculos, raciocinamos como anteriormente. Isto é, removemos temporariamente o $(n+1)-$ésimo círculo. O que sobra está nas condições da hipótese de indução, para o caso de n círculos. Agora, recolocamos o $(n+1)-$ésimo círculo, que intersecta os $n-$círculos anteriores ou partes deles, e mudamos alternadamente as cores das regiões internas a ele e comuns com os demais círculos, deixando fixa a cor externa. Desse modo, as cores de regiões adjacentes ficam distintas. Portanto, para todo número natural n, é possível pintar o plano com duas cores, de modo que regiões com fronteira comum, determinadas pelos n círculos, tenham cores distintas.

1.7 O teorema do binômio

Teorema 1.7.1 (O Teorema do Binômio ou O Binômio de Newton - Isaac Newton $(1646-1727)$)
Para quaisquer números reais x e y e para todo número inteiro n maior do que ou igual a zero, temos:

$$(x+y)^n = \binom{n}{0}x^n + \binom{n}{1}x^{n-1}y^1 + \ldots + \binom{n}{n-1}xy^{n-1} + \binom{n}{n}y^n$$

onde $\displaystyle\binom{n}{k} = \frac{n!}{k!(n-k)!}$ e $k! = k\cdot(k-1)\cdot(k-2)\cdots 3\cdot 2\cdot 1.$

Prova

Antes de iniciar a prova, é oportuno observar que em muitos problemas o uso de uma notação conveniente facilita e torna a solução mais compacta. É o caso da prova do Teorema do Binômio, com o uso do símbolo $\sum$.

A notação $\displaystyle\sum_{i=1}^{4} i$ significa a soma dos números inteiros de 1 até 4: $1+2+3+4$.

A expressão $\displaystyle\sum_{i=1}^{n} i$ significa a soma dos números inteiros de 1 até n: $1+2+3+\ldots+n$.

Do mesmo modo, $\displaystyle\sum_{i=1}^{n} i^2 = 1^2+2^2+3^2+\ldots+n^2$.

Agora, vamos iniciar a prova do teorema do binômio, usando o princípio da indução. Aqui, a base da indução é quando $n=1$ e, neste caso temos $(x+y)^1 = x+y$.

Suponha que o resultado seja verdadeiro para n, onde n é um inteiro, com $n \geq 1$. Isto é: $(x+y)^n =$

$\sum_{i=1}^{k}\binom{n}{i}x^iy^{k-i}$.

Para o caso $n+1$, temos que $(x+y)^{n+1}=(x+y)^n(x+y)$. Pela hipótese de indução, temos:

$$\begin{aligned}
(x+y)^{n+1} &= \left[\sum_{k=0}^{n}\binom{n}{k}x^{n-k}y^k\right]\cdot(x+y)\\
&= \sum_{k=0}^{n}\binom{n}{k}x^{n-k}y^k\cdot x+\sum_{k=0}^{n}\binom{n}{k}x^{n-k}y^k\cdot y\\
&= \sum_{k=0}^{n}\binom{n}{k}x^{n+1-k}y^k+\sum_{k=0}^{k}\binom{n}{k}x^{n-k}y^{k+1}\\
&= \sum_{k=0}^{n}\binom{n}{k}x^{n+1-k}y^k+\sum_{l=1}^{n}\binom{n}{l-1}x^{n-l+1}y^l\\
&= \sum_{l=0}^{n}\binom{n}{l}x^{n+1-l}y^l+\sum_{l=1}^{n}\binom{n}{l-1}x^{n-l+1}y^l\\
&= \binom{n}{0}x^{n+1}y^0+\sum_{l=1}^{n}\binom{n}{l}x^{n-l+1}y^l+\sum_{l=1}^{n+1}\binom{n}{l-1}x^{n-l+1}y^l\\
&= \binom{n}{0}x^{n+1}y^0+\sum_{l=1}^{n}\left[\binom{n}{l}+\binom{n}{l\text{-}1}\right]x^{n-l+1}y^l\\
&= \sum_{l=0}^{n+1}\binom{n+1}{l}x^{n-l+1}y^l\\
&= \sum_{k=0}^{n+1}\binom{n+1}{k}x^{n-k+1}y^k
\end{aligned}$$

Portanto, a fórmula é válida para $n+1$ e pelo Princípio da Indução Finita, a fórmula é válida para qualquer $n\in\mathbb{N}$.

Observação - Nos cálculos acima usamos as igualdades:

$$\binom{k}{0}=1=\binom{k+1}{0},\quad \binom{k}{k}=1=\binom{k+1}{k+1},\ e\ \binom{k}{i}=\binom{k}{i-1}+\binom{k}{i};$$

A igualdade $\binom{k}{i}=\binom{k-1}{i-1}+\binom{k-1}{i}$, é a conhecida na literatura com o nome de **Relação de Stifel**.

1.8 Desigualdade entre a média aritmética e a média geométrica

Sejam $a_1, a_2, \ldots, a_n$ números reais não negativos. Chamamos de **Média Aritmética** dos números $a_1, a_2, \ldots, a_n$ ao número

$$\frac{a_1+a_2+\cdots+a_n}{n}.$$

A **Média Geométrica** dos números reais não negativos $a_1, a_2, \ldots, a_n$ é o número

$$\sqrt[n]{a_1\cdot a_2\cdot\ldots\cdot a_n}.$$

Existe uma relação entre a **Média Aritmética** e a **Média Geométrica**, conhecida como a **desigualdade das médias**, dada por:

Teorema 1.8.1 — . Se $a_1, a_2, \ldots, a_n$ são números reais não negativos, então

$$\sqrt[n]{a_1a_2\cdots a_n}\le\frac{a_1+\ a_2+\ \cdots+\ a_n}{n}.$$

A igualdade ocorre se, e somente se, $a_1 = a_2 = a_3 = \cdots = a_n$.

Prova (Cauchy) [2]
A ideia da prova é fazê-la inicialmente para todo n que seja potência de 2. Depois, usando esse fato, provar para todo n que esteja entre quaisquer duas potências consecutivas de 2.
Assim, inicialmente vamos provar o resultado para o caso em que $n = 2^1 = 2$.
Como o quadrado de qualquer número real é não negativo, temos que

$$(\sqrt{a_1} - \sqrt{a_2})^2 \geq 0 \Leftrightarrow a_1 + a_2 - 2\sqrt{a_1 a_2} \geq 0 \Leftrightarrow \sqrt{a_1 a_2} \leq \frac{a_1 + a_2}{2}. \quad (*)$$

Suponha que a Desigualdade da Média Aritmética e Média Geométrica seja verdadeira para $n = 2^{k-1}$, $k > 2$. Isto é,

$$\sqrt[2^{k-1}]{a_1 a_2 \ldots a_{2^{k-1}}} \leq \frac{a_1 + a_2 + \ldots + a_{2^{k-1}}}{2^{k-1}}$$

Vamos mostrar a seguir que a Desiguladade da Média Aritmética e Média Geométrica vale para $n = 2^k$. A ideia da prova é usar o caso $n = 2$, obtido em $(*)$. Para isso, chamemos:

$$b_1 = \frac{a_1 + a_2 + \ldots + a_{2^{k-1}}}{2^{k-1}} \quad e \quad b_2 = \frac{a_{2^{k-1}+1} + a_{2^{k-1}+2} + \ldots + a_{2^k}}{2^{k-1}}$$

Assim, temos que:

$$\frac{b_1 + b_2}{2} = \frac{\frac{a_1 + a_2 + \ldots + a_{2^{k-1}}}{2^{k-1}} + \frac{a_{2^{k-1}+1} + a_{2^{k-1}+2} + \ldots + a_{2^k}}{2^{k-1}}}{2} =$$

$$= \frac{a_1 + a_2 + \ldots + a_{2^{k-1}} + a_{2^{k-1}+1} + a_{2^{k-1}+2} + \ldots + a_{2^k}}{2^k}.$$

Por outro lado, usando o caso $n = 2$, veja $(*)$ acima, temos:

$$\frac{\frac{a_1 + a_2 + \ldots + a_{2^{k-1}}}{2^{k-1}} + \frac{a_{2^{k-1}+1} + a_{2^{k-1}+2} + \ldots + a_{2^k}}{2^{k-1}}}{2} \geq$$

$$\geq \sqrt{\left(\frac{a_1 + a_2 + \ldots + a_{2^{k-1}}}{2^{k-1}}\right) \cdot \left(\frac{a_{2^{k-1}+1} + a_{2^{k-1}+2} + \ldots + a_{2^k}}{2^{k-1}}\right)} \geq$$

$$\geq \sqrt{(a_1 \cdot a_2 \ldots a_{2^{k-1}})^{\frac{1}{2^{k-1}}} (a_{2^{k-1}+1} a_{2^{k-1}+2} \ldots a_{2^k})^{\frac{1}{2^{k-1}}}} =$$

$$\geq \sqrt[2^k]{(a_1 \cdot a_2 \cdot \ldots a_{2^{k-1}} \cdot a_{2^{k-1}+1} \cdot a_{2^{k-1}+2} \ldots a_{2^k})},$$

como queríamos provar.

Agora, vamos provar que o resultado também vale para todo n que esteja entre duas potências consecutivas de 2.

[2] Augustin-Louis Cauchy $(1789 - 1857)$, matemático francês, de Paris. O primeiro avanço na matemática moderna por ele produzido foi a introdução do rigor na Análise Matemática. O segundo foi no lado oposto - combinatorial. Partindo do ponto central do método de Lagrange, na teoria das equações, Cauchy tornou-a abstrata e começou a sistemática criação da teoria dos grupos. Não se interessando pela eventual aplicação do que criava, ele desenvolveu para si mesmo um sistema abstrato. Antes dele poucos, se algum, buscaram descobertas proveitosas na simples manipulação da álgebra. Foi um dos fundadores da teoria de grupos finitos. Em análise infinitesimal, criou a noção moderna de continuidade para as funções de variável real ou complexa. Mostrou a importância da convergência das séries inteiras, às quais seu nome está ligado. Definiu precisamente as noções de limite e integral definida, transformando-as em notável instrumento para o estudo das funções complexas. Sua abordagem da teoria das equações diferenciais inovadora, demonstrando a existência de unicidade das soluções, quando definidas as condições de contorno. Exerceu grande influência sobre a física de então, ao ser o primeiro a formular as bases matemáticas das propriedades do éter, o fluido hipotético que serviria como meio de propagação da luz. A vida de Augustin Cauchy assemelha-se a uma tragicomédia. Seu pai, Louis-François, conseguiu escapar da guilhotina apesar de ser advogado, culto, estudioso da Bíblia, católico fanático e tenente de polícia. Augustin era o mais velho dos seis filhos (dois homens e quatro mulheres). Seguia obstinadamente os preceitos da igreja católica. (Fonte http://pt.wikipedia.org/wiki/Augustin Louis Cauchy, acessada em $14/12/2013$).

Assim, suponha que $2^{k-1} < n < 2^k$, provaremos que o resultado vale para n números reais não negativos quaisquer: $a_1, a_2, \ldots, a_n$.
Sejam $b_1, b_2, b_3, \ldots, b_n$ os n números dados por:

$$b_1 = a_1,\ b_2 = a_2,\ b_3 = a_3, \ldots,\ b_n = a_n,$$

e

$$b_{n+1} = b_{n+2} = \ldots = b_{2^k} = \frac{a_1 + a_2 + \ldots + a_n}{n}.$$

Assim, como o caso $n = 2^k$ é verdadeiro, temos que:

$$\frac{b_1 + b_2 + \ldots + b_n + b_{n+1} + \ldots + b_{2^k}}{2^k} \geq \sqrt[2^k]{b_1 \cdot b_2 \cdot \ldots \cdot b_n \cdot b_{n+1} \cdot \ldots b_{2^k}} \quad (**)$$

Mas, o lado esquerdo da desigualdade $(**)$ acima pode ser escrito como:

$$\frac{a_1 + \ldots + a_n + (2^k - n)\frac{a_1 + \ldots + a_n}{n}}{2^k} =$$

$$= \frac{\frac{a_1 + \ldots + a_n}{n} \times n + (2^k - n)\frac{a_1 + \ldots + a_n}{n}}{2^k} =$$

$$= \frac{a_1 + \ldots + a_n}{n} \times \frac{\left[n + (2^k - n)\right]}{2^k} = \frac{a_1 + \ldots + a_n}{n}$$

Por outro lado, o lado direito da desigualdade $(**)$ acima pode ser escrito como:

$$\sqrt[2^k]{b_1 \cdot b_2 \cdot \ldots b_n \cdot b_{n+1} \cdot \ldots b_{2^k}} =$$

$$\sqrt[2^k]{(a_1 \cdot a_2 \cdot \ldots a_n) \cdot (\frac{a_1 + a_2 + \ldots + a_n}{n})^{2^k - n}}$$

Logo, reescrevendo a desigualdade $(*)$, temos:

$$\left[\frac{a_1 + \ldots + a_n}{n}\right]^{2^k} \geq (a_1.a_2.\ldots.a_n).(\frac{a_1 + a_2 + \ldots + a_n}{n})^{2^k - n},$$

que é equivalente a

$$\left[\frac{a_1 + \ldots + a_n}{n}\right]^{2^k - (2^k - n)} \geq (a_1 \cdot a_2 \cdot \ldots \cdot a_n),$$

que nos dá:

$$\frac{a_1 + \ldots + a_n}{n} \geq \sqrt[n]{(a_1 \cdot a_2 \cdot \ldots a_n)},$$

como queríamos provar.

■ **Exemplo 1.13 — .** Para o caso $n = 2$, existem duas demonstrações geométricas da desigualdade entre a média artimética e a média geométrica que, pela simplicidade e beleza, vale a pena considerar. ■

(i) Considere um quadrado com lado de comprimento igual a $\sqrt{a+b}$, veja a figura a seguir.

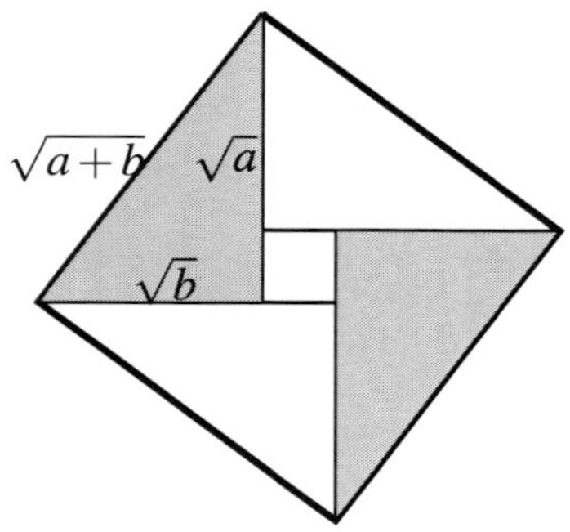

Figura 1.9 - A desigualdade das médias artimética e geométrica

Observe que a área do quadrado, que é igual a $(\sqrt{a+b})^2$, é maior do que ou igual a soma das áreas dos quatro triângulos congruentes, cada uma das áreas medindo $\frac{1}{2}\sqrt{a}\cdot\sqrt{b}$.
Portanto, temos:

$$(\sqrt{a+b})^2 \geq 4\cdot\frac{1}{2}\sqrt{a}\cdot\sqrt{b} \Leftrightarrow a+b \geq 2\sqrt{a}\cdot\sqrt{b} \Leftrightarrow \frac{a+b}{2} \geq \sqrt{ab}.$$

(ii) Considere o quadrado de lado igual $\sqrt{a}+\sqrt{b}$, veja Figura a seguir.

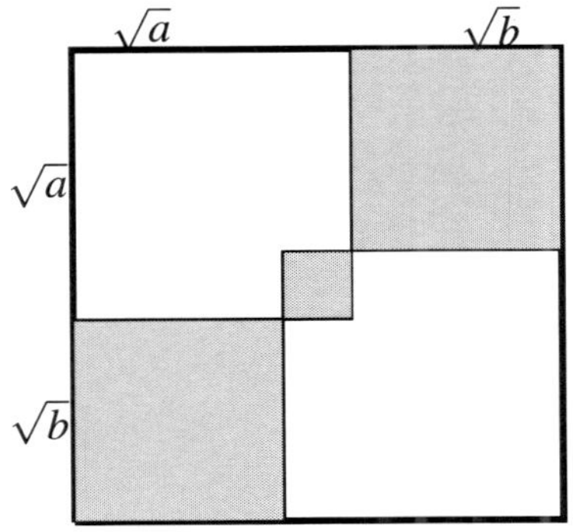

Figura 1.10 - A desigualdade das médias artimética e geométrica

A área total do quadrado é igual a $(\sqrt{a}+\sqrt{b})^2$, que é menor do que ou igual a duas vezes as áreas dos quadrados de lados $\sqrt{a}$ e $\sqrt{b}$, respectivamente. Assim, temos:

$$(\sqrt{a}+\sqrt{b})^2 \leq 2[(\sqrt{a})^2+(\sqrt{b})^2] \Leftrightarrow$$

$$\Leftrightarrow a+b+2\sqrt{a}\cdot\sqrt{b} \geq 2a+2b \Leftrightarrow \frac{a+b}{2} \leq \sqrt{ab}.$$

A desigualdade entre a média aritmética e a média geométrica é uma ferramenta importante na resolução de problemas. Para ilustrar seu uso, a seguir vamos resolver alguns problemas, incluindo um problema proposto na Olimpíada Internacional de Matemática de 1976.

■ **Exemplo 1.14 — .** Dado um círculo de raio R, prove que o retângulo de área máxima inscrito no círculo é um quadrado. ■

Solução

Considere um círculo com raio R e um retângulo com lados de comprimentos x e y, respectivamente, veja a figura a seguir.

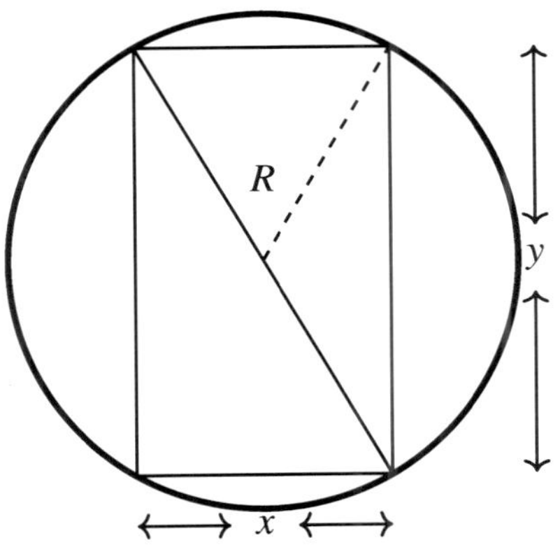

Figura 1.11 - Retângulo inscrito num círculo

Pelo teorema de Pitágoras, temos:

$$x^2+y^2=(2R)^2 \iff \left(\frac{x^2}{2}\right)+\left(\frac{y^2}{2}\right)=2R^2 \qquad (*)$$

Observe que queremos maximizar a área do retângulo, que é dada por:

$$S=x\cdot y$$

Mas, de $(*)$, podemos concluir que:

$$2R^2=\frac{x^2+y^2}{2}\geq\sqrt{x^2y^2}=xy=S,$$

a igualdade ocorrendo quando $x^2=y^2$, o que significa $x=y$. Portanto, o retângulo de área máxima é um quadrado.

■ **Exemplo 1.15 — (IMO 1976).** Determine, justificando, o maior número que é o produto de inteiros positivos cuja soma é igual 1976. ■

Solução

Sejam a_1, a_2, a_3, $\ldots$, a_n números tais que:

$$a_1+a_2+a_3+\ldots+a_n=1976.$$

Queremos maximizar o produtos $a_1\cdot a_2\cdot a_3\cdots a_n$. A ideia é substituir os $a_{k's}$ de modo que, com a substituição, o produto seja aumentado, **mas a soma permaneça a mesma**. Pela Desigualdade da Média Arítmética e Média Geométrica, temos:

$$a_1a_2a_3\ldots a_n\leq\frac{a_1+a_2+\ldots+a_n}{n},$$

com a igualdade ocorrendo se, e somente se $a_1=a_2=\ldots=a_n$.
Nosso objetivo é substituir os $a_{k's}$ de modo que a maior quantidade possível deles seja de números iguais.

Como fazer isso?

A ideia é: se temos $a_k\geq 4$, substituímos a_k por dois números: 2 e a_k-2. Com isso, a soma dos $a_{k's}$ não muda, pois $2+a_k-2=a_k$, enquanto o produto desses dois novos números $2(a_k-2)=2a_k-4=a_k+(a_k-4)\geq a_k$ pois estamos supondo $a_k\geq 4$. Logo, o produto será máximo se cada um dos números a_k satisfaz: $a_k=2$ or $a_k=3$. Portanto, temos que tomar, dentre os $a_{k's}$, o maior número possível de 2 e 3.

Agora, como $2+2+2=3+3$, mas $2^3<3^2$, temos que tomar não mais do que dois 2. Como $1976=3\cdot 658+2$, então o maior produto possível satisfazendo ao problema é dado por $2\cdot 3^{658}$.

■ **Exemplo 1.16 — .** Um jardim decorativo deve ter a forma de um setor circular de raio R e ângulo central θ, estando o perímetro fixado no início. Que valor de θ maximizará a área do jardim? ■

Solução

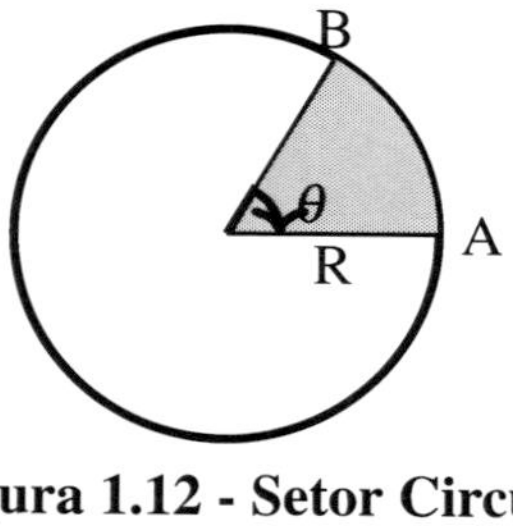

Figura 1.12 - Setor Circular

O perímetro do jardim é uma soma de dois comprimentos: duas vezes o comprimento do raio mais o comprimento do arco limitado pelo ângulo θ. Isto é:

$$P = \overline{OA} + \overline{OB} + \overset{\frown}{AB} = R + R + \overset{\frown}{AB} = 2R + \overset{\frown}{AB} \qquad (*)$$

Lembrando, num círculo de raio R, o comprimento de um arco limitado por um ângulo central medindo 1 radiano é igual ao raio R. Logo, a medida de um arco limitado por um ângulo central medindo θ radianos é igual

$$\overset{\frown}{AB} = R \cdot \theta.$$

Portanto, o perímetro do jardim é igual a

$$P = 2R + R \cdot \theta \Longleftrightarrow R = \frac{P}{2+\theta} \qquad (*)$$

Temos que encontrar o valor de θ que maximize a área, S_θ, do setor circular.

Mas, qual é a expressão para a área S_θ?

Observe que a área do círculo é igual a $\pi \cdot R^2$ e que para varrer exatamente a área de um círculo, o ângulo θ deve ser igual a 2π radianos.
Isto significa dizer que a área do setor circular cujo ângulo é igual a 1 radiano é precisamente $S_{1rd} = \frac{\pi \cdot R^2}{2\pi a \cdot R} = \frac{R^2}{2}$.
Portanto, a área do setor circular de um ângulo de θ radianos é igual a:

$$S_\theta = \frac{R^2}{2} \cdot \theta \qquad (**)$$

Agora, como o perímetro é constante, pois foi fixado desde o início, e já explicitamos o valor de R na equação $(*)$, a expressão da área como função de θ é dada por:

$$S_\theta = \frac{R^2}{2} \cdot \theta = \frac{1}{2}\Big(\frac{P}{2+\theta}\Big)^2 \cdot \theta \Leftrightarrow S_\theta = \frac{P^2}{2}\Big(\frac{\theta}{(2+\theta)^2}\Big) = \frac{P^2}{2}\Big(\frac{\theta}{4+4\theta+\theta^2}\Big)$$

Agora, dividindo por θ o numerador e o denominador da fração entre parênteses, obtemos:

$$S_\theta = \frac{P^2}{2} \cdot \Big(\frac{1}{\frac{4}{\theta}+\theta+4}\Big)$$

Examinemos o denominador da fração obtida pela divisão por θ. Veja que, pela desigualdade das Médias Aritmética e Geométrica, temos

$$\frac{a+b}{2} \geq \sqrt{ab}.$$

Assim, usando a desigualdade acima para o caso em que $a = \frac{4}{\theta}$ e $b = \theta$, temos:

$$\frac{4}{\theta} + \theta + 4 = 2\Big(\frac{\frac{4}{\theta}+\theta}{2}\Big) + 4 \geq 2\sqrt{\frac{4}{\theta} \cdot \theta} + 4 = 2 \cdot 2 + 4 = 8$$

Mas, é fácil ver que:

$$\frac{4}{\theta} + \theta + 4 \geq 8 \Longleftrightarrow \frac{1}{\frac{4}{\theta}+\theta+4} \leq \frac{1}{8},$$

de onde concluímos que

$$S_\theta = \frac{P^2}{2} \cdot \Big(\frac{1}{\frac{4}{\theta}+\theta+4}\Big) \leq \frac{P^2}{2} \cdot \frac{1}{8} = \frac{P^2}{16},$$

e a igualdade ocorre quando

$$\frac{P^2}{2}\cdot\left(\frac{1}{\frac{4}{\theta}+\theta+4}\right)=\frac{P^2}{16}\Longleftrightarrow\frac{4}{\theta}+\theta+4=8\Longleftrightarrow\frac{4}{\theta}+\theta-4=0\Longleftrightarrow$$

$$\theta^2-4\theta+4=0\Longleftrightarrow(\theta-2)^2=0\Longrightarrow\theta=2,$$

que é a resposta.

Observação - O problema poderia ser resolvido usando ferramentas do Cálculo Diferencial. De fato, basta observar que a função

$$S_\theta=\frac{P^2}{2}=\frac{P^2}{2}\cdot\left[\frac{\theta}{(2+\theta)^2}\right]$$

atinge um máximo quando a função

$$f(\theta)=\frac{\theta}{(2+\theta)^2}$$

atinge um máximo. O procedimento para calcular o ponto de máximo da função é feito através da derivada da função. Assim, calcula-se a derivada e iguala-se a zero:

$$\frac{df(\theta)}{d\theta}=\frac{(2+\theta)^2-2\theta(2+\theta)}{(2+\theta)^4}=\frac{(2+\theta)-2\theta}{(2+\theta)^3}=0\Rightarrow 2+\theta-2\theta=0\Rightarrow\theta=2.$$

É necessário observar que temos que checar que a derivada segunda: $f''(2)<0$, para garantir que $f(2)$ seja, de fato, um máximo.

1.9 Resumo

Neste capítulo, estudamos o processo e o método de indução, que consiste em provar afirmações envolvendo números naturais. Vimos que, para provar uma afirmação por indução, temos que verificar duas etapas: a base da indução e a etapa indutiva. Só assim podemos concluir que a afirmação é verdadeira para todo número natural n (ou é verdadeira a partir de um certo número natural k, pois a afirmação pode ser verdadeira apenas a partir de um certo natural que pode não ser o 1).

1.10 Conjunto de Problemas I

Problema 1.1 Usando o Princípio da Indução, mostre que:
(i) $5+15+25+35+\ldots+5(2n-1)=5n(n-1)$
(ii) $1.2+2.3+3.4+\ldots+n(n+1)=\frac{n(n+1)(n+2)}{3}$
(iii) $n^3 \geq 3n+1$, para todo número inteiro maior do que ou igual a 2.
(iv) $n^3 \geq 3n^2$, para todo número inteiro maior do que ou igual a 3.
(v) $3^n > n^3$, para todo número inteiro positivo maior do que ou igual a 3.
(vi) $|sen\, xn| \leq n|senx|$, para todo número real x e todo inteiro positivo n.
(vii) $1^4+2^4+3^4+\cdots+n^4=\frac{n^5}{5}+\frac{n^4}{2}+\frac{n^3}{3}-\frac{n}{30}$ ■

Problema 1.2 Considere uma Torre de Hanói dupla contendo $2n$ discos de n tamanhos diferentes, dois de cada tamanho, empilhados em ordem decrescente de tamanho do raio. Como é usual, só podemos mover um disco de cada vez, sem colocar um maior sobre um menor. Ao final, os três pinos devem ter sido utilizados.

Qual é o número mínimo de movimentos necessários para transferir a Torre de Hanói dupla, de um pino para outro, se discos de mesmo tamanho são indistinguíveis? ■

(**Sugestão** Inicialmente, pense em mover a torre dupla com $(n-1)$ discos, depois mover e inverter a ordem dos dois maiores discos e, finalmente, mover a torre dupla com $(n-1)$ discos.)

Problema 1.3 Prove, usando indução, que o número de diagonais de um polígono convexo de n lados, d_n, é dado pela expressão: $d_n=\frac{n(n-3)}{2}$, para $n \geq 3$. ■

Problema 1.4 Prove, usando indução, que a soma, S_n, das medidas dos ângulos internos de um polígono convexo com n lados é dada pela expressão: $S_n=(n-2)\times 180^o$, para todo número natural $n \geq 3$. ■

Problema 1.5 Corta-se uma folha de papel em 4 ou 6 pedaços e cada pedaço obtido corta-se em 4 ou 6 pedaços e assim sucessivamente.

Prove que, aplicando essa regra, pode-se cortar uma folha de papel num número qualquer de pedaços maior do que 8. ■

Problema 1.6 Num país longínquo, a moeda local é o "cruzeiro". Nesse país, um banco tem uma quantidade ilimitada de cédulas de 3 e 5 cruzeiros.

Prove, por indução, que o banco pode pagar uma quantidade qualquer (inteira) de cruzeiros, maior do que sete. ■

Problema 1.7 Prove, usando o Princípio da Indução, que todo polígono de n lados (convexo ou não) pode ser repartido em triângulos, traçando diagonais que não se cruzam. ■

Problema 1.8 Prove que: se um conjunto X possui n elementos, então o conjunto das partes de X, denotado por $\mathscr{P}$, possui 2^n elementos. ■

Problema 1.9 Prove que, se n é um inteiro maior do que 1, então temos

$$1\cdot 3\cdot 5\cdot 7\ldots(2n-1) < n^n.$$

■

Problema 1.10 Um tabuleiro infinito possui a forma do primeiro quadrante. É possível escrever um inteiro positivo por cada casa do tabuleiro, de tal modo que cada linha e cada coluna contenha cada inteiro positivo exatamente uma vez? ■

Sugestão - A resposta é sim. Definimos indutivamente os subtabuleiros da seguinte maneira

$$A_0 = \boxed{1} \qquad A_{n+1} = \begin{array}{|c|c|}\hline B_n & A_n \\ \hline A_n & B_n \\ \hline\end{array}$$

onde o subtabuleiro B_n é obtido de A_n somando 2^n a cada um dos números escritos em cada uma de suas casas. Por exemplo:

$$A_0 = \boxed{1} \qquad A_1 = \begin{array}{|c|c|}\hline 2 & 1 \\ \hline 1 & 2 \\ \hline\end{array}$$

Agora, use indução para mostrar que cada linha do subtabuleiro A_n contém os inteiros positivos de 1 até 2^n.

Problema 1.11 Prove o **Segundo Princípio da Indução Finita**:

Fixado $a\in\mathbb{N}$, suponha uma afirmação $A(n)$ a respeito dos números naturais maiores do que ou iguais ao número a tal que:
(i) $A(a)$ é verdadeira;
(ii) Se $A(n)$ é verdadeira para $n\geq a$, então $A(n+1)$ é verdadeira.
Então $A(n)$ é verdadeira para todo $n\geq a$. ■

Problema 1.12 Prove que, para cada número número natural n, vale a seguinte desigualdade:

$$\sqrt{2\sqrt{3\sqrt{4\cdots\sqrt{(n-1)\sqrt{n}}}}} < 3$$

■

Sugestão - Esse problema é um caso particular do seguinte: Para todo inteiro $m\geq 2$, prove que:

$$\sqrt{k\sqrt{k+1\sqrt{k+2\cdots\sqrt{n-1\sqrt{n}}}}} < m+1$$

Nesse caso, procedemos por indução, mas no sentido inverso. Isto é, provamos inicialmente para $m=n$ e então voltamos para $m=2$. Para isso, é fácil ver que $\sqrt{n}<n+1$. Para $m<n$, tomamos como hipótese de indução a desigualdade:

$$\sqrt{k+1\sqrt{k+2\cdots\sqrt{n-1\sqrt{n}}}} < m+2$$

Daí, segue que:

$$\sqrt{k\sqrt{k+1\sqrt{k+2\cdots\sqrt{n-1\sqrt{n}}}}} < \sqrt{m(m+2)} < m+1.$$

Tomando $m=2,$ temos o presente caso resolvido.

Problema 1.13 Encontre o valor da expressão:

$$a_1 + \sum_{k=1}^{n} a_k^2,$$

onde $a_k = \frac{1}{k} + \frac{1}{k+1} + \ldots + \frac{1}{n}$. ■

Sugestão - Seja $a_{k,n} = \frac{1}{k} + \frac{1}{k+1} + \ldots + \frac{1}{n}$. Queremos encontrar $s_n = a_{1,n} + \sum_{k=1}^{n} a_k^2$. A resposta é $s_n = 2n$. Mostre por indução, sabendo que $s_1 = a_{1,1} + a_{a,1}^2 = 2$. Agora, mostre que $s_{n+1} - sn = 2$

Problema 1.14 Prove, usando indução, que:

$$\left(1-\frac{1}{4}\right)\cdot\left(1-\frac{1}{9}\right)\cdot\left(1-\frac{1}{16}\right)\cdots\left(1-\frac{1}{n^2}\right) = \frac{n+1}{2n}$$

■

Problema 1.15 Prove, usando o Princípio da Indução, que todo número inteiro positivo n pode ser escrito como uma soma do tipo

$$S_k = \pm 1 \pm 2,\ \pm 2 \pm 2,\ \pm 3 \pm 2,\ \cdots,\ \pm k \pm 2,$$

para algum inteiro positivo k e alguma escolha de sinais. ■

Sugestão - Observe que: $1 = 1^2$; $2 = -1^2 - 2^2 - 3^2 + 4^2$; $3 = -1^2 + 2^2$ e $4 = -1^2 - 2^2 + 3^2$. Como para todos $n > 4$, temos a identidade: $n^2 - (n+1)^2 - (n+2)^2 + (n+3)^2 = 4$, a segunda parte da indução é feita mostrando que S_k implica em S_{k+1}, usando a identidade acima.

Problema 1.16 Um professor de Matemática escreve no quadro negro os números

$$1,\ 2,\ 2^2,\ 2^3,\ 2^4,\ 2^5,\ 2^6,\ 2^7$$

e propõe o seguinte desafio. Um estudante pode apagar quaisquer dois dos números escritos e substituí-los pela diferença, tomada sempre maior do que ou igual a zero. Depois que este procedimento for repetido sete vezes, restará um único número.

Esse número pode ser o 97? ■

Sugestão - Sim. Substitua 64 e 32 por 32, o novo 32 e 16 por 16. A seguir, substitua o novo 16 e 128 por 112, 112 *e* 8 por 104, 104 *e* 4 por 100, 100 *e* 2 por 98 e, finalmente 98 *e* 1 por 97.

Problema 1.17 Define-se a sequência de números inteiros da seguinte forma:

$$a_0 = 9,\quad a_{n+1} = 3a_n^4 + 4a_n^3,$$

para todo número inteiro positivo n.

Prove que o termo a_{10}, possui, na sua representação na base decimal, mais do que 1000 dígitos 9. ∎

Sugestão - É fácil ver que $a_2 = 22599$, o que nos leva a suspeitar que o termo a_3, e os seguintes, possuem nas suas respectivas representações na base 10 muitos dígitos 9. Por outro lado, temos que $1000 < 2^{10} = 1024$. Agora, fazemos a seguinte conjectura: o termo a_n termina sua representação decimal com 2^n dígitos 9. Prove a conjectura por indução, lembrando que a representação decimal de um número que termina em m dígitos 9 é da forma: $a \cdot 10^m - 1$, onde $a \in \mathbb{N}$. Por fim, mostre que $a_{n+1} = b \cdot 10^{2m} - 1$, para cada $n \geq 0$.

Problema 1.18 (i) Mostre que: se X_1 e X_2 são conjuntos finitos com k_1 e k_2 elementos , respectivamente, então o produto cartesiano $X_1 \times X_2$ possui $k_1 \cdot k_2$ elementos.
(ii) Mostre que: se X_1, X_2, $X_3, \ldots$, X_n são conjuntos finitos com k_1, k_2, $k_3, \cdots$, k_n elementos, respectivamente, então o produto cartesiano $X_1 \times X_2 \times X_3 \times \ldots \times X_n$ possui $k_1 \cdot k_2 \cdot k_3 \cdots\cdots\cdot k_n$ elementos.
(iii) Conclua que: se o conjunto X possui n elementos e o conjunto Y possui m elementos, então a quantidade de funções de X em Y é m^n. ∎

Problema 1.19 Mostre por indução que

$$\frac{1}{\sqrt{1}} + \frac{1}{\sqrt{2}} + \frac{1}{\sqrt{3}} + \cdots + \frac{1}{\sqrt{n}} \leq 2\sqrt{n}.$$

∎

Sugestão - O caso $k+1$. Suponha que seja verdade para k. Agora some a cada membro da desigualdade dada a parcela $\frac{1}{\sqrt{k+1}}$, obtendo:

$$\frac{1}{\sqrt{1}} + \frac{1}{\sqrt{2}} + \frac{1}{\sqrt{3}} + \cdots + \frac{1}{\sqrt{n}} + \frac{1}{\sqrt{k+1}} \leq 2\sqrt{n} + \frac{1}{\sqrt{k+1}}.$$

Resta mostrar que $2\sqrt{n} + \frac{1}{\sqrt{k+1}} < 2\sqrt{k+1}$. Para isso, multiplique ambos os lados dessa última desigualdade por $\sqrt{k+1}$ e, depois de algumas contas você obterá uma desigualdade que é verdadeira, o que conclui a prova.

Problema 1.20 Cada vértice de um polígono convexo com n lados é pintado com uma cor. Para pintar todos os vértices usam-se no mínimo três cores, de tal maneira que vértices consecutivos possuem cores distintas.

Prove, por indução, que podemos repartir o polígono em triângulo, usando diagonais que não se intersectam, de modo que os extremos das diagonais sejam pontos de cores distintas. ∎

Sugestão - A base da indução é o caso $n = 3$. Ou seja, quando o polígono for um triângulo, que não pode ser mais repartido. Suponha a afirmação verdadeira para o caso de um polígono de k lados, para todo $k < n$. Suponha que as cores usadas sejam: vermelho (v), azul (a) e marrom (m). Como no mínimo três cores foram usadas, existe uma diagonal cujos pontos extremos são pintados com cores distintas. Se em ambos os lados dessa diagonal a terceira cor foi usada, aplicamos a hipótese do Princípio da Indução para os dois polígonos e o problema fica resolvido. Se isso não acontece, então em um dos lados da diagonal existe um polígono com um número par de lados e com vértices pintados em ordem cíclica usando duas cores *vavvavav...va*. Tome um ponto que não seja extremo da diagonal escolhida e ligue esse ponto a um vértice pintado com a outra cor (m). Essa nova diagonal reparte o polígono em dois polígonos, com menos lados que o original, e com a propriedade desejada. Aplique aí o Princípio da Indução.

Problema 1.21 Desenham-se vários círculos no plano. Em cada um dos círculos, traça-se uma corda. Prove que o mapa resultante pode ser pintado usando três cores distintas de maneira tal que as cores de duas regiões adjacentes quaisquer sejam distintas. ■

Sugestão - Proceda por indução sobre a quantidade n de círculos desenhados. O caso $n = 1$ é fácil de ver. Suponha que o resultado vale para quando desenhamos n círculos. Vamos supor que as cores usadas sejam vermelha, azul e verde. Para o caso de $n+1$ círculos, remova momentaneamente o $(n+1)-$ésimo círculo. Como restaram n círculos e suas respectivas cordas, o resultado neste caso é verdadeiro. Agora reponha o círculo retirado e sua respectiva corda. Observe que a corda divide o interior do círculo em duas partes. Mude as cores de uma das partes do interior do círculo usando o esquema: $vermelho \to azul$, $azul \to verde$, $azul \to vermelho$. As cores das partes fora do $(n+1)$ círculo ficam inalteradas. A pintura obtida desta maneira satisfaz ao problema.

Problema 1.22 Numa ilha, cinco piratas dispõem de cem moedas de ouro para repartir entre si. Eles dividem o produto do saque da seguinte forma: o pirata mais velho propõe uma divisão e todos votam sim ou não. Se pelo menos a metade dos piratas vota sim, eles dividem as moedas da forma proposta. Caso contrário, matam o pirata mais velho e começam de novo. Então o pirata mais velho (sobrevivente) faz sua proposta de divisão e os outros votam de acordo com as mesmas regras, ou seja, repartem as moedas ou matam o mais velho, conforme o caso. O processo continua até que um plano seja aceito. Suponha que você é o pirata mais velho.

Que divisão você proporia, sabendo que todos os piratas são lógicos, gananciosos e querem continuar vivos? ■

Sugestão - Analise a situação dos n piratas em função da situação de $n-1$ e, prossiga assim, até que a situação não deixe dúvidas quanto a divisão, que é o caso de existir somente um pirata, que ficaria com todas as moedas. No caso de dois piratas, pelos dados do problema, o mais velho tem opinião majoritária. No caso de três piratas, o mais velho propõe ficar com 99 moedas e dar uma para o segundo mais velho. Como seria no caso de quatro piratas?

2. O conceito de divisibilidade

2.1 Introdução

Neste capítulo, estudaremos o conceito de **divisibilidade** no conjunto dos números inteiros, bem como suas propriedades básicas, que são importantes na Teoria dos Números.

Para facilitar seus estudos:

- Faça um esforço para entender tudo que está sendo explicado no texto.
- Estude com caneta e papel do seu lado.
- Seja paciente e procure ter certeza que você entendeu o que está sendo explicado.
- Escreva as definições, resultados principais e fórmulas do capítulo, preferencialmente com suas próprias palavras.
- É mais fácil dominar os assuntos da disciplina em pequenas quantidades de cada vez.
- Faça um esforço para entender uma parte todo dia.
- Discuta com outros colegas sobre o assunto, se isso lhe ajuda.
- Como Matemática é uma disciplina que acumula os assuntos, você tem que construir uma boa fundamentação para seu desenvolvimento pessoal e trabalhos futuros.
- Procure fazer os exercícios propostos e os problemas ao final do capítulo.

2.2 Objetivos

Ao final deste capítulo espera-se que você possa:

- Reconhecer quando um inteiro divide o outro;
- Usar as propriedades básicas da divisão de inteiros;
- Saber o que é um número primo.

2.3 Propriedades básicas dos números inteiros

O conjunto dos números naturais $\mathbb{N} = \{1, 2, 3, \ldots, n, \ldots\}$ é o primeiro conjunto numérico que conhecemos, e é cenário para antigos e profundos problemas da Matemática.

Sabe-se que a soma (e o produto) de dois números naturais resulta em um número natural. Já a diferença entre dois números naturais nem sempre é um numero natural. Por exemplo, $5-8=-3$ e $4-4=0$, que não são números naturais. Para suprir esta deficiência, amplia-se o conjunto dos números naturais para o conjunto dos números inteiros:

$$\mathbb{Z} = \{\ldots,\ -3,\ -2,\ -1,\ 0,\ 1,\ 2,\ 3,\ 4,\ \ldots\},$$

que contém o conjunto $\mathbb{N}$, o número zero e todos os inteiros negativos.

Chamamos também o conjunto dos números naturais, $\mathbb{N} = \{1,\ 2,\ 3,\ \ldots,\ n,\ \ldots\}$ de conjunto dos números inteiros positivos.
Simbolicamente, dizemos que um número inteiro n é positivo da seguinte maneira: $n > 0$ (leia-se: "n é maior do que zero" ou "n é positivo").
Os números $\ldots, -5,\ -4,\ -3,\ -2,\ -1$ são os chamados **inteiros negativos**. Simbolicamente, dizemos que um número inteiro n é negativo da seguinte maneira: $n < 0$ (leia-se: "n é menor do que zero" ou "n é negativo"). O número zero, "0", **não é negativo nem positivo**.
Como sabemos, no conjunto dos números inteiros podemos definir duas operações: adição e multiplicação, respectivamente representadas simbolicamente por "$+$" e "$\cdot$" (a multiplicação também é comumente representada por "$\times$").

Se a, b e c são números inteiros quaisquer, valem as seguintes propriedades para as duas operações de adição e multiplicação na tabela a seguir:

Propriedades	**Adição**	**Multiplicação**
Associatividade	$a+(b+c) = (a+b)+c$	$a.(b.c) = (a.b).c$
Comutatividade	$a+b = c+d$	$a.b = b.a$
Identidade	$a+0 = 0+a = a$	$a.1 = 1.a = a$
Inverso aditivo	$a+(-a) = 0$	
Distributividade	$a.(b+c) = a.b+a.c$	$(a+b).c = a.c+b.c$
Lei do Cancelamento	$a+c = b+c \Rightarrow a = b$	$a \cdot c = c \cdot b \Rightarrow a = b$, se $a \neq 0$

2.4 Propriedades básicas da adição e multiplicação dos inteiros

Se a, b e c são números inteiros quaisquer, dizemos que $a > b$ (leia-se a maior do que b) se, e somente se, $a - b$ é um número inteiro positivo.

2.5 Propriedades dos números inteiros

Duas importantes propriedades dos inteiros são:

- **Tricotomia**

  Se a e b são números inteiros quaisquer: ou $a > b$ ou $b > a$ ou $a = b$.

  (Ou seja, dados dois números inteiros a e b, uma, e somente uma, das possibilidades ocorre:
  - ou a é maior do que b;
  - ou b é maior do a;
  - ou a é igual a b)

- **Transitividade**

  Se a, b e c são números inteiros quaisquer com $a > b$ e $b > c$, então $a > c$.

Propriedades básicas da adição e multiplicação dos inteiros

2.6 Os conceitos de divisibilidade e número primo

Por volta de $300a.C.$, Euclides reconheceu que a **divisibilidade** e os **números primos** são conceitos importantes para os números naturais. A seguir, vamos tratar destes dois conceitos.

Como podemos escrever $10 = 2 \times 5$, dizemos que 2 divide 10 (e que 5 divide 10). Ou seja, 2 é um **divisor** de 10 (e 5 é um divisor de 10) ou 2 é um **fator** de 10 (e 5 é um fator de 10).

Dizemos também que 10 é um **múltiplo** de 2 (e 10 é múltiplo de 5). Do mesmo modo, como $1001 = 11 \times 91$, dizemos que 11 divide 1001 (e que 91 divide 1001). Ou seja, 1001 é um múltiplo de 11 (e 1001 é múltiplo de 91).

> De uma maneira geral, se a **e** b**, com** b **diferente de zero, são números inteiros e existe outro número inteiro** c **tal que** $a = b \cdot c$**, dizemos que** b **divide** a **(e que** c **divide** a**).** Neste caso, b (ou c) é dito ser um **divisor** de a ou um **fator** de a. Dizemos, também, que a **é múltiplo de** b **e** c.

Vejamos um exemplo: como $28 = 7 \times 4$, dizemos que 7 divide 28 (e que, também, 4 divide 28). Portanto, 7 e 4 são divisores de 28 ou são fatores de 28 e 28 é múltiplo de 4 e de 7. De modo análogo, -4 é um divisor de 28 (ou um fator de 28), pois $28 = (-4) \cdot (-7)$ e -3 é um divisor de -12, pois $-12 = (-3) \cdot 4$. Observe que os divisores de um número inteiro comparecem aos pares, pois quando $b.c = a$, temos então que b e c são divisores de a.
É importante notar que: se b divide a, então o número inteiro c tal que $a = bc$ é único.
De fato, se existissem dois inteiros c e c' tais que $a = b.c$ e $a = b.c'$, então teríamos $bc = bc'$, sendo $b \neq 0$. Pela lei do cancelamento, teríamos $c = c'$.

Não se esqueça: textbfa noção de divisibilidade é restrita ao fato de o divisor ser diferente de zero. Esta restrição provém do fato de que para todo inteiro a, tem-se que o produto $a \cdot 0 = 0$, o que implicaria $a = \frac{0}{0}$, para todo $a \in \mathbb{N}$, o que não faz sentido. Portanto, **o número zero não pode ser divisor de qualquer inteiro**.
Agora, observe que 7 não divide 12, pois não existe um número inteiro c tal que $12 = 7 \times c$. Do mesmo modo, 20 não divide 30, pois não existe um número inteiro c tal que $30 = 20 \times c$.

■ **Exemplo 2.1 — .** O conjunto $S = \{\cdots, -12,\ -8,\ -4,\ 0,\ 4,\ 8,\ 12,\ \cdots\}$ é a coleção de todos os múltiplos inteiros de 4, pois cada um de seus elementos é divisível por 4:

$$\ldots, -12 = 4 \cdot (-3);\ -8 = 4 \cdot (-2);\ -4 = 4 \cdot (-1);\ 0 = 4 \cdot 0;\ 4 = 4 \cdot 1;$$

$$8 = 4 \cdot 2;\ 12 = 4 \cdot 3; \ldots$$

Deste modo, podemos descrever o conjunto S como sendo a coleção de todos os inteiros da forma $4s$, onde s é um número inteiro: $S = \{4s;\ s \in \mathbb{Z}\}$.
Do modo análogo, $U = \{7,\ 14,\ 21,\ 28,\ 35, \ldots\}$ é o conjunto dos múltiplos inteiros positivos de 7. Ou seja, $U = \{7m;\ m \in \mathbb{N}\}$. ■

A seguir, vamos listar as propriedades básicas da divisão, apresentando suas respectivas provas.

2.7 Propriedades básicas da divisão

Teorema 2.7.1 Sejam a, b e c números inteiros, então valem as seguintes propriedades:

- (a) Se $a \neq 0$, então a divide a e a divide 0.
- (b) Para qualquer inteiro a, 1 divide a.
- (c) Se a divide b e a divide c, então a divide $bm + cn$, para todo m e n inteiros.
- (d) Se a divide b e b divide c, então a divide c.
- (e) Se $a > 0$, $b > 0$, a divide b e b divide a, então $a = b$.

(f) Se $a > 0$, $b > 0$ e a divide b, então $a \leq b$.

Prova

As propriedades (a) e (b) seguem do fato que $a = a.1$ e $0 = a.0$. Veja que a propriedade (a) nos diz que qualquer inteiro $a \neq 0$ divide 0. Mas, isso é *diferente* de dizer que 0 divide algum número inteiro!

Para provar a propriedade (c), observe que se a divide b, então existe um número x inteiro tal que $b = a \cdot x$. Se a divide c, então existe y inteiro tal que $c = a \cdot y$. Assim, temos que $bm + cn = a \cdot xm + a \cdot yn = a \cdot (xm + yn)$. Portanto, a é divisor de $bm + cn$.

Para provar a propriedade (d), observe que se a divide b, então existe um número inteiro x tal que $b = a \cdot x$. Se b divide c, então existe y inteiro tal que $c = b \cdot y$. Assim, $c = b \cdot y = (a \cdot x) \cdot y = a \cdot (x \cdot y)$. Portanto, a divide c.

Para provar a propriedade (e), basta observar que se a divide b, então existe um número inteiro positivo x tal que $b = a \cdot x$. Se b divide a, então existe y inteiro positivo tal que $a = b \cdot y$. Assim, $b = a \cdot x = (by) \cdot x = b \cdot (yx) \Rightarrow yx = 1 \Rightarrow y = 1 \; e \; x = 1$. Portanto, $a = b$.

Para provar a propriedade (f), observe que se a divide b, então existe um número inteiro positivo x tal que $b = a \cdot x$. Logo, $a \leq b$, pois como $a > 0$ e $x > 0$ tem-se $a \leq ax = b$.

Para escrever que um inteiro a divide o inteiro b, geralmente empregamos a seguinte notação: $a|b$. Se a não divide b, notamos por: $a \not| b$.

■ **Exemplo 2.2 — .** Usando a propriedade básica (3) acima, podemos concluir que o número 3 divide a expressão $(12m + 21n)$, quaisquer que sejam os inteiros m, n:
■

2mm
Solução

É fácil ver que $3|12$ e $3|21$, pois $12 = 3 \cdot 4$ e $21 = 3 \cdot 7$. Desse modo, $(12m + 21n) = (3 \cdot 4 \cdot m + 3 \cdot 7 \cdot n) = 3 \cdot (4m + 7n)$. Portanto, $3|(12m + 21n)$.

Exercício 2.1 (i) Escrevendo $45 + 60 = 105$ e $105 - 60 = 45$,
(a) explique porque qualquer divisor comum de 45 e 60 é também um divisor de 105.
(b) explique porque um divisor comum de 105 e 60 é também um divisor comum de 45.
(ii) Verifique que: 6 divide $72 = 9 \cdot 8$ e, no entanto, 6 não divide 9 e 6 não divide 8. (Isto mostra que: se $a|bc$ **não necessariamente** a divide b ou a divide c). ■

■ **Exemplo 2.3 — .** Verifique que a soma de três múltiplos inteiros de 5 é, também, um múltiplo de 5. ■

Solução

Observe que um múltiplo de 5 é da forma $5s$, onde s é um número inteiro. Assim, se s, t, u são números inteiros, então $5s + 5t + 5u$ é a soma de três múltiplos de 5. Mas,

$$5s + 5t + 5u = 5 \cdot (s + t + u),$$

que é um múltiplo de 5, pois $(s + t + u)$ é um inteiro. Portanto, a soma de três múltiplos de 5 é, também, um múltiplo de 5.

Exercício 2.2 — . Usando o exemplo acima, explique porque a diferença entre dois múltiplos de 7 é ainda um múltiplo de 7. E se em vez de 7 for 12? E se em vez de 12 for n, um número inteiro qualquer? ■

Observe que, por mais que tentemos, não vamos conseguir escrever o número 7 como produto de dois números naturais $a \cdot b$, a menos que $a = 7$ e $b = 1$ ou $a = 1$ e $b = 7$. Isto quer dizer que: 7 só admite como divisores inteiros positivos 1 e 7. Nesse caso, Euclides chamou 7 (e todos os números com essa propriedade) de **número primo**.

É fácil ver que:
2, 3, 5, 7, 11, 13, 17, 19, 23, 29, 31, 37, 41, 43, 47, 53, 59, 61, 67, 71, 73, 79, 83, 89, 97
são todos os números primos (menores do que 100).

Você consegue encontrar um número que seja primo e maior do que 100*?*

Uma pergunta: **Existem quantos números primos?**

Vamos demonstrar no capítulo 5 que **existem infinitos números primos**. Você viu acima que listamos 25 números primos menores do que 100. Pois bem, existem muitos números primos além desses ...

De uma maneira geral, dizemos que um número natural p maior do que 1 é **primo** se p não pode ser escrito como produto de dois naturais que estejam entre 1 e p. (**Um número primo é, por definição, um número inteiro maior do que** 1).

Se um número natural maior do que 1 não é primo, como, por exemplo, o número $10 = 2 \cdot 5$, dizemos que ele é um **número composto**. O número 1 **não é primo nem composto**.

■ **Exemplo 2.4 — .** É fácil ver que 15 é um número composto, pois $15 = 3 \cdot 5$. Também o número 1071 é composto, pois $1071 = 3 \cdot 357$. O número 2047 é composto, pois $2047 = 23 \cdot 89$. ■

■ **Exemplo 2.5 — .** Prove que o número $2^{58} + 1$ é um número composto. ■

Solução

Observe que $2^{58} = 2^{4n+2}$, onde $n = 14$ e que a expressão $2^{4n+2} + 1$ pode ser escrita como:

$$\begin{aligned}
2^{4n+2} + 1 &= (2^{2n+1})^2 + 1 = (2^{2n+1})^2 + 2 \cdot 2^{2n+1} + 1 - 2 \cdot 2^{2n+1} = \\
&= (2^{2n+1} + 1)^2 - (2^{n+1})^2 = \\
&= (2^{2n+1} + 2^{n+1} + 1)(2^{2n+1} - 2^{n+1} + 1).
\end{aligned}$$

Assim, fazendo $n = 14$, temos: $2^{58} + 1 = (2^{29} + 2^5 + 1)(2^{29} - 2^5 + 1)$. Agora, fica fácil ver que 5 é um divisor de $2^{58} + 1$, pois $(2^9 + 2^5 + 1) = 545 = 5 \cdot 109$. Portanto, 5 divide $2^{58} + 1$ e segue $2^{58} + 1$ é um número composto.

Poderíamos também resolver da forma seguinte. Escreve-se

$$\begin{aligned}
2^{58} + 1 &= (2^2)^{29} + 1 = 4^{29} + 1 = 4^{29} + 1^{29} = \\
&= (4+1) \cdot \underbrace{(4^{28} - 4^{27} + \ldots + 1)}_{A \in \mathbb{Z}} = (4+1) \cdot A = 5A,
\end{aligned}$$

que é um número composto.

▪ **Exemplo 2.6 — .** Dado um número inteiro positivo qualquer, n, então o **menor** número natural maior do que 1 que divide n é um número primo. ▪

Solução

Vamos supor que p seja o menor número natural maior do que 1 que divide o número inteiro n. Assim, existe um número inteiro c tal que $n = p \cdot c$. Se p não é primo, então $p = a \cdot b$, onde $1 < a < p$ e $1 < b < p$. Isto é, $n = p \cdot c = a \cdot b \cdot c$. Desse modo, a é um divisor de n e a é menor do que p. Contradição, pois, por hipótese, p é o menor número natural maior do que 1 que divide n. Portanto, p é um número primo.

Exemplificando: o menor número natural maior do que 1 que divide 75 é 3, que é primo: $75 = 3 \cdot 25$. O menor número natural maior do que 1 que divide 87 é 3, que é primo: $87 = 3 \cdot 29$. O menor número natural maior do que 1 que divide 100 é 2, que é primo: $100 = 2 \cdot 50$.

▪ **Exemplo 2.7 — .** Qual é o menor número natural maior do que 1 que divide o número 91? ▪

Solução

É fácil constatar que 2, 3 e 5 não dividem o número 91. Por outro lado, é fácil ver que $91 = 7 \cdot 13$. Portanto, o menor número natural maior do que 1 que divide 91 é 7 e, de fato, 7 é um número primo.

▪ **Exemplo 2.8 — .** Se a e b são números inteiros positivos e $ab = n$, então podemos concluir que $a \leq \sqrt{n}$ ou $b \leq \sqrt{n}$. ▪

Solução

Suponha $a \leq b$. Como $a^2 = a \cdot a \leq ab = n$, temos que $a \leq \sqrt{n}$. De modo análogo, se for $b \leq a$, então $b \leq \sqrt{n}$.

Concluímos que, o resultado do exemplo acima indica que um número inteiro n não é primo se ele tem um divisor primo menor do que ou igual $\sqrt{n}$.

O exemplo acima poupa o esforço na busca por números primos!

▪ **Exemplo 2.9 — .** Encontrar todos os números primos menores do que ou iguais a 100. ▪

Solução

Como $\sqrt{100} = 10$, então os números primos menores do que ou iguais a 100 não possuem divisores menores do que ou iguais a 10. Como os números primos menores do que ou iguais a 10 são 2, 3, 5 e 7, segue que os números primos menores do que 100 serão os que não são divisíveis por 2, 3, 5 e 7. A lista de todos os números primos menores do que 100 estão listados na página anterior.

▪ **Exemplo 2.10 — .** Diga, justificando, se o número 377 é primo. ▪

Solução

Como $\sqrt{377} = 19{,}416\ldots$, pelo exemplo anterior, basta verificar se 377 possui um divisor dentre os inteiros primos de 1 até 19. É fácil ver que 13 divide 377, pois $377 = 13 \cdot 29$. Portanto, o número 377 **não** é um número primo.

■ **Exemplo 2.11 — .** Diga, justificando, se o número 2017 é primo. ■

Solução

Como $\sqrt{2017} = 44,911023\ldots$, pelo exposto acima, basta verificar se 2017 possui um divisor dentre os inteiros primos de 1 até 44. É fácil ver que 2017 não admite divisor neste intervalo. Portanto, concluímos que 2017 **é um número primo**.

■ **Exemplo 2.12** Demonstrar que o número $2^{32}+1$ não é primo. ■

Solução

Demonstraremos que $2^{32}+1$ não é primo mostrando que ele é divisivel por 641.
De fato, usando propriedades de potenciação, temos:

$$2^{32}+1 = 2^{28}\cdot 2^4+1 = 2^{28}\cdot 16+1$$

Agora, usamos um truque eficiente para este caso: $16 = 641-625 = 641-5^4$. Assim, temos que:

$$2^{32}+1 = 2^{28}\cdot(641-625)+1 = 2^{28}\cdot 641+2^{28}\cdot(-5^4)+1$$

Para concluir que $2^{32}+1$ não é primo, basta provar que $2^{28}\cdot(-5^4)+1$ é divisível por 641. Para isso, observamos que:

$$(1-5^4 2^{28}) = (1+5^2 2^{14})(1-5^2 2^{14}) = (1+5^2 2^{14})(1+5\cdot 2^7)(1-5\cdot 2^7),$$

Nesse caso, tivemos sorte pois: $641 = 1+2^7 5\ldots$
Assim, $2^{32}+1 = 2^{28}\cdot 641+(1+2^{14}5^2)(1-2^7.5)\cdot 641$. Portanto, $2^{32}+1$ **não** é um número primo.

■ **Exemplo 2.13 — .** Mostre que, para $a,\ b\in\mathbb{Z}$ e n um número inteiro positivo qualquer, temos que $(a-b)$ divide o número (a^n-b^n). ■

Solução

Vamos mostrar por indução sobre n. Para $n=1$ é óbvio, pois $(a^n-b^n) = a^1-b^1 = a-b$.
Vamos supor que para $n=k$, com k inteiro maior do que 1, o número a^k-b^k seja divisível por $a-b$.
Para o caso $n=k+1$, basta observar que:

$$a^{k+1}+b^{k+1} = a^{k+1}\underbrace{-a^k b+a^k b}_{=0}-b^{k+1} = a^k(a-b)+b(a^k-b^k).$$

Agora, usando a hipótese de indução, temos que $a^{k+1}+b^{k+1}$ é uma soma de dois números divisíveis por $(a-b)$, o que implica que $(a-b)$ divide o número (a^k-b^k), como queríamos mostrar. Segue o resultado pelo Princípio da Indução.

Observação - É fácil ver que temos a igualdade:

$$a^k-b^k = (a-b)\cdot(a^{k-1}+a^{k-1}b+a^{k-2}b^2+\ldots+ab^{k-2}+b^{k-1})$$

■ **Exemplo 2.14 — .** Mostre que, para $a,\ b \in \mathbb{Z}$ e n um número inteiro positivo qualquer, temos que $(a+b)$ divide o número $(a^{2n-1}+b^{2n-1})$. ■

Solução

Vamos mostrar por indução sobre n.
Para $n=1$ é óbvio, pois $(a^{2n-1}+b^{2n-1})=a^1+b^1=a+b$.
Suponha o resultado válido para $n=k$, com k inteiro maior do que 1.
Para o caso $n=k+1$, basta ver que:

$$a^{2(k+1)-1}+b^{2(k+1)-1}=a^{2k+1}+b^{2k+1}=a^{2k+1}+\underbrace{a^2b^{2k-1}-a^2b^{2k-1}}_{=0}+b^{2k+1}=$$

$$=a^2(a^{2k-1}+b^{2k-1})-b^{2k-1}(a^2-b^2).$$

Agora, usando a hipótese de indução e o fato de que $(a+b)$ divide (a^2-b^2), temos que $a^{2k+1}+b^{2k+1}$ é uma soma de dois números divisíveis por $(a+b)$, o que implica que $(a+b)$ divide o número $(a^{2k-1}+b^{2k-1})$, como queríamos mostrar. O resultado segue pelo Princípio da Indução.

■ **Exemplo 2.15 — .** Mostre que o número

$$K=1^{101}+2^{101}+3^{101}+4^{101}+5^{101}+6^{101}$$

é divisível por 7. ■

Solução

Inicialmente, escrevemos a expressão de K como:

$$K=1^{101}+2^{101}+3^{101}+4^{101}+5^{101}+6^{101}=$$

$$=(1^{101}+6^{101})+(2^{101}+5^{101})+(3^{101}+4^{101}).$$

Usando o exemplo acima, é fácil ver que as três parcelas $1^{101}+6^{101}$, $2^{101}+5^{101}$, $3^{101}+4^{101}$ são divisíveis por 7. Portanto, o número K é uma soma de três parcelas divisíveis por 7, o que implica que K é divisível por 7, como queríamos mostrar.

Observação - - É oportuno observar que o resultado é válido se substituirmos 101 por qualquer número ímpar positivo.

■ **Exemplo 2.16 — .** Em uma linha, se escrevem os números inteiros de 1 a 2015 em ordem crescente e abaixo dessa linha se escrevem os números inteiros de 1 a 2015, em ordem decrescente, tal que cada coluna forma um par com dois números. Em quantas dessas colunas, pelo menos um dos números divide o outro? ■

Solução

Observemos que, se o primeiro número de uma coluna é k, o segundo número da mesma coluna será $2016-k$. Logo, k divide $(2016-k)$ ou $(2016-k)$ divide k. No primeiro caso, teremos que k divide $(2016-k+k=2016)$, de onde se tomam os divisores de 2016 salvo 2016 (a fatoração de 2016 é $2^5\cdot 3^2\cdot 7$, o que revela que ele possui uma quantidade de $6\cdot 3\cdot 2=36$ divisores positivos), e que k não assume este valor, de onde teremos $36-1=35$ números. Agora, observe que o segundo caso é simétrico ao primeiro, o que implica que haverá também 35 casos, mas estaríamos contando os pares $k=1008$, $(2016-k)=1008$ duas vezes. Portanto, existem $35+34=69$ colunas onde um número divide o outro.

2.8 Resumo

Neste capítulo estudamos os conceitos de divisibilidade, suas propriedades básicas, e o conceito de número primo, indispensáveis e fundamentais no estudo da Teoria dos Números.

2.9 Conjunto de Problemas II

Problema 2.1 Sejam a, b, c, d números inteiros não nulos. Marque Verdadeiro (V) ou Falso (F) nas afirmações a seguir, justificando sua escolha.
(i) ( )Se a divide b e c divide d, então ac divide bd.
(ii) ( )Se a divide bc, então a divide b ou a divide c.
(iii) ( )Se a^2 divide b^3 então a divide b. ■

Problema 2.2 Identifique qual dos seguintes inteiros é primo:
(a) 91 (b) 191 (c) 791 (d) 771 ■

Problema 2.3 Encontre três divisores positivos do número 30. ■

Problema 2.4 Diga, justificando, se o número 39 é primo ou composto. ■

Problema 2.5 Dê exemplo de quatro pares de números naturais (p,q), onde p e q são primos, com $p > q$ e $p - q = 2$. ■

Problema 2.6 Qual é o menor inteiro positivo maior do que 1 que divide o número:
(a) $K = 1 + 2 + 3 + \ldots + 98 + 99$? (b) 2301? (c) 4189? (d) 2627? ■

Problema 2.7 Diga, justificando, se são primos os dois números: 187 e 211. ■

Problema 2.8 Na tabela a seguir, identifique cada número primo, marcando com um $\times$ o quadradinho em que ele se encontra.

101	102	103	104	105	106	107	108	109	110
111	112	113	114	115	116	117	118	119	120
121	122	123	124	125	126	127	128	129	130
131	132	133	134	135	136	137	138	139	140
141	142	143	144	145	146	147	148	149	150
151	152	153	154	155	156	157	158	159	160
161	162	163	164	165	166	167	168	169	170
171	172	173	174	175	176	177	178	179	189
181	182	183	184	185	186	187	188	189	190
191	192	193	194	195	196	197	198	199	200

■

Problema 2.9 Dois amigos, A e B, se divertem com o seguinte jogo. O jogador A inicia o jogo escolhendo um dos inteiros de 1 a 8 (inclusive) e diz ao segundo jogador, que escolhe um número qualquer de 1 a 8 (inclusive) e soma esse número com o que A escolheu, falando o resultado ao primeiro jogador, que, por sua vez, o soma a qualquer número escolhido por ele de 1 a 8, (inclusive) e assim eles vão jogando, alternadamente. O jogador que primeiro obtiver o número 46 perde o jogo.

Quem vence : A ou B? Qual é a estratégia para vencer? ∎

Sugestão - Pense de trás para frente. Na sua penúltima jogada, o vencedor tem de deixar no máximo que número, para que ele tenha certeza que vence a partida? Identifique todas as posições vencedoras para o jogador que vence a partida.

Problema 2.10 O inverso de um número não nulo a é o número $\frac{1}{a}$. Encontre a soma dos inversos de todos os divisores positivos de 144. ∎

Problema 2.11 Encontre o maior inteiro positivo k para o qual a potência 3^k divide o número $50! = 1 \cdot 2 \cdot 3 \cdot \cdots \cdot 49 \cdot 50$. ∎

Problema 2.12 O número natural $(2^{48} - 1)$ é divisível por dois números inteiros entre 60 e 70. Encontre esses números. ∎

Sugestão Use produtos notáveis para decompor $(2^{48} - 1)$.

Problema 2.13 Seja $S = \{1, 2, 3, \ldots, 100\}$. Qual é a quantidade de elementos de S que pode ser escrita na forma m^n, onde m e n são números inteiros positivos maiores do que 1? ∎

Problema 2.14 Seja m um inteiro positivo satisfazendo a seguinte condição: ambos m e $m + 99$ são quadrados de inteiros. Encontre as quantidades possíveis de tais inteiros positivos. ∎

Problema 2.15 Um grupo de 11 rapazes e n garotas compraram $n^2 + 9n - 2$ chocolates e os dividiram igualmente entre cada membro do grupo.

Determine o possível valor de n. ∎

Problema 2.16 Determine a quantidade de inteiros positivos k para os quais 4^k divide 1024. ∎

Problema 2.17 Encontre todos os números inteiros positivos n para os quais o número $n^3 + 100$ seja divisível por $n + 10$. ∎

Problema 2.18 Mostre que: para todo inteiro positivo n, o número $n^4 + 64$ é um número composto. ∎

Problema 2.19 Seja p um número primo maior do que ou igual a 5. Mostre que $p^2 + 2$ é um número composto. ∎

Problema 2.20 Encontre o menor número inteiro positivo n para o qual os números:

$$n,\ n+1,\ n+2,\ n+3,\ n+4,\ n+5,\ n+6,$$

sejam todos compostos. ∎

Problema 2.21 Encontre o menor número inteiro positivo n para o qual a fração $\frac{n-13}{5n+6}$ é redutível e não nula. ∎

Sugestão - Como a fração é não nula, temos que $n \neq 13$. Por outro lado, a fração $\frac{n-13}{5n+6}$ é redutível se, e somente se, o inverso dela, $\frac{5n+6}{n-13}$, existe e é uma fração redutível. Escreva então:

$$\frac{5n+6}{n-13} = \frac{(5n-65)+71}{n-13} = \frac{5(n-13)+71}{n-13} = 5 + \frac{71}{n-13}.$$

Agora, examine para que valores de n temos que $(n-13)$ divide 71.

Problema 2.22 Encontre a quantidade de pares de números inteiros positivos (m,n) para os quais $\frac{1}{m}+\frac{1}{n}=\frac{1}{5}$. ∎

Problema 2.23 Dizemos que um número inteiro positivo é **bom** se ele pode ser escrito como a soma de dois ou mais números inteiros positivos consecutivos. Por exemplo, 15 é um **número bom**, pois $15=7+8$ e $15=4+5+6$.

Prove que:
(i) 2013 é um número bom.
(ii) 2012 não é um número bom.
(iii) O produto de dois números bons é também um número bom.
(iv) Se o produto de dois números bons é um número bom, então pelo menos um deles é um número bom. ∎

Sugestão - Como a soma de dois números inteiros consecutivos é ímpar, então todo número bom é ímpar. Como a soma de três números consecutivos é um múltiplo de 3, então todo número bom é um múltiplo de 3. Reciprocamente, todo múltiplo de três pode ser escrito como soma de três inteiros consecutivos.

Problema 2.24 Mostre que 10 divide o número inteiro $6^{3n-2}+4^{2n-1}$, para todo número natural n. ∎

Sugestão- Use o Princípio da Indução. Para $n=1$, temos que $6^{3n-2}+4^{2n-1}=6^1+4^1=10$, que obviamente é divisível por 10. Suponha que o resultado é válido para $n=k$. Para o caso $n=k+1$, mostre que $6^{3(k+1)-2}+4^{2(k+1)-1}=6^{3k-2}\cdot 200+(6^{3k-2}+4^{2k-1})\cdot 4^2$ e use a hipótese de indução.

Problema 2.25 Encontre o menor inteiro positivo n para o qual $1^2+2^2+3^2+\ldots+n^2$ é divisível por 100 ∎

Sugestão- Como $S=1^2+2^2+3^2+\cdots+n^2=\frac{n(n+1)(2n+1)}{6}$, para que S seja divisível por 100, temos que $n(n+1)(2n+1)$ tem de ser divisível por $600=2^2\cdot 3\cdot 5^2$. Por outro lado, os três números n, $(n+1)$ e $(2n+1)$ não têm fatores primos comuns dois a dois. Assim, um deles tem de ser divisível por 25. O menor n para o qual isto acontece é $n=12$. Mas, neste caso, $n(n+1)(2n+1)=12\cdot 13\cdot 25=2^2\cdot 13\cdot 5^2$ não seria divisível por 600. O menor mais próximo será $n=24$, com $n+1=25$. Nesse caso, $n(n+1)(2n+1)=24\cdot 25\cdot 49=2^3\cdot 3\cdot 5^2\cdot 7^2$, que é divisível por 600. Portanto, a resposta é $n=600$.

Problema 2.26 Mostre que, para todo número natural n, temos:
(i) 5 divide o número $4^{n+1}+7^{2n}$.
(ii) 7 divide o número $3^{2n+1}+2^{n-1}$. ■

Problema 2.27 Prove que existe uma infinidade de números inteiros que são quadrados perfeitos e tais que cada um deles é a soma de dois cubos perfeitos. ■

Sugestão- Considere as potências de 2. Assim, observe que, se $k \in \mathbb{Z}$, então $2^{3(2k-1)} = \left(2^{2k-1}\right)^3$ é um cubo perfeito. Agora, observe que

$$2^{3(2k-1)} + 2^{3(2k-1)} = 2 \cdot 2^{3(2k-1)} = 2^{1+6k-3} = 2^{6k-2} = 2^{2(3k-1)} = \left(2^{3k-1}\right)^2$$

Como k é arbitrário (pode ser qualquer inteiro!), segue que existe uma infinidade de números inteiros que são quadrados perfeitos e tais que cada um deles é a soma de dois cubos perfeitos.

Problema 2.28 Prove que existe uma infinidade de inteiros que são cubos perfeitos e tais que cada um deles é a soma de dois números inteiros que são quadrados perfeitos. ■

Sugestão- Verifique que 2^{6k-4} é um quadrado perfeito e que $2^{6k-4}+2^{6k-4}$ é um cubo perfeito.

3. O algoritmo da divisão

3.1 Introdução

Neste capítulo estudaremos o **Algoritmo da Divisão**, proposto por Euclides, e seus usos nas questões de divisibilidade dos números inteiros.

O que nesse capítulo você vai aprender não são somente fatos, imaginamos poder trilhar, juntos, caminhos amigáveis para você descobrir quão interessante e motivadora é a Teoria dos Números. Por isso, você tem de ser um participante ativo!

Para facilitar seus estudos:

- Planeje seus horários de estudos, aproveitando todo tempo disponível.
- Estude sempre com caneta e papel ao lado.
- Estude cada conceito e absorva-os como sendo seus.
- Faça um esforço para entender tudo que está sendo explicado no texto.
- Não seja impaciente. Avance quando você se achar preparado.
- Seja paciente e procure ter certeza de que você entendeu o que está lendo.
- É mais fácil dominar completamente o assunto do texto em pequenas quantidades de cada vez.
- Faça um esforço para entender uma parte todo dia.
- Estude os exemplos do capítulo e, depois disso, feche seu livro e tente fazer cada exemplo com seus próprios argumentos. Se você não consegue fazê-los, estude-os novamente.
- Escreva as definições, resultados principais e fórmulas do capítulo, preferencialmente com suas próprias palavras.
- Ao final de cada sessão, faça a você mesmo as perguntas: O que eu aprendi? Como eu posso usar essas ideias para resolver os problemas?
- Faça os exercícios e resolva os problemas ao final do capítulo.

3.2 Objetivos

Ao final deste capítulo espera-se que você possa:

- Fazer uso do Algoritmo da Divisão na solução de problemas envolvendo números inteiros.
- Compreender que o uso do Algoritmo da Divisão permite expressar um número inteiro de forma unívoca a partir da sua divisão por outro número inteiro não nulo.
- Resolver problemas com o emprego do Algoritmo da Divisão.

3.3 Noções Básicas

O inteiro 5 não divide o inteiro 42 e 7 não divide 12. Por outro lado, podemos escrever $42 = 8 \cdot 5 + 2$ e $12 = 1 \cdot 7 + 5$. É fácil criar vários exemplos de dois números inteiros onde um número não divide outro. Assim, podemos ver que a divisão é bastante restritiva no conjunto dos números inteiros. Para superar isso, existe um processo de divisão de um número natural qualquer por outro não nulo, que amplia o conceito de divisibilidade e pelo qual se determina, de modo único, o **quociente** e o **resto** da divisão. Esse processo é conhecido como **Algoritmo da Divisão** (ou **Algoritmo de Euclides**), e se estende de modo natural para o conjunto de todos os inteiros, com a restrição do divisor ser diferente de zero (ou divisor positivo, para facilitar).

3.4 O Algoritmo da Divisão

Sabemos que 5 não divide 38, mas, no entanto, podemos escrever $38 = 7 \cdot 5 + 3$. Nesse caso, 7 é o **quociente** e 3 é o **resto** da divisão de 38 por 5. Outro exemplo: $42 = 5 \cdot 8 + 2$. Nesse caso, 5 é o quociente e 2 é o resto da divisão de 42 por 8. Como: $-26 = (-7) \cdot 4 + 2$, temos que -7 é o quociente e 2 é o resto da divisão de -26 por 4. Agora, observe que, como 5 divide 35, podemos escrever $35 = 7 \cdot 5 + 0$. Nesse caso, 7 é o quociente e 0 é o resto da divisão de 35 por 5. É nesse sentido que dizemos que o **Algoritmo da Divisão** amplia o conceito de divisibilidade. De uma maneira geral temos:

Teorema 3.4.1 (Algoritmo da Divisão)
Dados dois números inteiros n e d, com $d > 0$, existem dois números inteiros q e r tais que

$$n = q \cdot d + r, \; com \; 0 \leq r < d.$$

Além disso, os números q e r são únicos, para cada par de números n e d dados.
O número q é chamado de **quociente** e r é o **resto** da divisão. O número n é denominado de **dividendo.**

Antes de demonstrar o Algoritmo da Divisão, de Euclides, vamos apresentar uma propriedade muito interessante do conjunto dos números inteiros, que utilizaremos na demonstração do Algoritmo da Divisão. Trata-se do **Princípio do Menor Inteiro**, também chamado de **Princípio da Boa Ordenação** ou **Princípio da Boa Ordem**.

(Princípio do Menor Inteiro) - Todo subconjunto não vazio de números inteiros positivos possui um menor elemento.

O Princípio do Menor Inteiro é aceito sem demonstração porque ele é intuitivo e se comprova facilmente com qualquer exemplo. Além disso, como veremos a seguir, o Princípio da Indução é equivalente ao Princípio do Menor Inteiro.

Teorema 3.4.2 O Princípio de Indução é equivalente ao Princípio do Menor Inteiro.

Prova

Para mostrar que uma afirmação A é equivalente a uma afirmação B, temos que mostrar duas coisas: $A \Rightarrow B$ (leia: A *implica* B) e $B \Rightarrow A$ (leia: B *implica* A).

$(\Longrightarrow)$ O Princípio de Indução implica no Princípio do Menor Inteiro.

Vamos assumir, por hipótese, que vale o Principio de Indução.
Seja A um subconjunto não vazio dos números naturais. Temos que mostrar: A possui um menor elemento.
Se não fosse válido o Principio do Menor Inteiro, então o número 1 não está no conjunto A o que implica que 1 pertence ao conjunto $(\mathbb{N} \setminus A)$. Como o conjunto A não é o conjunto vazio, segue que $\mathbb{N} \neq (\mathbb{N} \setminus A)$.

(O conjunto $(\mathbb{N}\setminus A)$ é a coleção de todos os números naturais com excessão dos elementos de A). Assim, existem $1, 2, 3, \cdots, n_0 \in (\mathbb{N}\setminus A)$ e n_0+1 não pertencente ao conjunto $(\mathbb{N}\setminus A)$. Desse modo, n_0+1 seria o menor elemento de A, o que é uma contradição. Portanto, vale o Princípio do Menor Inteiro.

$(\Longleftarrow)$ O Princípio do Menor Inteiro implica no Princípio de Indução.
Suponha que seja válido o Principio do Menor Inteiro. Seja $A \subseteq \mathbb{N}$ cujos elementos satisfazem o Princípio da Indução. Queremos mostrar que $A = \mathbb{N}$.

Se $A \neq \mathbb{N}$, então $\mathbb{N} - A \neq \emptyset$. Seja $n_0 > 1$ o menor elemento de $\mathbb{N} - A$. Logo, $n_0 - 1 \geq 1$ e $n_0 - 1$ está em A e pela hipótese de indução $(n_0-1)+1 = n_0 \in A$. Contradição, pois n_0 sendo o menor elemento de $\mathbb{N}\setminus A$ não pode pertencer ao conjunto A.

Exemplo 3.1 — . (a) Se $A = \{5, 7, 9, \ldots, 99\}$, então, o menor elemento de A é o 5.
(b) Se $B = \{x \in \mathbb{Z} \mid x = n^2+1, \text{ onde n é um inteiro qualquer}\}$, então o menor elemento de B é 1 (que ocorre quando $n = 0$).
O leitor pode criar vários outros exemplos para testar a veracidade do Princípio do Menor Inteiro. ■

A seguir, vamos apresentar duas demonstrações do Algoritmo da Divisão. É importante observar que a demonstração do Algoritmo da Divisão tem duas partes distintas: uma é a **existência** e a outra a **unicidade**.

Demonstração 1

(i) **Existência** - Vamos dividir em três casos, supondo:
(a) n um inteiro positivo (número natural);
(b) n um inteiro negativo ; (c) $n = 0$.

Inicialmente vamos provar o caso (a).
Seja n um número inteiro positivo. Vamos usar o Princípio da Indução, estudado no Capítulo 1 (Noções sobre o processo e o método de indução), fazendo a indução sobre n.
Para $n = 1$, tem-se $q = 1$ e $r = 0$. No caso, $d = 1$, pois $1 = 1 \cdot 1 + 0$. No caso $d > 1$, tem-se $q = 0$ e $r = 1$, uma vez que $1 = 0 \cdot d + 1$.
Suponhamos o algoritmo válido para $n = k$, isto é, $k = q \cdot d + r$, com $0 \leq r < d$.
Desse modo, $k+1 = q \cdot d + (r+1)$. Como $0 \leq r \leq (d-1)$, analisemos os casos $0 \leq r \leq (d-2)$ e $r = (d1)$ separadamente.
Se for $r = (d-1)$, então, $r+1 = d$, o que dá $k+1 = q \cdot d + d = (q+1) \cdot d$. Logo, $k+1$ dividido por d tem $q+1$ como quociente e resto zero.
Agora, se $0 \leq r \leq d-2$, então, $1 \leq r+1 \leq d-1$. Desse modo, fica $k+1 = q \cdot d + (r+1)$, onde $1 \leq (r+1) \leq d-1$. Portanto, o algoritmo também é válido para $n = k+1$. Pelo Princípio da Indução, o algoritmo é válido para todo número natural n.
(b) Seja n um inteiro negativo. Assim, $-n > 0$. Pelo caso anterior, existem inteiros q e r para os quais $-n = q \cdot d + r$, com $0 \leq r < d$. Logo, temos:

$$n = -qd - r = -qd - d + d - r = (-q-1)d + (d-r).$$

Como $0 \leq r < d$, segue que $0 < d - r < d$. Desse modo, o Algorimo da Divisão é válido para todo número inteiro negativo.
(c) Para $n = 0$, tem-se zero como quociente e resto, pois $0 = 0 \cdot d + 0$.
Conclusão: de (a), (b) e (c), segue que o **Algoritmo da Divisão** é válido para todo inteiro n, o que conclui a prova.

(ii) **Unicidade**
Para concluir a prova do **Algoritmo da Divisão**, resta mostrar que os números inteiros q e r são únicos, para cada par de números inteiros n, d dados.

Vamos supor que existam inteiros q, u e r, v, tais que

$$n = q \cdot d + r \qquad e \qquad n = u \cdot d + v,$$

com $0 \leq r < d,\ 0 \leq v < d,\ e\ u < q.$
Assim, $u+1 \leq q$, pois u e q são inteiros. Podemos concluir que:

$$r = n - (q \cdot d) \leq n - [(u+1) \cdot d] = n - (u \cdot d) - d = v - d < 0.$$

Contradição, pois, por hipótese, $r \geq 0$.
O mesmo raciocínio pode ser usado para o caso em que $u > q$, obtendo uma contradição.
Pela propriedade da **Tricotomia** (vista no Capítulo 1), só resta a possibilidade $u = q$. Portanto, temos $n = q \cdot d + r$ e $n = q \cdot d + v$, o que implica $r = v$. Logo, a prova da unicidade está concluída.

Demonstração 2

(i) **Existência**
Suponhamos por absurdo que o Algoritmo da Divisão não é válido. Isto é, existe $n \in \mathbb{Z}$ e $d \in \mathbb{N}$ tais que, para todo $f \in \mathbb{Z}$, se $r = n - f \cdot d$, então $r < 0$ ou $r \geq d$. Essa hipótese nos remete a considerar o subconjunto, S, dos números inteiros, dado por $S = \{n - fd | (n - fd) \geq 0\}$.
Mostremos que, na hipótese do **Algoritmo da Divisão**, S não é o conjunto vazio. De fato, se $n \geq 0$, tomando $f = -1$, temos $n - f \cdot d = n + d \geq d$. Isso nos diz que $(n+d) \in S$.
Se, por outro lado, $n < 0$, tomando $f = n - 1$, temos que $n - f \cdot d = n - (n-1) \cdot d = n - nd + d > d$, pois $n - nd > 0$. Logo, $n - (n-1) \cdot d \in S$.
Sendo $S \neq \emptyset$ e limitado inferiormente por d, pelo **Princípio do Menor Inteiro**, o conjunto S possui um menor elemento: $n - q_0.d$.
Por outro lado, temos:

$$n - (q_0 + 1) \cdot d = n - (q_0 \cdot d) - d < n - (q_0 \cdot d)$$

Como $n - q_0 \cdot d$ é o menor elemento de S, então, $n - (q_0+1) \cdot d$ não pertence a S. Pela hipótese inicial, dever ser $n - (q_0+1) \cdot d < 0$. Isso implica que $n - q_0 \cdot d < d$, o que é uma contradição, pois $n - q_0 \cdot d \geq d$.
Portanto, a hipótese inicial é falsa, o que implica que o Algoritmo da Divisão é válido para todo número $n \in \mathbb{Z}$ e todo $d \in \mathbb{N}$.

(ii) **Unicidade**
Veja a demonstração anterior.

Observação - No Algoritmo da Divisão, $b = q \cdot a + r$, o número inteiro a é dito **divisor**, b é o **dividendo**, q é o **quociente** e r é o **resto**. Assim, podemos escrever:

dividendo=(quociente)·(divisor)+(resto).

Certamente, você já foi apresentado na Escola a esse algoritmo com essa versão simplificada. Uma das mais importantes consequências do Algoritmo da Divisão é:

Observação - Qualquer número inteiro m ou é divisível por a, (sendo a inteiro positivo), **ou deixa resto** $1\ ou\ 2\ ou\ 3\ ou \ldots ou\ a-1$ na divisão por a.

■ **Exemplo 3.2 — .** No caso em que o divisor é 2, isto é, $a = 2$, conclui-se que todo inteiro ou é da forma $2q$ ou é da forma $2q+1$, sendo q um número inteiro, pois os possíveis restos na divisão por 2 são: 0 ou 1. ■

Quando um número inteiro n é da forma $2q$, com q um número inteiro (ou seja, deixa resto zero na divisão por 2), dizemos que n é um **número par**. Quando um número inteiro n é da forma $2q+1$, com q um número inteiro (ou seja, deixa resto 1 na divisão por 2), dizemos que n é um **número ímpar**.

■ **Exemplo 3.3 — .** Usando o Algoritmo da Divisão, fazendo a divisão por 3, podemos concluir que todo número inteiro m pode ser escrito em uma das formas $3q$ ou $3q+1$ ou $3q+2$, com $q \in \mathbb{Z}$. Isto é, todo número inteiro m ou deixa resto zero ou deixa resto 1 ou deixa resto 2 quando dividido por 3. ■

■ **Exemplo 3.4 — .** O quadrado de qualquer inteiro ou é da forma $4q$ *ou* $4q+1$, onde q é um inteiro. ■

Solução

Dado um número inteiro qualquer b, temos que: ou b é par ou b é ímpar. Logo, ou $b = 2k$ ou $b = 2k+1$, onde k é um número inteiro. Portanto, temos duas opções:

$$ou\ b^2 = 4k^2 = 4q,\ onde\ q = k^2,\ ou\ b^2 = 4k^2 + 4k + 1 = 4(k^2 + k) + 1 = 4q + 1,\ onde\ q = k^2 + k \in \mathbb{Z}.$$

Portanto, o quadrado de qualquer número inteiro: ou é da forma $4q$ ou da forma $4q+1$, onde q é um inteiro.

■ **Exemplo 3.5 — .** A soma dos quadrados de dois números inteiros quaisquer ou é da forma $4q$ ou da forma $4q+1$ ou da forma $4q+2$, onde q é um inteiro. ■

Solução

Pelo exemplo anterior, dados dois inteiros a e b, seus quadrados, a^2 e b^2, só podem ser da forma $4q$ ou $4q+1$, onde q é um número inteiro.
Portanto, a soma dos quadrados, $a^2 + b^2$, só pode ser da forma:
$4m+4n = 4q$, com $m+n = q$, ou $4m+(4n+1) = 4q+1$, com $m+n = q$, ou $(4m+1)+(4n+1) = 4q+2$, com $m+n = q$, o que conclui a prova.

Exercício 3.1 — . Se n é um inteiro positivo qualquer, verifique que o número $\dfrac{n(n+1)}{2}$ é um inteiro. ■

(**Sugestão**: Use o fato de que todo número inteiro ou é par ou é ímpar.)

■ **Exemplo 3.6 — .** Prove que nenhum inteiro da forma $4q+3$, onde q é um inteiro, pode ser escrito como soma de dois quadrados. ■

Solução

Isto é uma consequência imediata do resultado do exemplo 3.5, pois a soma dos quadrados de dois inteiros tem que ser da forma $4q$ ou $4q+1$ ou $4q+2$, onde q é um inteiro.

■ **Exemplo 3.7 — .** Nenhum número da lista abaixo:

$$11, 111, 1111, 11111, 111111, 1111111, \ldots$$

é um quadrado perfeito (isto é, nenhum número da lista dada é o quadrado de um número inteiro). ■

Solução

Basta observar que todo número da lista é da forma $4q+3$, com $q \in \mathbb{Z}$. Veja, por exemplo, que:

$$11 = 4 \times 2 + 3;$$

$$111 = 4 \times 27 + 3;$$

$$1111 = 4 \times 277 + 3 \ etc.$$

Mas, de acordo com o exemplo 3.4, o quadrado de qualquer número inteiro é da forma $4q$ ou $4q+1$, onde q é um inteiro. Logo, nenhum número da lista dada é um quadrado perfeito.

Exercício 3.2 — . Na prática, para calcular o resto e o quociente na divisão de 254 por 7, fazendo da seguinte maneira:

$$\begin{array}{r|l} 2\,5\,4 & 7 \\ \cline{2-2} 4\,4 & 3\,6 \\ 2 & \end{array} \qquad 254 = 36 \cdot 7 + 2$$

■

Exercício 3.3 — . (a) Encontre o quociente e o resto na divisão de:
(i) 227 por 143 (ii) 1479 por 272 (iii) 2378 por 1769
(b) Quantos inteiros entre 100 *e* 200 deixam resto 5 quando divididos por 7? ■

■ **Exemplo 3.8 — .** Os números inteiros positivos são arrumados em 7 colunas conforme a disposição a seguir.

1	2	3	4	5	6	7
8	9	10	11	12	13	14
15	16	17	18	19	20	21
22	23	24	25	26	27	28
...	...	...	...	...	...	...

Qual é a coluna em que se encontra o número 1500? ■

Solução

Observe na disposição dada que, na primeira coluna, contando da esquerda para a direita, estão colocados todos os números inteiros positivos que deixam resto 1 quando divididos por 7; na segunda coluna, estão os números inteiros positivos que deixam resto 2 quando divididos por 7, e, assim por diante, até a sétima coluna, onde estão os números inteiros positivos que deixam resto zero quando divididos por 7. Agora, para identificar a coluna em que se encontra o número 1500, basta calcular o resto da divisão de 1500 por 7. Como $1500 = 214 \cdot 7 + 2$, temos que 1500 encontra-se na segunda coluna, contado da esquerda para a direita.

Considerando o exemplo acima, você consegue identificar em que linha, contado de cima para baixo, encontra-se o número 2020?

■ Exemplo 3.9 — . Um estudante corta uma folha de papel grande em 5 pedaços e, em seguida, corta algumas dessas partes em cinco partes, e prossegue assim.
Em algum momento o estudantes vai obter 2015 pedaços? ■

Solução
A resposta é não. Cada vez que o estudante corta um pedaço em 5, ele junta 4 pedaços ao conjunto dos pedaços existentes. Após n operações de cortes ele obtém $4n+1$ pedaços de papel. A equação $4n+1=2015$ não admite solução nos números naturais, pois, se tivesse solução teríamos $4n=2014$, com n um número natural, o que é imposível, pois 4 não é divisor de 2014.

■ Exemplo 3.10 — . Existem quantos números inteiros positvos, m, para os quais o quociente da divisão de m por 10 é igual a 1 mais o quociente da divisão de m por 11? ■

Solução

Pelo Algoritmo da Divisão, temos que:

$$m = 10q_1 + r_1, \quad 0 \leq r_1 < 10, \quad e$$

$$m = 11q_2 + r_2, \quad 0 \leq r_2 < 11.$$

Pela hipótese do problema, $q_1 = 1 + q_2$. Substituindo nas equações acima, obtemos:

$$m = 10(1+q_2) + r_1 \quad e \quad m = 11q_2 + r_2 \Longleftrightarrow 10 + 10q_2 + r_1 = 11q_2 + r_2.$$

Logo, $10 + r_1 = q_2 + r_2$ (*)
Agora, observe que existem 10 maneiras distintas para escolher r_1 e para cada uma dessas maneiras existem 11 maneiras distintas para escolhermos r_2 e, portanto, pelo Princípio Multiplicativo da Análise Combinatória, existem $10 \cdot 11 = 110$ maneiras distintas de escolhermos os dois valores. Além disso, como $10 + r_1 = q_2 + r_2 \Rightarrow q_2 = 1 + (r_1 - r_2)$, segue que para cada uma dessas 100 escolhas do par (r_1, r_2) podemos obter um único valor de q_2 e, portanto, de q_1. Assim, existem 100 possibilidades para escolhermos o q_2 (ou o q_1) e cada uma delas define um único m, revelando pois que existem 110 possíveis valores para m.
Portanto, existem $10 \cdot 11 = 110$ valores possíveis para m.

■ Exemplo 3.11 — . Em volta de um círculo sentam-se 2014 pessoas, numeradas consecutivamente, no sentido anti-horário, de 1 a 2014. Elas disputam o jogo seguinte: a primeira pessoa fala em voz alta a letra "A" e, em seguida, a segunda pessoa fala em voz alta a letra "B", a terceira fala "A", e assim por diante. Cada pessoa que fala "B" é excluída do jogo, e o jogo continua com as pessoas restantes.
Qual é o número da última pessoa que resta? Generalize para o caso de n pessoas. ■

Solução

Examinemos o caso mais simples onde o número de pessoas em volta do círculo é uma potência de 2. Neste caso, a cada rodada, uma em cada duas pessoas é eliminada. Logo, ao final de cada rodada, o número de pessoas restantes fica dividido por dois e ainda sobra um número par de pessoas. Nessa situação, a pessoa com o número 1, que fala "A" em cada rodada, é a que resta no final.
Vamos resolver o caso geral, em que n não seja uma potência de 2, adaptando-o ao caso particular já estudado. Para isso, vamos chamar de número j, com j ímpar, a pessoa que na primeira rodada fala "A" e tal que, no momento que ele diz "A", resta no jogo exatamente um número de pessoas igual a uma potência de 2.

Pensando deste modo, estamos como no caso anterior. Assim, a pessoa de número j é a que resta ao final do jogo. De fato, entre 1 e j, o número de pessoas eliminadas é $\frac{(j-1)}{2}$, pois a cada duas, uma é eliminada, e j verifica a equação:

$$n - \frac{(j-1)}{2} = 2^k \iff j = 2\cdot(n-2^k)+1,$$

para algum número inteiro não negativo k.
Para o caso $n = 2014$, como $2048 = 2^{10} \leq n < 2^{11} = 2048$, temos $n - 2^{10} = 2014 - 1024 = 990$. Portanto, $j = 2\cdot(n-2^k)+1 = 2\cdot 990 + 1 = 1981$, é o número da pessoa que resta.

■ **Exemplo 3.12 — .** É possivel encontrar 14 inteiros positivos consecutivos tal que cada um deles seja divisível por um número primo p, com $2 \leq p \leq 11$? ■

Solução

A resposta é não. Observe que em qualquer conjunto formado por 14 números inteiros consecutivos existem 7 deles que são pares e 7 que são ímpares. Como qualquer número par é divisível por 2, não precisamos nos preocupar com esses pares.
A ideia é mostrar que, dentre os 7 ímpares, existe um deles que não é divisível por 3, 5, 7 ou 11.
Para isso, observe que, de 7 números ímpares consecutivos, no máximo 3 são divisíveis por 3, no máximo 2 são divisíveis por 5, no máximo 1 é divisível por 7 e no máximo 1 é divisível por 11. Isto implica que cada um dos 7 números ímpares pode ser divisível por 3, 5, 7 ou 11 somente se cada um desses primos divide seu número máximo de elementos entre os 7 números ímpares que estamos analisando e que nenhum termo seja divisível pelo produto de dois desses primos. Mas, isso é impossível, como veremos a seguir.
Para que o número primo 3 divida três dos 7 números ímpares, ele tem de dividir o maior e o termo do meio. Como a diferença positiva entre o maior e o termo do meio é 10 (pois se os números são x, $x+2$, $x+4$, $x+6$, $x+8$, $x+10$, $x+12$, a diferença entre o maior e o termo do meio é menor que 10), somente um deles é divisível por 5, que é uma contradição com a condição de que 5 dividiria o seu número máximo, que é 2.
Portanto, não existem 14 inteiros positivos consecutivos tal que cada um deles seja divisível por um número primo p, com $2 \leq p \leq 11$.

■ **Exemplo 3.13** (OMA-Intercolegial 2014) Uma sucessão de números inteiros começa com 1, 2, 3. O quarto número da sucessão é a soma dos três números que o precedem, ou seja, o quarto número é: $1+2+3=6$. Do mesmo modo, cada número depois do quarto é igual a soma dos três números que o precedem. Os primeiros termos da sucessão são

$$1,\ 2,\ 3,\ 6,\ 11,\ 20,\ 37,\ \ldots$$

Calcular o resto da divisão por 4 do termo que ocupa a posição 2014. ■

Solução

A ideia é, em vez de olhar para a sucessão dada, considerar a sucessão formada pelos restos da divisão por 4 dos respectivos termos dessa sucessão. Ou seja, olhar para:

$$1,\ 2,\ 3,\ 2,\ 3,\ 0,\ 1,\ 0,\ 1,\ 2,\ 3,\ 2,\ 3,\ 0,\ 1,\ 0,\ 1,\ 2,\ 3,\ 2,\ 3,\ 0,\ 1,\ 0,\ldots$$

Agora, observe que a sucessão formada pelos respectivos restos na divisão por 4 é periódica, com período 8:

$$\underbrace{1,2,3,2,3,0,1,0}_{\text{período}},\underbrace{1,2,3,2,3,0,1,0}_{\text{período}},\ 1,\ 2,\ 3,\ 2,\ 3,\ 0,\ 1,\ 0,\ \ldots$$

Como $2014 = 8 \cdot 251 + 6$, o número na posição 2014 será o sexto termo no período de 8. Portanto, a resposta será 0.

■ **Exemplo 3.14 — .** Mostre que o conjunto dos números primos maiores do que 2 pode ser partido em dois subconjuntos disjuntos: a coleção dos números primos da forma $6k+1$ e o subconjunto dos números primos da forma $6k+5$, onde k é um número inteiro não negativo. ■

Solução

Suponha que p seja um número primo, $p > 2$. Dividimos p por 6: $p = 6k + r$, onde $0 \leq r < 6$. Ou seja, $r = 0, 1, 2, 3, 4, 5$. Agora, observe que, quando r assume os valores $0, 2, 3, 4$, a expressão $6k+r$ é divisível por 2 ou 3, e, neste caso, não é um número primo. Portanto, só restam as duas possibilidades: $p = 6k+1$ ou $p = 6k+5$.

■ **Exemplo 3.15 — .** Seja K um número natural com dois dígitos, isto é, K é um dentre os números $10, 11, 12, \ldots, 98, 99$. Seja M o número natural obtido de K quando se inverte a posição de seus dígitos. Isto é, se $K = 54$, então $M = 45$. Mostre que o número inteiro $K - M$ é divisível por 9 e encontre K para o qual $|K - M| = 18$. ■

Solução

Observe que, na divisão de K e M por 10, o resto de um é o quociente do outro:

$$K = q \cdot 10 + r \qquad M = r \cdot 10 + q, \; com \; 0 \leq r, \; q \leq 9$$

Isto significa que $K - M = (q-r) \cdot 10 + (r-q) = (q-r) \cdot 10 - (q-r) = (q-r) \cdot 9$, que é divisível por 9.
Para a segunda parte, temos que:

$$|K - M| = 18 \Leftrightarrow 18 = |(q-r)| \cdot 9 \Rightarrow |q-r| = 2.$$

Portanto, temos:
$q=1 \; e \; r=3$, $q=2 \; e \; 0=5$, $q=2 \; e \; r=4$, $q=3 \; e \; r=1$, $q=5 \; e \; r=3$, $q=5 \; e \; r=4$, $q=4 \; e \; r=2$, $q= 5 \; e \; r=3$, $q=5 \; e \; r=7$, $q=6 \; e \; r=4$, $q=6 \; e \; r=8$, $q=7 \; e \; r=5$, $q=7 \; e \; r=9$, $q=8 \; e \; r=6$, $q=9 \; e \; r=7$, que nos dá como solução os elementos do conjunto:
$\{13, 20, 31, 35, 42, 46, 53, 57, 64, 68, 75, 79, 86, 97\}$.

■ **Exemplo 3.16 — (TT-1987).** Dois jogadores, A e B, disputam um jogo em que jogam alternadamente. Inicialmente, coloca-se o número 2 no quadro-negro. Uma jogada consiste em escolher um número natural tal que a diferença entre esse número e o número imediatamente anterior que esteja no quadro-negro, tem que ser maior do que zero, porém menor que esse número anterior. O jogador A começa o jogo. Vence aquele que escolhe o número 1987.
Supondo que cada um faz suas melhores jogadas, quem vence: o jogador A ou o jogador B? ■

Solução

O jogador A, que começa, vence. Na penúltima jogada, o jogador A tem de ter certeza que na jogada seguinte o jogador B não atinge o número 1987. Chamando de U_{pA} a penúltima jogada de A e de U_B a última jogada de B, temos que: $U_B < U_{pA}$ e como a última jogada de A é $U_A = 1987$, basta o jogador A na sua penúltima jogada escolher $U_{pA} = 993$. De fato, como $1997 - 993 = 994$, é maior do que 993, o jogador B perde. Desse modo, as posições que o jogador A tem de atingir para vencer, olhando de trás para frente, são: $1987, 993, 496, 248, 124, 62, 31, 15, 7, 3$, que são obtidas pela divisão de cada termo por 2 e desconsiderando o resto da divisão.

Vamos mostrar que as posições são, de fato, vencedoras. Mais precisamente, vamos mostrar que: se $2k$ ou $2k+1$ é uma posição vencedora, então k é uma posição vencedora. Neste caso, o maior número que o jogador B pode escolher no seu próximo movimento é $2k-1$, que fica aquém dos $2k$. O menor número que ele pode escolher é $k+1$, que depois disso o $2k+1$ pode ser atingido, justificando que, de fato as posições acima são vencedoras. Como a posição inicial é 2, o jogador A pode atingir o 3 e as próximas posições vencedoras.

Observação - No exemplo a seguir, faremos o uso do Algoritmo da Divisão para resolver um problema interessante envolvendo um tabuleiro de xadrez. **Não é preciso saber jogar xadrez para resolver o problema**, somente precisamos saber que a peça **rainha (ou dama)** se movimenta no tabuleiro horizontal, vertical e diagonalmente, e um número qualquer de casa, desde que não precise passar sobre qualquer peça, veja a figura abaixo.

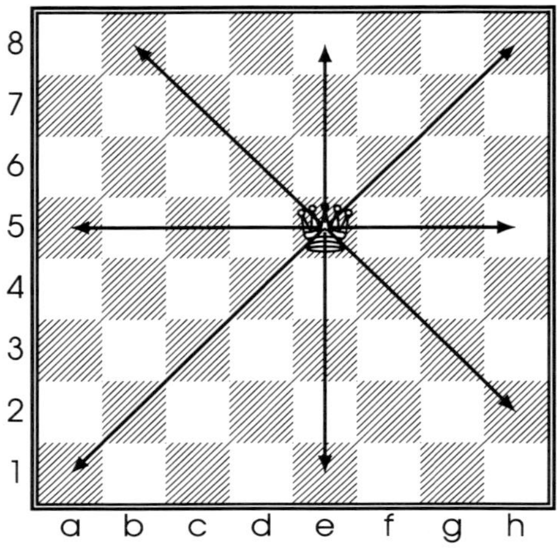

Exemplo 3.17 Num tabuleiro de xadrez (8×8) colocamos duas rainhas. Uma pode capturar a outra se elas estão na mesma linha, coluna ou diagonal. Numeramos as 64 casas do tabuleiro de 0 *a* 63, como na figura ao lado.

	0	1	2	3	4	5	6	7
0	0	1	2	3	4	5	6	7
1	8	9	10	11	12	13	14	15
2	16	17	18	19	20	21	22	23
3	24	25	26	27	28	29	30	31
4	32	33	34	35	36	37	38	39
5	40	41	42	43	44	45	46	47
6	48	49	50	51	52	53	54	55
7	56	57	58	59	60	61	62	63

Suponha que uma rainha se encontre na casa de número m e a outra rainha na casa de número n, com $0\leq m\leq n\leq 63$.

Descreva, usando o Algoritmo da Divisão, sob que condições uma rainha pode capturar a outra.

■

Solução

Existem três possibilidades para que uma rainha possa capturar outra: elas se encontram na:
(i) mesma linha ou (ii) mesma coluna ou (iii) mesma diagonal.

Observe que, como as casas foram numeradas de 0 a 63 e as linhas e colunas de 0 a 7, se a rainha está na casa de número m, então ela se encontra na linha de número q e coluna de número r, onde q e r são tais que $m = q \cdot 8 + r$, com $0 \leq r < 8$.
Por exemplo, a casa de número 46 encontra-se na linha de número 5 e coluna de número 6, pois $46 = 5 \cdot 8 + 6$.
Agora, vamos descrever, sob que condições uma rainha pode capturar a outra.
(i) Se elas estão na mesma linha. Observe que, duas rainhas colocadas nas casas de números m e n, respectivamente, estão na mesma linha se, na divisão de m e n por 8, temos:

$$m = q \cdot 8 + r_1, \quad \textit{onde} \quad 0 \leq r_1 < 8 \qquad e$$

$$n = q \cdot 8 + r_2, \quad \textit{onde} \quad 0 \leq r_2 < 8.$$

Ou seja, as duas rainhas colocadas nas casas de números m e n, respectivamente, estão na mesma linha se, na divisão de m e n por 8, o dividendo é o mesmo!
(ii) Se elas estão na mesma coluna. Observe que, duas rainhas colocadas nas casas de números m e n, respectivamente, estão na mesma coluna se, na divisão de m e n por 8, temos:

$$m = q_1 \cdot 8 + r, \quad \textit{onde} \quad 0 \leq r < 8 \qquad e$$

$$n = q_2 \cdot 8 + r, \quad \textit{onde} \quad 0 \leq r < 8.$$

Ou seja, as duas rainhas colocadas nas casas de números m e n, respectivamente, estão na mesma coluna se, na divisão de m e n por 8, o divisor é o mesmo!
(iii) Se elas estão na mesma diagonal. Observe que no tabuleiro existem 15 diagonais no sentido sudeste e 15 diagonais no sentido nordeste. Temos que encontrar uma maneira de identificar quando duas rainhas estão colocadas em casas numa mesma diagonal.
Tomemos um exemplo: uma rainha encontra-se na casa $m = 41$ e a outra rainha na casa $n = 20$, ambas na mesma diagonal.

O que existe de peculiar nessas posições para que possamos garantir que elas estejam numa mesma diagonal?

Fazendo a divisão de 41 e 20 por 8, temos:

$$41 = 5 \cdot 8 + 1 \qquad e \qquad 20 = 2 \cdot 8 + 4.$$

Como vimos, não há igualdade entre os restos e dividendos respectivos quando os dois números m e n encontram-se numa mesma diagonal. Mas, há algo em comum entre as diferenças, tomadas em valor absoluto, dos restos e dividendos respectivos:

$$|5 - 2| = |1 - 4|.$$

Ou seja, duas rainhas colocadas nas casas de número m e n, respectivamente, encontram-se na mesma diagonal se, e somente se,

$$m = q_1 \cdot 8 + r_1, \qquad \textit{onde} \qquad 0 \leq r_1 < 8 \qquad e$$

$$n = q_2 \cdot 8 + r_2, \qquad \textit{onde} \qquad 0 \leq r_1 < 8$$

com $|q_1 - q_2| = |r_1 - r_2|$.
Observe que existe uma bijeção entre os números inteiros positivos nas casas e os pares de números decorrentes do Algoritmo da Divisão:

$$(r, q) \Longleftrightarrow m = q8 + r, \quad \textit{com} \quad 0 \leq r < 8.$$

É fácil ver que, m, n estão na mesma diagonal se, e somente se, a **declividade** da reta ligando os pontos (r_1, q_1) e (r_2, q_2) é igual a ± 1, o que nos dá $|q_1 - q_2| = |r_1 - r_2|$.

Exemplo 3.18 — (TT-1984). Um conjunto de números $a_1, a_2, \ldots, a_{100}$ é obtido rearranjando os números $1, 2, 3, \ldots, 100$. Forme os 100 números seguintes

$$b_1 = a_1$$

$$b_2 = a_1 + a_2$$

$$b_3 = a_1 + a_2 + a_3$$

$$\ldots\ldots\ldots\ldots\ldots\ldots\ldots$$

$$b_{100} = a_1 + a_2 + a_3 + \ldots + a_{100}$$

Prove que dentre os restos da divisão dos números $b_1, b_2, b_3, \ldots, b_{100}$ por 100, onze deles são distintos. ■

Solução

Suponha que, fazendo a divisão dos números $b_1, b_2, b_3, \ldots, b_{100}$ por 100, obtém-se no máximo dez restos distintos: $r_1, r_2, \ldots, r_{10}$. Considere o conjunto formado pela diferença desses restos:

$$A = \{r_1 - r_2,\ r_2 - r_1,\ r_1 - r_3,\ r_3 - r_1, \ldots, r_9 - r_{10},\ r_{10} - r_9\}.$$

É fácil ver que o conjunto A possui $2 \cdot \binom{10}{2} = 10 \cdot 9 = 90$ elementos. Agora, divida cada número do conjunto A por 100 e chame de S a coleção de todos os restos obtidos. Observe que o número 0 está em S, o que implica que o número de elementos de S é menor do que ou igual a 91. Agora, para quaisquer $1 \leq i < j \leq 100$, a diferença $b_j - b_i$ tem que deixar o mesmo resto na divisão por 100 que um dos números de S. Assim, existem dois índices i, j, com $1 \leq i \leq j \leq 100$ tais que b_i e b_j deixam o mesmo resto na divisão por 100 para um dos números de S. Além disso, como $b_k - b_{k-1} = a_k$, para $2 \leq i < j \leq 100$, segue que o número de elementos de S é maior do que ou igual a 99. Contradição. Portanto, dentre os restos da divisão dos números $b_1, b_2, b_3, \ldots, b_{100}$ por 100, onze deles são distintos.

Exemplo 3.19 — (Singapore Mathematical Olympiad (SMO) 2010). Esther e Frida decidem preencher uma matriz retangular de 16 colunas e 10 linhas, com os números de 1 a 160. Esther escolheu preencher a partir das linhas, de modo que a primeira linha fique numerada $1, 2, 3, \ldots, 16$, a segunda linha fique sendo $17, 18, 19, \ldots, 32$ e assim por diante. Frida escolheu preencher a partir das colunas, de modo que a primeira coluna fique numerada $1, 2, 3, \ldots, 10$, a segunda coluna fique sendo $11, 12, 13 \ldots, 20$ e assim por diante, veja a figura a seguir.

1	2	3	⋯	⋯	16
17	18	19	⋯	⋯	32
⋮	⋮	⋮	⋮	⋮	⋮
⋮	⋮	⋮	⋮	⋮	⋮
145	146	147	⋯	⋯	160

Matriz de Ester

1	11	21	⋯	⋯	151
2	12	22	⋯	⋯	152
⋮	⋮	⋮	⋮	⋮	⋮
⋮	⋮	⋮	⋮	⋮	⋮
10	20	30	⋯	⋯	160

Matriz de Frida

Comparando a matriz da Esther com a matriz de Frida, notamos que alguns números ocupam a mesma posição. Encontre a soma dos números nestas posições. ■

Solução

Na matriz de Ester, o número escrito na i–ésima linha **e** j–ésima coluna é dado por:

$$16(i-1)+j.$$

Na matriz de Frida, o número escrito na i–ésima linha **e** j–ésima coluna é dado por:

$$10(j-1)+i.$$

Para que elas tenham escrito os mesmos números nas mesmas posições, teremos:

$$16(i-1)+j=10(j-1)+i \Leftrightarrow 16i-16+j=10j-10+i \Leftrightarrow 5i=3j+2,$$

que existe exatamente quatro soluções:

$$(i,j)=\{(1,1),\ (4,6),\ (7,11),\ (10,16)\}$$

Assim, os números escritos nas mesmas posições são:

$$16(1-1)+1=1;\ 16(4-1)+6=54,\ 16(7-1)+11=107\ e\ 16(10-1)+16=160.$$

Portanto, a soma dos números que ocupam a mesma posição é: $1+54+107+160=322$.

■ **Exemplo 3.20** (ARML Competition 2017) Em 17 de julho de 2017, a nação de Armlandia completou n^2 anos de idade e a nação de Nysmlistan completou n anos de idade. Os próximos quatro aniversários para os quais a idade de Nysmlistan divide a idade de Armlandia ocorrerá, nessa ordem, em 17 de julho dos anos 2027, 2032, 2038 e M.
Calcule M. ■

Solução

Inicialmente, observe que a idade de Nysmlistan em cada um dos anos 2027, 2032 e 2038 é $n+10$, $n+15$ e $n+21$, respectivamente. De maneira análoga, concluímos que idade de Armlandia naqueles anos serão: n^2+10, n^2+15 e n^2+21.
Agora, suponhamos que $(n+k)|(n^2+k)$, com $n,\ k\in\mathbb{Z}$. Olhando $(n+k)$ e (n^2+k) como dois polinômios em n, podemos escrever:

$$n^2+k=(n-k)\cdot(n+k)+\frac{k\cdot(k+1)}{n+k},$$

o que nos permite concluir que $(n+k)|(n^2+k)$ se, e somente se, $(n+k)|k\cdot(k+1)$.
Assim, o número $n+10$ tem que dividir 110, o número $n+15$ tem que dividir 240 e $n+21$ tem de dividir 462. Fatorando cada um desses valores, concluímos que temos somente dois valores de n satisfazendo essas três condições: $n=1$ e $n=45$. Agora, observe que a condição de que 2027 é o primeiro ano após 2017, na qual a idade de Nysmlistan divide a idade de Armlandia exclui $n=1$, o que nos leva a concluir que $n=45$.
Seja $m=M-2017$, de modo que a idade de Nysmlistan no ano M seja $m+n$. Como temos $M>2038$, segue que $m+n>21$. Logo, das conclusões obtidas acima: $(n+m)|(n^2+m)$ implica que $(n+m)$ divide $m\cdot(m+1)$. Substituindo aí $n=45$, obtemos que $45+m$ divide m^2+m e, usando o processo de divisão de dois polinômios, obtemos:

$$m^2+m=(m-44)+\frac{1980}{m+45}.$$

Como os divisores de 1980 que são maiores do que 45 são precisamente 55, 60, 66 e 90, temos que os correspondentes valores de m são: $m=10$, $m=15$, $m=21$ e $m=45$. Portanto, temos que $m=45$ e $M=2062$.

■ Exemplo 3.21 (Olimpíada Nacional Escolar-Perú-2004-Nível I) Na figura a seguir, temos um hexágono arrodeado por seis hexágonos congruentes.

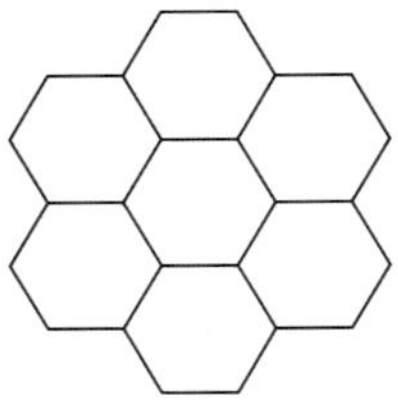

Em cada um dos sete hexágonos escreve-se um número inteiro positivo, de modo que não existam dois ou três hexágonos vizinhos cuja soma dos números neles escritos seja um múltiplo de 3.
Qual é a menor soma possível dos números escritos?

Observação: *Dois hexágonos são vizinhos se possuem um lado em comum e três hexágonos são vizinhos se possuem um vértice em comum.* ■

Solução
Fatos que ajudam na solução do problema:

- quando dividimos um número inteiro por 3, os possíveis restos são: 0, 1 *ou* 2. Isto significa que, dado um inteiro positivo n, podemos escrever $n = 3q + r$, onde q, r são números inteiros, q é o quociente e r é o resto, com $r = 0$, 1 *ou* 2;
- A soma de dois números inteiros , m e n, é um múltiplo de 3 se: ambos os números são múltiplos de 3 (o resto da divisão por 3 é zero) ou um deixa resto 1 na divisão por 3 e o outro deixa resto 2;
- A soma de três números inteiros, m, n *e* t, é um múltiplo de 3 se:
  (i) o primeiro deixa resto 1 na divisão por 3, o segundo deixa resto 2, e o terceiro deixa resto 0 na divisão por 3, em alguma ordem.
  (ii) cada um deles deixa resto 1 na divisão por 3.

Assim, como estamos procurando soma divisível por 3, é conveniente substituir cada número escrito em qualquer um dos sete hexágonos pelo correspondente resto na divisão por três.
Agora, a ideia da solução do problema é examinar os três casos seguintes, de acordo com o resto da divisão por 3 do número escrito no hexágono central:

- **O resto da divisão do número escrito no hexágono central é** 0.
  Nesse caso, pelas hipóteses do problema não pode haver nenhum número escrito em um hexágono vizinho ao hexágono central cujo resto da divisão por 3 seja 0. Isto significa que todos os números escritos nos hexágonos do anel que envolve o hexágono central são iguais a 1, veja Figura a seguir.

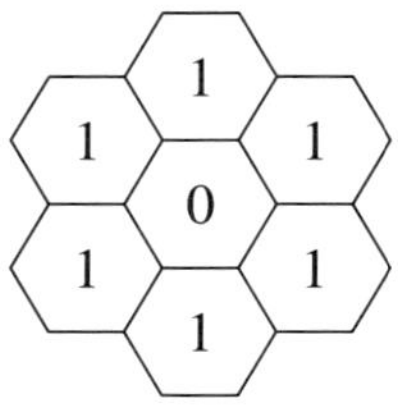

Além disso, não pode haver um dígito 1 e um dígito 2 em hexágonos vizinhos, pois juntando com o zero escrito no hexágono central formariam um terno de hexágonos cuja soma dos números escritos seria um múltiplo de 3. Assim, outra configuração possível seria a da Figura a seguir:

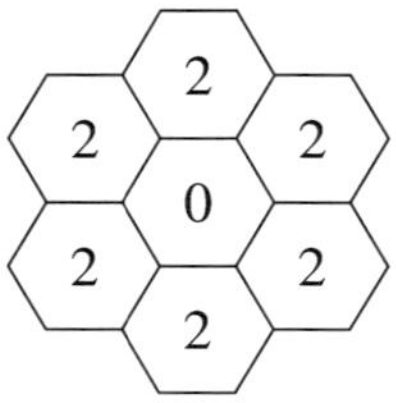

O resto da divisão do número escrito no hexágono central é 1.
Nesse caso, pelas hipóteses do problema, não pode ter o dígito 2 escrito em qualquer hexágono vizinho ao hexágono central. Além disso, no anel que envolve o hexágono central, só pode ter 0 ou 1 e não pode ter dois dígitos 1 consecutivos, pois com o número escrito no hexágono central, teríamos três hexágonos vizinhos cuja soma dos números neles inscritos seria múltiplo de 3. É fácil ver que também não pode ter dois zeros consecutivos.
Assim, teríamos a única forma possível para distribuir os números nos 7 hexágonos, veja a Figura seguinte:

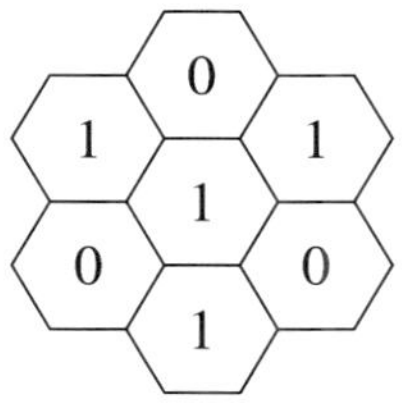

O resto da divisão do número escrito no hexágono central é 2.
Pelas hipóteses do problema não pode haver um número 1 escrito em um hexágono vizinho ao hexágono central. Logo, os números escritos nos hexágonos do anel que envolve o hexágono central só pode 0 ou 2. Além disso, é fácil ver que não pode haver dois dígitos 2 em dois hexágonos consecutivos localizados no anel que envolve o hexágono central, pois, caso contrário, juntos com o número escrito no hexágono central teríamos três hexágonos cuja soma dos números seria divisível por 3. Do mesmo modo, não pode haver dois zeros consecutivos no anel que envolve o hexágono central. Assim, neste caso, teríamos a única forma possível para distribuir os números nos 7 hexágonos, veja a Figura seguinte:

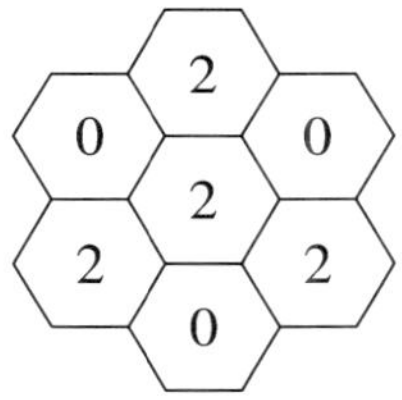

Do exposto acima, temos quatro maneiras distintas de escrever os números nos 7 hexágonos da figura dada. Para encontrar a menor soma possível, substituímos cada dígito i pelos menores números inteiros positivos distintos que são múltiplos de 3 mais i. Deste modo, teremos as seguintes somas possíveis:

$$\begin{cases} 3 + 1 + 4 + 7 + 10 + 13 + 16 = 54 \\ 3 + 2 + 5 + 8 + 11 + 14 + 17 = 60 \\ 1 + 3 + 4 + 6 + 7 + 9 + 10 = 40 \\ 2 + 3 + 5 + 6 + 8 + 9 + 11 = 44 \end{cases}$$

Portanto, a menor soma possível é 40 e a configuração da dita soma é a da figura a seguir:

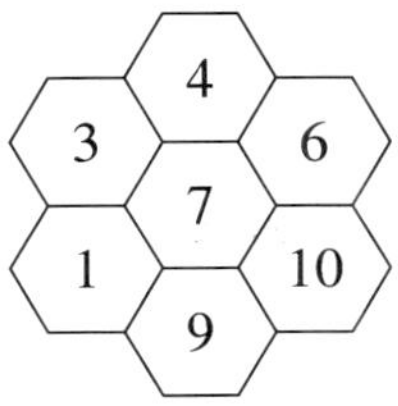

3.5 Resumo

Neste capítulo, estudamos o importante **Algoritmo da Divisão** e vimos, com os exemplos dados e os problemas que você resolveu, como ele é útil e indispensável no estudo da divisibilidade dos números inteiros.

3.6 Conjunto de Problemas III

Problema 3.1 Liste todos os inteiros entre 0 e 50 que podem ser escritos na forma:
(a) $8n$ para algum inteiro n.
(b) $8n+3$ para algum inteiro n.
(c) $8n+7$ para algum inteiro n. ■

Problema 3.2 Ache o menor inteiro múltiplo positivo de 5 que deixa resto 2 quando dividido por 3 e 4. ■

Problema 3.3 Use o Algoritmo da Divisão para concluir que:
(a) O cubo de qualquer inteiro tem uma das formas seguintes: $9q$, $9q+1$ *ou* $9q+8$, onde q é um número inteiro.
(b) Nenhum número da forma $3q^2-1$, com q inteiro, é um quadrado perfeito.
(c) Use o Algoritmo da Divisão para concluir que:
(d) O cubo de qualquer inteiro tem uma das formas seguintes: $9q$, $9q+1$ *ou* $9q+8$, onde q é um número inteiro.
(e) Nenhum número da forma $3q^2-1$, com q inteiro, é um quadrado perfeito. ■

Problema 3.4 Dado um inteiro qualquer n, conclua, usando o Algoritmo da Divisão, que o número

$$\frac{n(n+1)(2n+1)}{6}$$

é um inteiro. ■

Problema 3.5 Encontre o quociente e o resto na divisão de:
(a) 2^{2009} por 3 (b) 15^{2008} por 7 (c) 2008^{2009} por 3 ■

Sugestão-(a) Como $2^2=4=1\cdot 3+1$, temos que $2^{2009}=2^{2008}\cdot 2=(2^2)^{1004}\cdot 2=(1\cdot 3+1)^{1004}\cdot 2=(k\cdot 3+1)\cdot 2=(2k)\cdot 3+2$, onde k é um número natural.

Problema 3.6 Quantos números inteiros entre 100 *e* 200 deixam resto 5 quando divididos por 7? ■

Problema 3.7 Quantos inteiros entre 0 e 200 deixam resto 4 quando divididos por 6? ■

Problema 3.8 Encontre o maior número inteiro entre 100 e 999 que deixa resto 5 quando dividido por 8. ■

Problema 3.9 Encontre o menor número natural múltiplo de 7 que deixa resto 1 na divisão por 3 e 4. ■

Problema 3.10 Quais são os números que, quando divididos por 7, deixam resto igual:
(a) à metade do quociente? (b) ao quociente?
(c) ao dobro do quociente? (d) ao triplo do quociente? ■

Problema 3.11 O resto da divisão de um número inteiro n por 15 é 5. Qual é o resto da divisão de n por 7? ■

Problema 3.12 Um estudante preencheu o quadro negro com as letras seguintes:

$$asdfghjasdfghjasdfghj\ldots\ldots$$

Qual é a letra escrita na posição 2021? ■

Problema 3.13 Para comemoração das festas juninas, os estudantes de uma escola enfeitaram o pátio com 601 bandeirinhas ao todo, nas cores vermelhas **(V)**, brancas **(B)** e azuis **(A)**, obedecendo as regras seguintes:
(i) duas bandeirinhas vermelhas nunca apareciam juntas;
(ii) as bandeirinhas brancas aparecem juntas, em grupos de exatamente duas, e esses grupos eram separados por no mínimo duas bandeirinhas de cores distintas da cor branca;
(iii) as bandeirinhas azuis apareciam juntas, em grupos de exatamente três, e esses grupos eram separados por no mínimo duas bandeirinhas de cores distintas da cor azul.

Determine o menor número de bandeirinhas vermelhas usadas pelos estudantes. ■

Problema 3.14 Arrumam-se os números inteiros positivos ímpares $1, 3, 5, 7, 9, 11, \ldots$, em cinco colunas, conforme a disposição a seguir.

	1	3	5	7
15	13	11	9	
	17	19	21	23
31	29	27	25	
	33	35	37	39
47	45	43	41	
	49	51	53	55
63	61	59	57	
…	…	…	…	…
…	…	…	…	…

Contando da esquerda para a direita, qual é a coluna em que se encontra o número 2015? ■

Problema 3.15 (**Como adivinhar o dia e mês do seu nascimento?**) Escreva numa folha de papel o dia do mês em que você nasceu e faça as operações seguintes:

- duplique o número escrito;
- multiplique por 10 o número obtido;
- some 73 ao produto;
- multiplique por 5 a soma;

- ao total adicione, o número de ordem do mês em que você nasceu (por exemplo, se você nasceu em agosto esse número é 8);
- diga o resultado final de todas as operações.

Com esse número que você me diz, posso falar exatamente o dia e o mês em que você nasceu.

Como posso fazer isso? ■

Problema 3.16 Demonstrar que para todo inteiro $n \geq 2$ a expressão $\frac{n^3+(n+2)^2}{4}$ é um inteiro composto. ■

Sugestão: Cada número inteiro $n \geq 2$ pode ser expresso de modo único em uma, e só uma, das formas seguintes: $4k$, $4k+1$, $4k+2$, $4k+3$.

Problema 3.17 Dois amigos, A e B, se divertem com o seguinte jogo. O jogador A inicia o jogo escolhendo um dos inteiros de 1 a 8 (inclusive) e diz ao segundo jogador, que escolhe um número qualquer de 1 a 8 e soma esse número com o que A escolheu, falando o resultado ao primeiro jogador, que, por sua vez, o soma a qualquer número escolhido de 1 a 8, e assim eles vão jogando, alternadamente, até que um deles obtenha o número 46, vencendo o jogo.

a) Quem vence o jogo: A ou B? b) Qual é a estratégia para vencer? ■

Problema 3.18 Um edifício tem uma escada com 510 degraus, distribuídos igualmente entre seus 18 andares. Uma pessoa subiu a escada do edifício e parou no degrau de número 283, contado a partir do térreo.

Entre que andares a pessoa parou? ■

Problema 3.19 Quantos são os números pares maiores do que 100 e menores do que 2000 que não são múltiplos de 4? ■

Problema 3.20 Joãozinho exagerou na bagunça na sala de aula e o professor, para desviar sua atenção das brincadeiras, mandou que ele resolvesse o seguinte problema:
"Encontre um número natural, maior do que 100, cujo quadrado ao ser dividido por 3 deixa resto 2 ".

Qual foi a resposta correta que Joãozinho deu ao professor? ■

Problema 3.21 Considere todos os números naturais do conjunto $\{500, 501, 502, 503, \ldots, 1999\}$.

Qual é a soma de todos os restos das divisões por 5 de todos os números do conjunto dado? ■

Problema 3.22 No subconjunto de números inteiros $S = \{1881, 1882, 1883, \ldots, 2019\}$, quantos são os números divisíveis por 117? ■

Problema 3.23 Prove que o produto de m números naturais consecutivos é divisível por $n!$. ■

Sugestão: Tome m números naturais consecutivos como: $a+1$, $a+2$, $a+3, \ldots, a+m$,, onde a é um número natural qualquer. Agora, observe que:

$$\binom{a+m}{a} = \frac{1\cdot 2\cdot 3\cdots a\cdot (a+1)\cdot (a+2)\cdot (a+3)\ldots (a+m)}{a!\cdot m!} = \frac{(a+1)\cdot (a+2)\cdot (a+3)\ldots (a+m)}{m!}$$

e $\binom{a+m}{a}$ é um número inteiro.

Problema 3.24 Mostre que, para quaisquer que sejam os inteiros positivos m e n, o produto

$$(36m+n)\cdot(m+36n)$$

não pode ser uma potência de 2. ∎

Sugestão - Suponha que o produto $(36m+n)\cdot(m+36n)$ seja uma potência de 2, para inteiros m e n. Vamos supor que m e n não possuem divisores comuns positivos e diferente de 1, e $m<n$. Nessas condições, como $(36m+n)\cdot(m+36n)$ é uma potência de 2, então $(36m+n) = 2^a$ e $(m+36n) = 2^b$, onde a, b são números inteiros maiores do que ou iguais a zero. Somando as duas igualdades, obtemos: $37(m+n) = 2^a(2^{b-a}+1)$. Subtraindo as mesmas duas igualdades, obtemos: $35(m-n) = 2^a(2^{b-a}-1)$. Assim, podemos concluir que $(m+n)$ e $(m-n)$ são divisíveis por 2^a. Isto só pode acontecer se os números a e b são divisíveis por 2^{a-1}. Como m e n não possuem divisores comuns maiores do que 1, segue que $a=1$ e que $(36m+n)=2$, o que é impossível. Portanto, o produto $(36m+n)\cdot(m+36n)$ não pode ser uma potência de 2.

4. Teorema fundamental da aritmética

4.1 Introdução

No capítulo 2, tivemos o primeiro contato com os números primos. Eles constituem um dos objetos mais fundamentais da Matemática. A intrigante propriedade da indivisibilidade que carrega consigo cada número primo tem despertado o interesse e a admiração dos matemáticos ao longo dos séculos. A importância dos primos se deve à capacidade que eles têm de gerar todos os números inteiros, como veremos adiante quando abordarmos o Teorema Fundamental da Aritmética. Tal importância tem motivado o estudo dos números primos desde a antiguidade grega até os nossos dias.

Para que você tenha sucesso nos estudos:

- Tente entender tudo que está sendo explicado no texto.
- Estude com caneta e papel do seu lado.
- Leia com atenção. Se for preciso, leia várias vezes uma linha ou um parágrafo.
- Seja paciente e procure ter certeza que você entendeu o que (e por que) está fazendo.
- É importante que você se esforce para resolver cada um dos problemas que aparece no final do capítulo, pois será um teste para avaliar seu entendimento acerca do conteúdo apresentado.

4.2 Objetivos

Ao final deste capítulo esperamos que você tenha aprendido o suficiente para dominar as técnicas de:

- Decompor um número inteiro positivo em seus fatores primos.
- Definir Máximo Divisor Comum e o Mínimo Múltiplo Comum.
- Usar a decomposição de dois números inteiros positivos em fatores primos para encontrar o MDC e o MMC desses dois números.
- Encontrar a quantidade de divisores positivos de um número inteiro positivo.

4.3 O papel fundamental dos números primos

Como veremos a seguir, os números primos são "os tijolos" com os quais se "constroem" todos os números inteiros. Ainda hoje os matemáticos se esforçam para conhecer os primos, exatamente por serem elementos básicos do conjunto dos números inteiros. Os cientistas sempre se interessam em decifrar os elementos básicos da sua área de estudos. Por exemplo, desde a Grécia antiga, os químicos se esforçaram para identificar os elementos básicos da natureza. Tal esforço culminou com a elaboração da tabela periódica de Dimitri Mendeleev (1834 – 1907), professor da Universidade de São Petersburgo, na Rússia. Como cada uma das moléculas do mundo físico pode ser decomposta por átomos, então se usa a tabela periódica de elementos químicos para descrever as moléculas. Para os matemáticos, os números primos são os elementos de nossa tabela periódica. Mas, apesar do sucesso que os gregos antigos tiveram na identificação de blocos de números que permitem um amplo domínio da aritmética, os matemáticos ainda hoje têm dificuldade de entender a tabela dos números primos.

O matemático que primeiro construiu uma tabela de primos foi Eratóstenes. [1]

A lista de matemáticos que se esforçaram para entender a tabela dos números primos é imensa, contando com nomes como Euclides, Fibonacci, Gauss, Euler, Goldbach, Riemann, Fourier, Jacobi, Legendre, Cauchy, Hilbert, Hardy, Littlewood, Ramanujan, Minkowski, Landau etc. Até os dias de hoje ainda se procura entender a tabela dos primos.

Eratóstenes, inventou uma técnica para achar todos os primos menores do que ou iguais a um dado número n, que ficou conhecida como **Crivo de Eratóstenes**. O Crivo de Eratóstenes é citado na obra Introdução à Aritmética de Nicomedes. A técnica consistia em listar todos os números de 2 até n; em seguida, riscar todos os múltiplos de 2, maiores do que 2; logo após, riscar todos os múltiplos de 3, maiores do que 3; depois, riscar todos os múltiplos de 5, maiores do que 5, e assim por diante. Eratóstenes sabia que um dos fatores primos de um número composto era menor do que ou igual à raiz quadrada do número. Assim, ele continuaria o processo até alcançar o maior número primo menor do que ou igual a $\sqrt{n}$. Nessa altura, todos os números compostos de 2 até n já teriam sido riscados, restando somente os números primos de 2 até n. Eratóstenes também foi atleta, poeta, filósofo e historiador. Como atleta, fez sucesso nos III Jogos Olímpicos, da Grécia antiga.

Em 1970, três pesquisadores que trabalhavam no Massachussets Institute of Tecnology MIT, nos Estados Unidos, Ron Rivest, Adi Shamir e Leonard Adleman, explorando os trabalhos de Pierre de Fermat, feitos no século XVII, descobriram um modo de usar os números primos para proteger nossos cartões de créditos, quando fazemos compras pela Internet. Sem o poder dos números primos, esse tipo de comércio jamais poderia existir com a segurança que se deseja. Os três pesquisadores citados usaram um processo para manter o número de nossos cartões de crédito em segurança, usando números primos com 100 dígitos. O sistema inventado se chama RSA, sendo R a primeira letra do segundo nome do primeiro cientista, S a primeira letra do segundo nome do segundo cientista e A a primeira letra do segundo nome do terceiro. Hoje em dia, para aumentar a segurança, já se usa números primos com 600 ou mais dígitos.

4.4 O teorema fundamental da aritmética

O Teorema Fundamental da Aritmética coloca em evidência o papel dos números primos na estrutura dos inteiros. Ele nos assegura que um número pode ser expresso como um produto de números primos, de modo único a menos da ordem desses fatores primos. Por exemplo, considere o número 90. Esse número pode ser

[1] **Eratóstenes de Cirene** (276 a.C. - 194 a.C.) foi um matemático, gramático, poeta, geógrafo, bibliotecário (foi diretor da biblioteca de Alexandria no século III a. C.) e astrônomo da Grécia Antiga, conhecido por calcular a circunferência da Terra. Nasceu em Cirene, Grécia, e morreu em Alexandria. Estudou em Cirene, em Atenas e em Alexandria. Os contemporâneos chamavam-no de "Beta"porque o consideravam o segundo melhor do mundo em vários aspectos. Eratóstenes escreveu obras filosóficas, poemas, histórias, muitos diálogos e trabalhos sobre gramática . Entre suas obras, merecem destaque Astronomia ou Catasterismos, sobre as seitas filosóficas, sobre o libertar-se da dor. Um de seus poemas chamava-se Hermes. Além disso, ele escreveu uma obra chamada Platonicus, que tratava da matemática que fundamenta a filosofia de Platão. Essa obra foi muito utilizada por Téon de Esmirna, que no livro Expositio rerum mathematicarum afirma que Eratóstenes tratou do problema da duplicação do cubo. Isso também foi afirmado por Eutócio de Ascalão no livro II de Esfera e Cilindro, em que comenta a proposição 1 de Arquimedes, onde ele reproduz uma carta de Eratóstenes a Ptolomeu III Evérgeta. Essa carta descreve a história do problema da duplicação do cubo e, especialmente, descreve um aparelho mecânico inventado por Eratóstenes que serviria para encontrar a linha de segmentos x e y, para um dado segmento a e b $(a : x = x : y = y : b)$. Hoje sabe-se que algumas partes desta carta não foram escritas por Eratóstenes. Fonte: http://pt.wikipedia.org/wiki/Erat

expresso como produto de primos usando somente os números primos 2, 3 e 5, a menos da ordem. De fato, podemos escrever:

$$90 = 2\cdot 3\cdot 3\cdot 5 = 3\cdot 3\cdot 2\cdot 5 = 2\cdot 5\cdot 3\cdot 3 = 2\cdot 3\cdot 5\cdot 3 =$$

$$= 5\cdot 3\cdot 2\cdot 3 = 3\cdot 2\cdot 3\cdot 5 = 3\cdot 2\cdot 5\cdot 3 = 3\cdot 5\cdot 2\cdot 3\ etc.$$

Resumidamente, $90 = 2\cdot 3^2\cdot 5$.
De modo análogo, considere o número 24. Ele pode ser expresso como produto de primos usando somente o 2 e o 3, a menos da ordem:

$$24 = 2\cdot 2\cdot 2\cdot 3 = 2\cdot 2\cdot 3\cdot 2 = 2\cdot 3\cdot 2\cdot 2 = 3\cdot 2\cdot 2\cdot 2.$$

Em resumo, $24 = 2^3\cdot 3$.

> Teorema 4.4.1 (**Teorema Fundamental da Aritmética**) Todo número inteiro maior do que 1 se escreve como um produto único de números primos, a menos da ordem desses fatores primos.

Prova

Vamos supor que o Teorema Fundamental da Aritmética não seja verdadeiro.
Desse modo, existiriam alguns (ou algum) números inteiros maiores do que 1 que não se escreveriam com o produto de primos. Seja n o menor inteiro maior do que 1 para o qual o teorema não fosse verdadeiro. O número n, ele próprio, não pode ser primo, pois, nesse caso, ele seria a sua própria decomposição em fatores primos (um só fator). Portanto, n seria composto e poderíamos escrever $n = ab$, com $0 < a < n$ e $0 < b < n$. Neste caso, os números inteiros a e b podem ser decompostos em produtos de primos, pois ambos são menores do que n, que é, por hipótese, o menor número que não pode ser decomposto como produto de primos. Logo, teríamos:

$$a = p_1\cdot p_2\cdot p_3\cdots p_k,$$

onde $p_1, p_2, p_3, \dots, p_k$ são números primos, não necessariamente distintos, e

$$b = q_1\cdot q_2\cdot q_3\cdots q_m,$$

onde $q_1, q_2, q_3, \dots, q_m$ são números primos, não necessariamente distintos.
Portanto, $n = ab = p_1\cdot p_2 p_3\cdots p_k\cdot q_1 q_2\cdot q_3\cdots q_m$ e teríamos o número inteiro n escrito como um produto de primos. Isso é uma contradição com a escolha de n. A contradição vem do fato de assumirmos que existia algum inteiro maior do que 1 para o qual o teorema não fosse válido. Logo, todo número inteiro maior do que 1 se escreve como produto de números primos.
Resta mostrar que os primos que comparecem na decomposição do número n são únicos, a menos da ordem com que comparecem nessa decomposição.
Vamos supor que a decomposição não seja única. Seja n um inteiro maior do que 1 que não se escreve de forma única como produto de primos. Assim, seja $n = pA = qB$, onde p e q são os menores fatores primos nas duas decomposições.
Se $p = q$, segue o resultado. Se $p < q$, pelo Algoritmo da Divisão, temos $q = mp + r$, com $0 \le r < p$. Assim, $pA = qB = (mp + r)B = mp + rB$, que é o mesmo que $pA - m = rB$. Logo, $p(A - m) = rB$. Daí, conclui-se que:

- Se $r = 0$, então $q = mp$. Como p e q são números primos, segue que $p = q$.
- Se $0 < r < p$. Como $p(A - m) = rB$ temos que p é um fator primo de B, o que não é possível, pois $p < q$ e q é o menor fator primo da decomposição qB. Portanto, a decomposição é única, a menos da ordem dos primos.

Observe que o teorema acima é fundamental para a Aritmética justamente porque assegura que todo número inteiro maior do que 1 se escreve, de modo único, como produto de primos, a menos da ordem desses fatores primos.

Exemplo 4.1 Decomponha em fatores primos o número inteiro 120. ■

Solução

O número dado se escreve (ou se decompõe) como produto de primos da seguinte maneira: $120 = 2 \cdot 2 \cdot 2 \cdot 3 \cdot 5$. Na prática, escrevemos: $120 = 2^3 \cdot 3 \cdot 5$, (com os números primos comparecendo em ordem crescente: $2 < 3 < 5$.)

Exemplo 4.2 Decomponha em fatores primos o número inteiro 4.667.544. ■

Solução

O número dado se escreve (ou se decompõe) como produto de primos da seguinte maneira:

$$4.667.544 = 2 \cdot 2 \cdot 2 \cdot 3 \cdot 3 \cdot 3 \cdot 3 \cdot 3 \cdot 7 \cdot 7 \cdot 7 \cdot 7.$$

Na prática, escrevemos: $4.667.544 = 2^3 \cdot 3^5 \cdot 7^4$, (com os números primos comparecendo em ordem crescente: $2 < 3 < 7$.)

Exemplo 4.3 Escreva 63 com produto de números primos. ■

Solução

É fácil ver que $63 = 3 \cdot 3 \cdot 7 = 3^2 \cdot 7$.

De um modo geral, como consequência do Teorema Fundamental da Aritmética, temos que, se n é um inteiro maior do que 1 e se decompõe em fatores primos distintos, $p_1, p_2, p_3, \ldots, p_k$, com p_1 aparecendo a_1 vezes, p_2 aparecendo a_2 vezes, ..., p_k aparecendo a_k vezes, então podemos escrever n, de forma única, como:

$$n = {p_1}^{a_1} \cdot {p_2}^{a_2} \cdot {p_3}^{a_3} \ldots {p_k}^{a_k},$$

onde $p_1 < p_2 < p_3 < \ldots < p_k$.

Exemplo 4.4 Escreva cada um dos números 360, 540 e 700, de forma única, como produto de primos ${p_1}^{a_1}{p_2}^{a_2}{p_3}^{a_3}\ldots{p_k}^{a_k}$, onde os números primos satisafzem $p_1 < p_2 < p_3 < \ldots < p_k$. ■

Solução

temos que:

$360 = 2 \cdot 2 \cdot 2 \cdot 3 \cdot 3 \cdot 5 = 2^3 \cdot 3^2 \cdot 5$.

$540 = 2 \cdot 2 \cdot \cdot 3 \cdot 3 \cdot 3 \cdot 5 = 2^2 \cdot 3^3 \cdot 5$.

$700 = 2 \cdot 2 \cdot 3 \cdot 5 \cdot 5 \cdot 7 = 2^2 \cdot 5^2 \cdot 7$.

Exemplo 4.5 Encontre uma sequência finita de números inteiros positivos tais que o produto e a soma deles seja igual a 2018. ■

Solução

Decompondo 2018 em produto de fatores primos, temos $2018 = 2 \cdot 1009$. Agora, basta tomar os números $\underbrace{1, 1, 1, \ldots, 1}_{1007 \quad 1's}, 2, 1009$. É fácil ver que:

$$\underbrace{1 + 1 + 1 + \ldots + 1}_{1007 \quad 1's} + 2 + 1009 = 2018 = \underbrace{1 \cdot 1 \cdot 1 \cdot \cdots \cdot 1}_{1007 \quad 1's} \cdot 2 \cdot 1009.$$

■ **Exemplo 4.6** O Teorema Fundamental da Aritmética afirma que todo número inteiro maior do que 1 se decompõe em produto de primos, de maneira única, a menos da ordem dos fatores. O número 1001 pode ser escrito de duas maneiras:

$$1001 = 7 \cdot 143 \qquad e \qquad 1001 = 11 \cdot 91$$

Este fato contradiz o Teorema Fundamental da Aritmética? ■

Solução
Não, pois a decomposição de 1001 em produto de fatores primos é

$$1001 = 7 \cdot 11 \cdot 13.$$

Portanto, as decomposições de 1001 dadas acima não correspondem à decomposição de 1001 em fatores primos.

■ **Exemplo 4.7** Encontre o maior número primo que divide o número inteiro $(11! + 12!)$. ■

Solução

Observe que $(11! + 12!) = (11! + 12 \cdot 11!) = (1 + 12) \cdot 11! = 13 \cdot 11!$. Assim, 13 divide o número dado. Agora, observe que os primos que comparecem na decomposição de $11!$ em fatores primos são menores do que 13. Portanto, 13 é o maior primo que divide $(11! + 12!)$.

■ **Exemplo 4.8** Encontre a decomposição do número inteiro 539 em fatores primos. ■

Solução

É fácil ver que $539 = 7^2 \cdot 11$. 2mm

4.5 Máximo Divisor Comum

O conceito de Máximo Divisor Comum é uma ferramenta importante no estudo da divisibilidade dos números inteiros.

> Definimos **Máximo Divisor Comum de dois inteiros** m **e** n, que notaremos por $MDC(m,n)$, como sendo um inteiro d maior do que 0, tal que:
> (i) d divide m e d divide n (Isto é, d é um divisor comum de m e n);
> (ii) se existe um inteiro c maior do que 0, tal que c divide m e c divide n, então, $c \leq d$ (Isto é, d é o maior divisor comum).

Podemos usar a decomposição de um número inteiro maior do que 1 como produto de números primos para encontrar o Máximo Divisor Comum de dois inteiros positivos. A título de ilustração, consideremos os números 1890 e 360 e suas decomposições em fatores primos:

$$1990 = 2 \cdot 3^3 \cdot 5 \cdot 7; \qquad 360 = 2^3 \cdot 3^2 \cdot 5.$$

Observamos que os fatores primos comuns na decomposição dos dois números são 2, 3 e 5. Para encontrar o $MDC(1890,360)$, basta agora multiplicar os fatores primos comuns elevados aos **menores expoentes**, isto é, $MDC(1890,360) = 2 \cdot 3 \cdot 5 = 90$.

Outro exemplo, para calcular $MDC(150, 280)$, decompomos os dois números em fatores primos:

$$150 = 2 \cdot 3 \cdot 5^2 \qquad e \qquad 280 = 2^3 \cdot 5 \cdot 7$$

e consideramos o produto dos fatores primos comuns elevados aos **menores expoentes**: $MDC(150,280) = 2 \cdot 5 = 10$.

De um modo geral, se $MDC(m,n) = d$, então, na decomposição de d em fatores primos comparecem os fatores primos comuns aos números inteiros m e n. Como d é o maior divisor comum de m e n, então, cada fator primo comum comparece com o menor expoente.

■ **Exemplo 4.9** Use o Teorema Fundamental da Aritmética para calcular o MDC dos números: 68 e 120. ■

Solução

Decompondo em fatores primos ambos os números dados, obtemos: $68 = 2^2 \cdots 17$ e $120 = 2^3 \cdot 3 \cdot 5$. Logo, o único primo comum na decomposição dos dois números dados é 2 e o menor expoente é 2. Portanto, $MDC(68,120) = 2^2 = 4$.

Usualmente, para decompor um número inteiro positivo n em fatores primos, usamos o algoritmo [2] para fatores primos, que é a divisão por todos os primos que dividem n. No algoritmo aparece o número, seus divisores e o respectivo quociente. Os divisores estão na coluna à direita, em ordem decrescente do número e na coluna do número estão os respectivos quocientes até atingir 1, veja tabela a seguir, mostrando a decomposição em fatores primos de 12:

12	2	
6	2	$12 = 2^2 \cdot 3$
3	3	
1		

Tabela 4.1: Decomposição de 12 em fatores primos

Veja a seguir a aplicação do algoritmo para a decomposição do número 360 em fatores primos:

360	2	
180	2	
90	2	
45	3	$360 = 2^3 \cdot 3 \cdot 5$
15	3	
5	5	
1		

Tabela 4.2: Decomposição de 360 em fatores primos

Observação-Existem programas de computadores que calculam eficaz e rapidamente o MDC, além de executarem outras tarefas úteis. Entre eles destacamos o programa **Maxima**. [3] O programa **Maxima** é

[2] **Algoritmo** é uma palavra latinizada, derivada do nome de Al Khowarizmi, matemático árabe do século IX, que significa uma sequência finita e ordenada de passos (regras), com um esquema de processamento que permite a realização de uma tarefa (cálculos, resolução de problemas etc.).

[3] **Maxima** é um programa feito para que você possa realizar cálculos algébricos em seu computador e ainda gerar gráficos com eles, tudo numa prática plataforma de cálculo. Com este programa, você pode realizar cálculos de álgebra matricial, análise de Fourier, cálculo diferencial, expressão de séries de Taylor e outras possibilidades mais. E entre as possibilidades da geração de gráficos, pode obtê-los em $2D$ (bidimensionais) ou em $3D$ (tridimensionais) de acordo com sua preferência. Esta plataforma é uma ferramenta útil

gratuito e pode ser obtido do endereço seguinte:
http://maxima.sourceforge.net/download.html.

4.6 A quantidade de divisores positivos de um natural n

A seguir, mostraremos como calcular o número de divisores de um inteiro positivo dado. Ou seja, vamos responder à pergunta:

Pergunta: *Quantos são os divisores positivos de um número natural n?*

Para facilitar o entendimento, vamos começar com o número 12. Para responder, precisamos descrever um divisor positivo de 12. Para isso, vamos utilizar o Teorema Fundamental da Aritmética no caso em que $n = 12$. Isto é, $12 = 2^2 \times 3$. Um divisor positivo de 12 é um número d para o qual só comparece na sua decomposição em fatores primos os números primos 2 e 3. Além disso, d só pode ter o 2 como fator primo se 2 estiver elevado a: $0, 1$ ou 2. Do mesmo modo, o divisor d só pode ter o fator 3 elevado a: 0 ou 1. Desse modo, Pelo Princípio Multiplicativo, da Análise Combinatória, a quantidade de divisores positivos de 12 é $3 \times 2 = 6$. Ou seja, a quantidade de divisores positivos depende dos expoentes dos primos que comparecem na decomposição do número em fatores primos. Portanto, concluímos que existem somente seis divisores positivos de 12:

$$1 = 2^0 \cdot 3^0; \quad 2 = 2^1 \cdot 3^0; \quad 3 = 2^0 \cdot 3^1; \quad 4 = 2^2 \cdot 3^0; \quad 6 = 2^1 \cdot 3^1; \quad 12 = 2^2 \cdot 3.$$

De uma maneira geral, temos:

Se n é um número inteiro maior do que 1 e

$$n = p_1{}^{a_1} \cdot p_2{}^{a_2} \cdot p_3{}^{a_3} \cdots p_k{}^{a_k}$$

é a decomposição de n em fatores primos, então o número de divisores positivos de n é igual a:

$$(a_1 + 1) \cdot (a_2 + 1) \cdot (a_3 + 1) \cdots (a_k + 1).$$

■ **Exemplo 4.10** Quantos são os divisores positivos de 540? ■

Solução

Pelo que vimos anteriormente, a decomposição de 540 em fatores primos é: Logo, todo divisor positivo, d, de 540 é da forma $d = 2^a \cdot 3^b \cdot 5^1$, onde $a \in \{0, 1, 2\}$, $b \in \{0, 1, 2, 3\}$ e $c \in \{0, 1\}$. Desse modo, usando o Princípio Multiplicativo, a quantidade de divisores positivos de 540 é igual a $(2+1) \cdot (3+1) \cdot (1+1) = 24$.

■ **Exemplo 4.11** Quantos divisores positivos possui o número 2^{100}? ■

Solução

Observe que todo divisor positivo de 2^{100} é da forma 2^m, onde $m \in \{0, 1, 2, \ldots, 100\}$. Assim, existem $100 + 1 = 101$ possibilidades para se escolher m. Portanto, existem 101 divisores positivos do número 2^{100}.

de cálculos algébricos, onde se realizam contas exatas de expressões numéricas e oferece a possibilidade de salvar os gráficos gerados em formato *postscript*, permitindo que se possa dispor deles como preferir. Em [2], ANDRADE, Lenimar N. de, o leitor encontrará uma boa discussão sobre ambientes computacionais, chamados Sistemas de Computação Algébrica-SCA, para uso na sala de aula ou como ferramentas indispensáveis para agilizar e tornar mais dinâmico o processo de ensino e aprendizado.

540	2
270	2
135	3
45	3
15	3
5	5
1	

$540 = 2^2 \cdot 3^2 \cdot 5$

Tabela 4.3: Decomposição de 540 em Fatores primos

No Capítulo 5 - **O Máximo Divisor Comum, o Mínimo Múltiplo Comum e as equações diofantinas lineares** - estudaremos mais detalhes a respeito do conceito e das propriedades do Máximo Divisor Comum de dois inteiros. A seguir, vamos responder completamente à pergunta feita no Capítulo 2:

Existem quantos números primos?

4.7 A infinitude dos números primos

Conforme afirmamos antes, **Euclides**, em sua obra **Os Elementos**, demonstrou o seguinte:

> **Teorema 4.7.1** Teorema 2 (Euclides)
> Existem infinitos números primos.

Antes de apresentar a demonstração de Euclides, vamos entender a sua ideia. O que Euclides fez foi construir um número que não pudesse ser gerado por qualquer lista finita de primos que lhe fosse apresentada. Por exemplo, considere a lista dos seis primeiros primos: 2, 3, 5, 7, 11 e 13. Euclides multiplicou-os, obtendo o número $2 \cdot 3 \cdot 5 \cdot 7 \cdot 11 \cdot 13 = 30030$, que é um múltiplo dos seis primeiros primos dados. A seguir, usando sua genialidade, somou 1 ao produto, obtendo 30031, que não é divisível por nenhum dos cinco primos da lista, pois a divisão de 30031 por qualquer um dos cinco primos dados deixa resto 1.

Euclides sabia que o número criado poderia não ser primo, mas se não fosse, deveria ser divisível por um primo que não estava na lista dada. Assim, Euclides disse que qualquer que fosse a lista finita dos primos, era possível criar um número que, para ser formado, exigiria a presença de primos que não estavam na lista dada. O número do exemplo, $2 \cdot 3 \cdot 5 \cdot 7 \cdot 11 \cdot 13 + 1 = 30031 = 59 \cdot 509$, portanto, não é primo.
Agora que você já entendeu a ideia de Euclides, vamos fazer a demonstração formal do Teorema 2. Apresentaremos a seguir duas demonstrações da infinitude dos primos.

Demonstração 1

Vamos imaginar que a quantidade de primos não seja infinita. Significa que, ao listar todos os primos, essa lista terminaria em algum primo, ou seja, teria um primeiro primo, um segundo, ..., e um último número primo. Assim, vamos supor que existam somente n números primos:

$$p_1,\ p_2,\ p_3, \ldots,\ p_n$$

e que eles estejam ordenados em ordem crescente: $p_1 < p_2 < p_3 < \ldots < p_n$. Isso seria o mesmo que colocar os primeiros primos na seguinte ordem: $2 < 3 < 5 < 7 < 11 < 13 < 17 < 23 < \ldots < p_n$, sendo p_n o maior de todos. Agora, vamos considerar o seguinte número inteiro positivo, M, construído a partir de todos os n primos:

$$M = p_1 \cdot p_2 \cdot p_3 \ldots p_n + 1.$$

Observe que M é um inteiro positivo maior do que qualquer um dos primos. De fato, $M > 2p_n + 1 > p_n$, pois 2 é o menor número primo. Logo, M é maior do que p_n, o maior de todos os primos e, portanto, maior do que todos os outros primos. Logo, por hipótese, M não é primo. Assim, M é divisível por algum primo. Mas, esse primo deveria ser um dos primos $p_1, p_2, p_3, \ldots, p_n$. Escolha um desses, digamos p_i, para ser o divisor de M. Nesse caso, teríamos $M - p_1 \cdot p_2 \cdot p_3 \ldots p_n = 1$ e, como p_i divide M e p_i divide o produto $p_1 \cdot p_2 \cdot p_3 \ldots p_n$, segue que p_i divide 1, o que implica que $p_i = 1$, o que é uma contradição, pois p_i é um número primo. Portanto, existem infinitos primos.

Demonstração 2 Suponha que a quantidade dos primos seja finita e $p_1 = 2 < p_2 = 3 < p_3 = 5 < p_4 = 7 < \ldots < p_n$ os primos. Considere m o menor número inteiro positivo maior do que p_n. Agora, considere o número inteiro positivo $(m! + 1)$. Como $(m! + 1) > p_n$, ele não pode ser primo. Logo, $m! + 1$ é divisível por um dos primos já enumerados anteriormente. Por outro lado, o produto $1 \cdot 2 \cdot 3 \ldots m = m!$ tem esse primo como um de seus fatores. Logo, esse primo divide 1, o que é uma contradição. Portanto, existem infinitos primos.

■ **Exemplo 4.12** Diga, justificando, se o número $M = 2 \cdot 3 \cdot 5 \cdot 7 + 1$ é primo. ■

Solução
Temos que $M = 2 \cdot 3 \cdot 5 \cdot 7 + 1 = 211$. Vimos no exemplo 2.6.4, do Capítulo 2 (Divisibilidade), que se um número inteiro positivo n não é primo, então, n possui um divisor menor do que ou igual a $\sqrt{n}$. Como $\sqrt{M} = \sqrt{211} \simeq 14,525839\ldots$, basta procurar um divisor primo menor do que ou igual a 14. Como 2, 3, 5, 7, 11 e 13 são os primos menores do que 14 e não dividem M, então, M é um número primo.

DESAFIO:-Qual é o maior divisor primo do número inteiro: $1 + 2 + 3 + 4 + \ldots + 50$?

■ **Exemplo 4.13** Prove que $\sqrt{3}$ é um número irracional. ■

Solução
Suponha que $\sqrt{3}$ seja um número racional. Isto é, $\sqrt{3} = \frac{p}{q}$, com $p, q \in \mathbb{Z}$ e $q \neq 0$. Vamos supor que a fração seja irredutível, ou seja, não existe qualquer número inteiro, diferente de 1 e -1, dividindo ambos p e q. Elevando ambos os lados ao quadrado, obtemos:

$$3 = \frac{p^2}{q^2} \Longleftrightarrow 3q^2 = p^2 \quad (*)$$

Assim, concluímos que p^2 é múltiplo de 3. Mas, isso só ocorre se o próprio p for múltiplo de 3. (De fato, sabemos do Algoritmo da Divisão que p se escreve em uma, e só uma, das três formas seguintes: ou $p = 3m$, ou $p = 3m + 1$, ou $p = 3m + 2$, onde m é um número inteiro. Agora, elevando as três possibilidades ao quadrado, é fácil ver que p^2 é múltiplo de 3 somente se p é múltiplo de 3). Como p é múltiplo de 3, substiutindo $p = 3m$ em $(*)$, concluímos que q também é múltiplo de 3. Mas, isso é uma contradição, pois admitimos, por hipótese, que não existia qualquer número inteiro, diferente de 1 e -1, dividindo ambos p e q. Portanto, $\sqrt{3}$ é um número irracional.

■ **Exemplo 4.14** Mostre que existem infinitos números primos da forma $4k + 3$, com $k \in \mathbb{N}$. ■

Solução

Inicialmente, observe que todo número inteiro da forma $4k + 3$ é ímpar e que o produto de dois ou mais números primos da forma $4k + 1$ é dessa mesma forma. Logo, todo número inteiro da forma $4k + 3$ deve possuir um divisor da mesma forma. Agora, suponha que existe somente uma quantidade finita de primos da forma $4k + 3$: $q_1, q_2, q_3, \ldots q_m$. Considere o número

$$P = 4q_1 \cdot q_2 \cdot q_3 \ldots q_m - 1 = 4(q_1 \cdot q_2 \cdot q_3 \ldots q_m - 1) + 3$$

e um divisor primo, p, de P da forma $4s+3$. Então p tem de ser igual a um dos $q_{'s}$, o que implicaria que p dividiria 1, que é uma contradição.

■ **Exemplo 4.15** São dados dois números naturais m e n tais que $MDC(m,n) = 504$. Pergunta-se:
(i) Quais são os números primos comuns nas decomposições em fatores primos de m e n?
(ii) Qual é o menor expoente de cada um dos números primos do item anterior? ■

Solução

Como $504 = 2^3 \times 3^2 \times 7^1$ é a decomposição em fatores primos de 504, segue que:
(i) Os números primos comuns nas decomposições de m e n são: $2, 3$ e 7.
(ii) O menor expoente de 2 é 3, o menor expoente de 3 é 2 e o menor expoente de 7 é 1.
A justificativa para essas conclusões é que o $MDC(m,n)$ é igual ao produto dos fatores primos comuns nas decomposições de m e de n elevados aos menores expoentes.

■ **Exemplo 4.16** Mostre que $\sqrt[n]{2}$ é um número irracional, para todo número $n \geq 2$. ■

Solução

Suponha que $\sqrt[n]{2}$ seja um número racional. Isto é, $\sqrt[n]{2} = \frac{p}{q}$, com $p, q \in \mathbb{Z}$ e $q \neq 0$. Vamos supor que a fração seja irredutível, ou seja, não existe qualquer número inteiro, diferente de 1 e de -1, dividindo ambos p e q. Elevando ambos os lados à potência n, temos:

$$2 = \frac{p^n}{q^n} \Rightarrow 2q^n = p^n \qquad (*)$$

Então p^n é par. Logo, p é par, o que implica q é par. Sejam 2^k e 2^t as maiores potências de 2 que comparecem nas decomposições em fatores primos de p e de q, respectivamente. Assim, $p = 2^k.a$ e $q = 2^t.b$, onde a e b são números ímpares. Substituindo os valores de p e q em $(*)$, obtemos:

$$2 \cdot 2^{nt}.a^n = 2^{nk} \cdot b^n \iff 2^{n \cdot t+1} \cdot a^n = 2^{nk} \cdot b^n$$

Pelo Teorema Fundamental da Aritmética, segue que $2^{n \cdot t+1} = 2^{nk}$. Logo, $n.t + 1 = nk$, ou ainda $n(k-t) = 1$, o que é impossível, pois $n \geq 2$ e $k-t$ é um inteiro. Portanto, $\sqrt[n]{2}$ não é um número racional.

■ **Exemplo 4.17** (TT- 1998) Diga, justificando, se existem 10 números inteiros positivos tais que nenhum deles é divisível por qualquer outro, mas, que o quadrado de cada um deles é divisível por qualquer outro. ■

Solução

A resposta é sim.
Sejam $p_1, p_2, p_3, \ldots, p_{10}$ os primeiros dez números primos e $P = p_1 \times p_2 \times p_3 \ldots \times p_{10}$. Sejam $a_i = p_i \times P$, para todo $i = 1, 2, 3, \ldots, 10$. Observe que, para $i \neq j$, temos que a_i não divide a_j, pois p_i não divide p_j. Por outro lado, como p_i divide P, então a_i divide a_j^2. Portanto, os p_i escolhidos satisfazem ao problema.

■ **Exemplo 4.18** Demonstre que não existe um triângulo cujos comprimentos dos lados sejam números primos e tendo como área um número inteiro. ■

Solução

Suponha que exista um tal triângulo. Sejam a, b e c as medidas dos lados. Use a fórmula de Heron para o cálculo da área:

$$A = \sqrt{p(p-a)(p-b)(p-c)}$$

onde p é o semiperímetro, isto é: $p = \dfrac{a+b+c}{2}$.
Assim, substituindo o valor de p na fórmula de Heron e elevando ambos os membros ao quadrado, obtemos

$$16A^2 = (a+b+c)(a+b-c)(b+c-a)(a+c-b).$$

Se os comprimentos dos três lados são todos ímpares, então os quatro fatores $(a+b+c)$, $(a+b-c)$, $(b+c-a)$, $(a+c-b)$ são todos ímpares. Como a área é inteira e o produto dos três fatores é par, então isso não pode acontecer.
Esse mesmo raciocínio pode ser usado para o caso em que dois dos comprimentos dos lados sejam pares e o outro ímpar.
Se só um dos comprimentos a, b e c é par, deve ser 2. Como a diferença entre os outros dois lados deve ser menor do que 2 (desigualdade triangular) e são números ímpares, a diferença tem de ser zero, o que implica que o triângulo é isósceles. Supondo que $a = b > 2$ e $c = 2$, temos $16A^2 = 16(c^2-1)$, o que implica $c^2 - a^2 = 1$. Mas, não existem dois inteiros positivos cuja diferença de seus quadrado seja 1. Logo, esta hipótese não ocorre.
Se os três comprimentos dos lados são pares, como são primos, tem de ser iguais a 2. Assim, obtemos $16A^2 = 6 \cdot 8$, o que implica $A = \sqrt{3}$, que não é um número inteiro, como vimos anteriormente.

4.8 Resumo

Neste capítulo, estudamos o papel importante dos números primos dentro do conjunto dos números inteiros, culminando com o **Teorema Fundamental da Aritmética**, o qual diz que cada número natural maior do que 1 pode ser decomposto, de forma única, como produto de fatores primos, a menos da ordem desses fatores.

4.9 Conjunto de Problemas IV

Problema 4.1 Com relação ao número 375:
(i) escreva 375 como produtos de números primos;
(ii) descreva a expressão geral dos divisores de 375;
(iii) quantos e quais são os divisores de 375? ■

Problema 4.2 Um número inteiro é chamado **livre de quadrado** se ele não é divisível pelo quadrado de algum primo.
(i) Dê 5 exemplos de inteiros positivos compostos, cada um sendo livre de quadrado.
(ii) Usando o Teorema Fundamental da Aritmética, diga a forma geral na qual pode ser escrito cada inteiro positivo maior do que 1 que seja **livre de quadrado**. ■

Problema 4.3 Considere o seguinte número inteiro maior do que 1: $z = n^4 + 4$, onde n é um número natural. Diga, justificando, se z é um número primo.
■

Sugestão - Pense numa fatoração do binômio $n^4 + 4$ como produto de dois trinômios do segundo grau:

$$n^4 + 4 = n^4 + 4 + 4n^2 - 4n^2 = (n^2 + 2)^2 - (2n)^2$$

Problema 4.4 São dados dois números naturais, m e n, tais que $MDC(m, n) = 15$.
(i) Quais são os primos comuns que fazem parte da decomposição de m e n em fatores primos?
(ii) Qual é o menor expoente de cada um dos primos comuns que comparecem na decomposição de m e n? ■

Problema 4.5 Maria escreve numa folha de papel os cubos de três inteiros positivos. Antônio verifica que cada um deles é múltiplo de 18 e que o Máximo Divisor Comum dos cubos desses números é n. Encontre o menor valor possível para n.
■

Sugestão - Como o cubo de cada número é múltiplo de 18 e $18 = 2 \cdot 3^2$, não é difícil concluir que cada número é múltiplo de $2^3.3^3 = 216$, que é um cubo perfeito. Logo, o menor valor para o MDC é 216.

Problema 4.6 Com relação ao número 160, faça o que se pede.
(i) Escreva 160 como produto de números primos.
(ii) Descreva a expressão geral dos divisores de 160.
(iii) Quantos e quais são os divisores de 160? ■

Problema 4.7 Use o **Crivo de Eratóstenes** para encontrar todos os primos menores do que ou iguais a 200. ■

Problema 4.8 Encontre todos os números naturais divisíveis por 20 e que possuem exatamente 12 divisores. ■

Problema 4.9 Encontre todos os números naturais divisíveis simultaneamente por 8 e 9 e que possuem exatamente 60 divisores. ∎

Problema 4.10 Sejam n um inteiro positivo, a, b inteiros distintos e não simultaneamente nulos. Prove que:
(a) Se n possui um divisor ímpar, então $a^n + b^n$ não é primo .
(b) Se n não é primo, então $a^n - b^n$ nâo é primo. ∎

Problema 4.11 Qual é a soma de todos os inteiros positivos menores do que 100 que têm exatamente 12 divisores?
∎

Sugestão - Use o Teorema Fundamental da Aritmética e a condição de que cada número é menor do que 100 e possui exatamente 12 divisores.

Problema 4.12 Quantos números positivos pertencentes ao conjunto $S = \{1,\ 2,\ 3, \cdots, 99,\ 100\}$ possui um número par de divisores?
∎

Sugestão-Um número natural K possui uma quantidade ímpar de divisores positivos se, e somente se, K é um quadrado perfeito.

Problema 4.13 Seja $a \in \{1,\ 2,\ 3, \ldots,\ 100\}$. Quantos números inteiros da forma a^a são quadrados perfeitos? ∎

Sugestão - Estude separadamente os casos em que a é par e a é ímpar. Se a é par, todo número da forma a^a é um quadrado perfeito, pois $a^a = (a^{\frac{a}{2}})^2$. Se a é um número ímpar, então como $a^a = (a^{\frac{a-1}{2}})^2 \cdot a$, segue que, neste caso, a^a é um quadrado perfeito somente se a é um quadrado perfeito. Agora, em S tem-se 50 números pares e 5 ímpares quadrados perfeitos: 1^2, 3^2, 5^2, 7^2, 9^2. Portanto a resposta é $50 + 5 = 55$.

Problema 4.14 Encontre o inteiro positivo K, menor do que 1000, possuindo exatamente 29 divisores positivos, excluindo ele próprio.
∎

Sugestão - Escreva K como produto de primos: $K = p_1^{a_1} \cdot p_2^{a_2} \cdots p_n^{a_n}$. O número de divisores de K é dado por: $(a_1 + 1).(a_2 + 1) \cdots (a_n + 1) = 30$, com $K < 1000$. Como $30 = 2 \cdot 3 \times 5$, temos que $a_1 = 1$, $a_2 = 2$ e $a_3 = 4$ e $K = 24.32.51 = 720$.

Problema 4.15 Sabendo que $MDC(m,\ n) = 1$ e que m e n possuem, respectivamente, 8 e 12 divisores positivos, quantos divisores possui o número $m \cdot n$? ∎

Problema 4.16 Certo número natural K possui exatamente oito divisores, dentre os quais estão 35 e 77. Encontre o número K. ∎

Problema 4.17 Usando o Teorema Fundamental da Aritmética, prove que $\sqrt{2}$ não é um número racional.
∎

Problema 4.18 Encontre a quantidade de primos que divide o inteiro $20!$. ■

Problema 4.19 Encontre a soma de todos os inteiros positivos n tais que n divide o número n^2+n+13. ■

Sugestão - Observe que n divide n^2+n.

Problema 4.20 Encontre a quantidade de quadrados perfeitos que divide o número 21600. ■

Problema 4.21 O número $27.000.001$ possui exatamente quatro fatores primos. Encontre a soma desses fatores primos. ■

Sugestão - $27x^6+1=(3x^2)^3+1=(3x^2+1)\cdot(9x^4-3x^2+1)$. Tome $x=1.000$.

Problema 4.22 No conjunto $S=\{10,\ 11,\ 12,...,\ 98,\ 99\}$, existem quantos inteiros positivos com um número par de divisores positivos? ■

Problema 4.23 Encontre o menor inteiro positivo que é duas vezes um quadrado perfeito e três vezes um cubo perfeito. ■

Problema 4.24 Qual é a maior potência de 24 que divide $100!$? ■

Sugestão - Como $24=2^3\cdot 3$, primeiro encontre a maior potência de 2 que divide $100!$. Para isso, fatore o 2 em $100!=1\cdot 2\cdot 3\cdots\cdots 100$. Depois encontre a maior potência de 3 que divide $100!$. Para isso, fatore o 3 em $100!$.

Problema 4.25 Numa escola, o professor de Matemática promove uma disputa entre três estudantes, A, B e C. Ele explica que cada estudante usará um chapéu e neste chapéu estará escrito um número escolhido dentre os seguintes: 2, 3, 4, 5, 6, 7 e 8. Cada estudante poderá ver o número escrito no chapéu de seus dois oponentes, mas não poderá ver o número escrito no seu próprio chapéu. Depois que cada um dos estudantes colocou o seu chapéu, o professor explicou que, dentre os três números dos chapéus, dois deles são iguais e o produto dos três é um quadrado perfeito.
Qual dos três estudantes, A, B ou C, pode deduzir qual é o seu próprio número?
■

Sugestão-Sejam a, a, b os três números. Temos que $a\cdot a\cdot b=m^2$. Logo, b é um quadrado perfeito etc.

Problema 4.26 Numa escola, a direção coloca todos seus n estudantes em volta de um grande círculo. Um professor de Matemática numera sucessivamente os estudantes a partir de um dado aluno E, no sentido horário, com os números $1,\ 2,\ 3,\ \ldots,\ n$. A partir do estudante E, o professor de Matemática conta os estudantes, falando em voz alta, 1, 2 *e* 3; 1, 2 e 3; 1, 2 *e* 3, e vai repetindo essa contagem. Os estudantes que são contados com os números 2 e 3 deixam o círculo, e a contagem do professor se repete, sempre no sentido horário, até que sobra um único estudante.
Qual o número do estudante que sobra se
(i) $n=2187$? (ii) $n=2013$?
■

Sugestão - (i) Observe que $n = 2187 = 3^7$. Neste caso, depois da primeira rodada de contagem sobram $3^6 = 729$ estudantes e o estudante E é o primeiro da segunda rodada de contagem. Ele será o estudante que sobra.
(ii) Neste caso, a ideia é tentar adaptar o caso anterior para essa situação. Assim, como $729 = 3^6 < 2013 < 3^7 = 2187$, temos que eliminar alguns de modo que restem 3^6. O estudante E seria então o primeiro dentre os 3^6 que restaram. Assim, temos que remover $2013 - 729 = 1284$, que correspondem a 642 grupos, uma vez que em cada grupo de três estudantes dois deixam o círculo. Logo, temos de ter $642 \cdot 3 = 1926$ estudantes antes do aluno E, e o estudante que sobra está na posição 1927 contado no sentido horário a partir de E.

Problema 4.27 (OPM) Há uma lenda árabe que se refere a uma princesa que durante 1001 noites contou várias histórias para seu rei. Suponha que todas as histórias tenham durado um mesmo número de noites. Neste caso, quantas foram as histórias e quantas noites durou cada uma?
(Dê todas as possibilidades de resposta) ■

Problema 4.28 Encontre o menor inteiro positivo que é duas vezes um quadrado perfeito e três vezes um cubo perfeito. ■

Problema 4.29 Existem quantos pares de inteiros (a,b), com $1 \leq a \leq b60$, tendo a propriedade de que b é divisível por a e $b+1$ é divisível por $a+1$? ■

Problema 4.30 (HMMT - 2003) Um número inteiro positivo n é chamado **cintilante** se seu menor divisor positivo maior do que 1 é igual à quantidade total de seus divisores positivos, incluindo o 1. O número 9 é cintilante, pois os divisores positivos de 9 são: $1, 3$ *e* 9, sendo 3 o menor divisor positivo maior do que 1, que é igual ao número de divisores positivos.
Existem quantos números cintilantes no conjunto $S = \{1, 2, 3, \cdots, 2014\}$?
■

Sugestão - Seja n um número cintilante e p um número primo que é seu menor divisor maior do que 1. Isto significa dizer que n possui p divisores positivos. Se $n = p_1^{a_1} \cdot p_2^{a_2} \ldots p_n^{a_k}$ é a decomposição de n em fatores primos, então $p = (a_1+1) \cdot (a_2+1) \ldots (a_k+1)$, o que implica que n possui um único fator primo, que é o p. Portanto, $p = a_1 + 1$ ou $a_1 = p - 1$. Assim, $n = p^{p-1}$. Por outro lado, todo número da forma p^{p-1} é cintilante. Portanto, no conjunto dado, existem exatmente três números cintilantes: 2^1, 3^2 e 5^4.

Problema 4.31 Encontre a quantidade de inteiros positivos n para os quais $3^{512} - 1$ seja divisível por $2n$. ■

Problema 4.32 Cada noite, três pessoas de um grupo de n pessoas saem juntas para jantar. Depois de certo período de tempo se observa que cada par de pessoas janta junto exatamente uma vez.

Demonstre que o número n deixa resto 1 ou 3 na divisão por 6.
■

Sugestão - Fixemos uma das n pessoas do grupo. Se ela participou de j jantares, então ela jantou com $2j$ pessoas, estando uma vez com cada uma das $n-1$ pessoas do grupo. Assim, temos que $n - 1 = 2j$, o que nos dá $n = 2j + 1$. Logo, n é ímpar. Por outro lado, num grupo de n pessoas, pode-se formar $\binom{n}{2} = \frac{n(n-1)}{2}$ pares e em cada jantar com três pessoas, a, b e c, é possível formar três pares: ab, ac e bc. Se cada par de pessoas jantaram uma única vez, então o número de jantares é dado pela expressão: $K = \frac{\frac{n(n-1)}{2}}{3} = \frac{n(n-1)}{6}$. Ou seja,

$6K = n(n-1)$. Como n é ímpar, podemos escrever n em uma das seguintes formas $6t+1$, $6t+3$ *ou* $6t+5$, para t inteiro. É fácil ver que n não pode ser da forma $6t+5$, pois, neste caso, teríamos que $n(n-1)$ não seria múltiplo de 6. Portanto, n deixa resto 1 ou 3 na divisão por 6.

Problema 4.33 Existem quantos números inteiros positivos a, com $1 \leq a \leq 200$, tais que a^a é um quadrado perfeito? ■

Problema 4.34 Na divisão do número 222.222.222.222.222 por 222 obtemos o quociente q. Quantos dígitos possui o número q? ■

Problema 4.35 Qual é a soma dos dígitos do menor quadrado perfeito maior do que 4000 que é divisível por 392? ■

Problema 4.36 Quantos e quais são os divisores positivos do número $42^2 - 1$? ■

Problema 4.37 Uma antiga prisão foi construída num corredor muito longo, com celas numeradas de um só lado do corredor de pedra. Uma noite, o carcereiro ingeriu muita bebida alcoólica e, enquanto os prisioneiros dormiam, abriu todas as celas. Voltando à cela 1, fechou todas as celas numeradas com números pares, começando pela cela 2. Depois de voltar para o início, começando com a cela 3, alterou o estado de todas as celas numeradas com múltiplos de 3, as que estavam abertas ele fechou e as que estavam fechadas ele abriu. Quando o carcereiro terminou, regressou ao início e, começando com a cela 4, alterou o estado das celas numeradas com múltiplos de 4. Cada vez que o carcereiro chegava ao fim do corredor, retornava ao início e mudava o estado de cada cela numerada com um múltiplo de n, começando com a cela de número n. Ele concluiu esta estranha operação já pela manhã.
Como consequência dessa estranha operação do carcereiro, que prisioneiros foram capazes de escapar pela manhã? ■

Problema 4.38 Escreva o número $M = 98765432109876543210.....543210$, formado a partir dos dígitos 0, 1, 2, 3, 4, 5, 6, 7, 8, 9, escritos em ordem decrescente, e repetindo-os nesta ordem a partir da esquerda para a direita até formar um número de 200 dígitos. A partir da esquerda, escolha um dígito de três em três, para formar um novo número. Repita o mesmo processo com o novo número obtido. Continue o processo até resultar um número de dois dígitos.
Qual é esse número? ■

5. MDC, MMC e Equações Lineares

5.1 Introdução

Neste capítulo, estudaremos o **Máximo Divisor Comum**, (MDC), o **Mínimo Múltiplo Comum**, (MMC), de dois ou mais inteiros, as equações difantinas lineares de grau 1 e veremos como Euclides usou esse conceito para provar resultados interessantes da Teoria dos Números.

Para que você tenha sucesso nos estudos:

- Não espere encontrar um grau de dificuldade uniforme.
- Umas coisas são mais difíceis que outras e nas mais difíceis você tem que gastar mais tempo.
- Não fique impaciente.
- Leia várias vezes o que julgar mais difícil.
- Veja cuidadosamente os exemplos, pois eles servem de referência para você consolidar a aprendizagem.
- Para facilitar o domínio do conteúdo, é importante que você entenda os exemplos e resolva os problemas.

5.2 Objetivo

Ao final desse capítulo esperamos que você saiba:

- Calcular o Máximo Divisor Comum e o Mínimo Múltiplo Comum.
- Escrever o Máximo Divisor Comum de dois números inteiros m e n como combinação linear de m e n.
- Resolver Equações Diofantinas Lineares de Primeiro Grau como aplicações do Máximo Divisor Comum.
- Aplicar os conceitos estudados para resolver problemas do cotidiano.

5.3 Usando o Algoritmo da Divisão para calcular o MDC

O número inteiro 4 divide 12 e 4 também divide 20 e, além disso, como você pode verificar facilmente, 4 é o maior número inteiro positivo com essa propriedade. Dizemos, então, que 4 é o **Máximo Divisor Comum de** 12 **e** 20, e notamos $MDC(12,20) = 4$.

De uma maneira geral, o número inteiro **positivo** d é o **Máximo Divisor Comum** de dois números inteiros a e b se d é o maior número inteiro **positivo** que divide a e b ao mesmo tempo. Isso pode ser precisado nos itens abaixo:

- d divide a e d divide b (i.e. d **é um divisor comum de** a **e** b);
- se existe um número natural c tal que c divide a e c divide b, então $c \leq d$ (i.e. d **é o maior divisor comum de** a **e** b).

Observe que os inteiros 5 e 7 não possuem divisores positivos comuns, exceto o 1. Nesse caso, $MDC(5,7) = 1$ e dizemos que 5 e 7 **são primos entre si** (ou que 5 e 7 são **relativamente primos**).

É fácil ver que, se a divide b, então $MDC(a,b) = a$. De uma maneira geral, dois números naturais a e b são **primos entre si** (ou **relativamente primos**) se $MDC(a,b) = 1$.

Podemos usar o Algoritmo da Divisão para calcular o Máximo Divisor Comum de dois números naturais. O método consiste em fazer sucessivas aplicações do Algoritmo da Divisão até obter o resto nulo. Ilustramos o método com o exemplo seguinte.

Exemplo 5.1 Usando o Algoritmo da Divisão, calcular o $MDC(32,12) = 4$.

Solução

Usando o Algoritmo da Divisão, dividimos 32 por 12 escrevendo:

$$32 = 2 \cdot 12 + 8 \qquad (2 \text{ } o \text{ } quociente \text{ } e \text{ } 8 \text{ } o \text{ } resto).$$

Agora, como o resto da divisão não é nulo, aplicamos novamente o Algoritmo da Divisão para o divisor inicial e o resto da divisão anterior, ou seja,

$$12 = 1 \cdot 8 + 4 \qquad (1 \text{ } o \text{ } quociente \text{ } e \text{ } 4 \text{ } o \text{ } resto).$$

Como o resto da última divisão ainda não é nulo, procedemos como da vez anterior, dividindo o divisor acima pelo resto obtido, isto é:

$$8 = 2 \cdot 4 + 0 \quad (2 \quad o \quad quociente \quad e \quad 0 \quad o \quad resto).$$

Como o resto da última divisão é nulo, então o divisor 4 é o Máximo Divisor de 32 e 12, isto é $MDC(32,12) = 4$, conforme veremos na Proposição 1, o MDC sempre é o último resto não nulo dessas sequências de divisões.

Ilustramos os cálculos anteriores no diagrama a seguir:

	2	1	2	← quocientes
32	12	8	4	
8	4	0		← restos

Exemplo 5.2 Use o Algoritmo da Divisão para calcular o $MDC(360,126)$.

Solução

Usando o Algoritmo da Divisão, dividimos 360 por 126 escrevendo:

$$360 = 2 \cdot 126 + 108 \qquad (2 \text{ é o quociente e } 108 \text{ é o resto}).$$

Agora, como o resto da divisão não é nulo, aplicamos novamente o Algoritmo da Divisão para o divisor inicial e o resto da divisão anterior, ou seja,

$$126 = 1 \cdot 108 + 18 \qquad (1 \text{ é o quociente e } 18 \text{ é o resto}).$$

Como o resto da última divisão ainda não é nulo, procedemos como da vez anterior, dividindo o divisor acima pelo resto obtido, isto é:

$$108 = 6 \cdot 18 + 0 \qquad \text{(6 é o quociente e 0 é o resto).}$$

Como o resto da última divisão é nulo, então o divisor 18 é o Máximo Divisor de 360 e 126, isto é $MDC(360,\ 126) = 18$. Como já mencionamos no exemplo anterior, o último resto não nulo é o $MDC(360, 126)$, como iremos provar na Proposição 1.

Ilustramos os cálculos acima com o diagrama a seguir:

	2	1	6	← quocientes
360	126	108	18	
108	18	0		← restos

■ **Exemplo 5.3** Encontre o quociente q e o resto r na divisão de 72 por 20.
(i) Ache o $MDC(72,20)$.
(ii) Ache o $MDC(20,r)$.
(iii) Compare o $MDC(72,20)$ e $MDC(20,r)$. ■

Solução

(i) É fácil ver que $72 = 3 \cdot 20 + 12$. Portanto, $q = 3$ e $r = 12$.
Do mesmo modo, podemos escrever $20 = 1 \cdot 12 + 8$. Portanto, nessa divisão temos $q = 1$ e $r = 8$.
Agora, usando o Algoritmo de Euclides, temos: $12 = 1 \cdot 8 + 4$. Como $8 = 2 \cdot 4 + 0$, segue que o $MDC(72,20) = 4$
Ilustramos os cálculos com o diagrama a seguir:

	3	1	1	2 ← quocientes
72	20	12	8	4
12	6	4	0 ← restos	

Tabela 5.1: $MDC(72,20) = 4$

O procedimento descrito nos dois exemplos acima se baseia na aplicação repetida do fato seguinte:

Proposição 5.3.1 Se a e b são dois números naturais, de acordo com o Algoritmo da Divisão, existem números inteiros, q e r tais que $b = q \cdot a + r$, com $0 \leq r < a$. Nessas condições, $MDC(a,b) = MDC(a,r)$.

Prova

Se $MDC(a,b) = d$, então $d|a$ e $d|b$ (leia-se d divide a e d divide b). Logo, $a = d \cdot u$ e $b = d \cdot b$, com u, v números inteiros. Como existem inteiros q e r tais que $b = q \cdot a + r$, segue que $r = b - q \cdot a = d \cdot (v - q \cdot du)$. Portanto, $d|r$. Assim, d é um divisor comum de b e r. Resta mostrar que d é o **maior** divisor comum de b e r. Suponha que existe um inteiro positivo c tal que $c|a$ e $c|r$. Como $b = q \cdot a + r$, segue que c divide b. Como $d = MDC(a,b)$ e c é um divisor comum de a e b, então $c \leq d$. Portanto, $d = MDC(b,r)$.

De acordo com a Proposição 6.3.1, para encontrar o $MDC(a,b)$ fazemos repetidas aplicações do **Algoritmo da Divisão** até obter o resto zero, sendo o penúltimo resto o $MDC(a,b)$. Outra conclusão que poderemos tirar, a partir do uso do Algoritmo da Divisão, é: **o Máximo Divisor Comum de a e b é uma combinação linear de a e b,** isto é:

$$MDC(a,b) = ax + by, \; com \; x, \; y \in \mathbb{Z}.$$

Para exemplificar, quando calculamos anteriormente o $MDC(360,126) = 18$, aplicamos três vezes o Algoritmo da Divisão:

$$360 = 2 \cdot 126 + 108$$

$$126 = 1 \cdot 108 + 18$$

$$108 = 6 \cdot 18 + 0$$

Agora, explicitando o valor de 18 na segunda igualdade, obtemos:

$$18 = 126 + (-1).108.$$

Isolando o valor de 108 na primeira aplicação do Algoritmo da Divisão e substituindo na igualdade acima, obtemos:

$$MDC(360,126) = 18 = 3 \cdot 126 + (-1) \cdot 360.$$

Ou seja, para expressar o Máximo Divisor Comum entre dois números, usamos o Algoritmo da Divisão **"ao inverso"**, isto é, aplicamos o Algoritmo da Divisão até encontrar o resto 0 e, a seguir, vamos desfazendo até encontrar os dois números.

De uma maneira geral, podemos afirmar:

> **Teorema 5.3.2** (Bachet-Bezout) Dados a e b números inteiros não nulos simultaneamente, então existem inteiros x e y tais que $MDC(a,b) = ax + by$.

Prova

Para facilitar a prova, considere S a coleção de todas as combinações lineares inteiras positivas de a e b. Ou seja,

$$S = \{ax + by \mid x, \; y \in \; \mathbb{Z} \; e \; ax + by > 0\}.$$

Vamos mostrar que S é não vazio e, portanto, possui um menor elemento m. Provaremos que este menor elemento $m \in S$ é o $MDC(a,b)$.
Se $a > 0$, podemos escrever $a = a \cdot 1 + 0 \cdot b$, o que mostra que a está em S.
Por outro lado, se $a < 0$, podemos escrever $-a = a \cdot (-1) + b \cdot 0$, o que mostra que $-a$ está em S.
Assim, podemos concluir que S é um conjunto não vazio de inteiros positivos. Pelo **Princípio do Menor Inteiro**, S possui um menor elemento. Seja m esse menor elemento de S. Logo, existem números inteiros u e v para os quais $m = au + bv$.
O que vamos fazer a seguir é, utilizando o Algoritmo da Divisão, dividir a e b por m e mostrar que em ambos os casos o resto é zero. Ou seja, $m|a$ e $m|b$.
De fato, como $a = q \cdot m + r$, onde $0 \leq r < m$, temos que $r = a - q \cdot m = a - q \cdot (au + bv) = a \cdot (1 - qu) + b \cdot (qv)$.
Se $r > 0$, temos que r está no conjunto S. Mas, $r < m$, e m é o menor elemento de S. Contradição. Logo, $r = 0$. E, portanto, $m|a$.
Argumentando de maneira análoga, prova-se que $m|b$.
Agora, segue que $m \leq d = MDC(a,b)$. Por outro lado, como $m = au + bv$, com u, v inteiros e d divide a e b, segue que $d|m$. Assim, $d \leq m$.
Por outro lado, sendo $d = MDC(a,b)$, segue que $m \leq d$. Ora, sendo $d \leq m$ e $m \leq d$, segue que $m = d = MDC(a,b)$, concluindo a prova.

Observação - A demonstração do Teorema de Bachet-Bezout **não** fornece uma pista de como encontrar os números inteiros x e y para que se tenha $d = ax + by$. Apesar dessa deficiência, esse resultado é muito útil, como veremos no restante deste capítulo.

Segue do Teorema de Bachet-Bezout os seguintes corolários:

Corolário 5.3.3 Se $d = MDC(a,b)$, então qualquer divisor c de a e b também divide d.

Prova

Se $d = MDC(a,b)$, então existem números inteiros x e y para os quais $d = ax + by$. Como c divide a e c divide b, então $a = c \cdot t$ e $b = c \cdot v$, com t, v inteiros, tem-se $d = ax + by = ctx + cvy = c(tx + vy)$. Em resumo, $d = ck$, onde $k = tx + vy$, o que implica que c divide d.

■ **Exemplo 5.4** Em geral, não vale a recíproca do Lema de Bezout. De fato, observe que: $8 = (-2) \cdot 12 + 2 \cdot 16$, no entanto 8 não é o $MDC(12,16)$, pois 8 não é um divisor comum de 12 e 16. ■

Corolário 5.3.4 Os inteiros a e b não nulos são relativamente primos se, e somente se, x e y pertencem ao subconjunto dos números inteiros para os quais $ax + by = 1$.

Prova

Se a e b são dois números inteiros não nulos e relativamente primos, então $MDC(a,b) = 1$. Pelo resultado acima, existem x e y pertencentes aos inteiros tais que $ax + by = MDC(a,b) = 1$.
Reciprocamente, se existem x e y inteiros, com $ax + by = 1$, então todo divisor d de a e b divide $ax + by = 1$, isto é, d divide 1. Logo, $d = 1$. Portanto, a e b são relativamente primos.

■ **Exemplo 5.5** Encontrar inteiros x e y tais que $MDC(3,20) = 3x + 20y$. ■

Solução

Usando o Algoritmo da Divisão, $20 = 6 \cdot 3 + 2$; $3 = 1 \cdot 2 + 1$ e $2 = 2 \cdot 1 + 0$. Logo, $MDC(3,20) = 1$. Assim, existem x e y pertencentes aos inteiros tais que $3x + 20y = 1$. É fácil ver que, $x = 7$ e $y = -1$ verifica a igualdade.

Sendo o Máximo Divisor Comum definido para dois números inteiros, entendemos o Máximo Divisor de três números inteiros a, b e c, $MDC(a,b,c)$, como sendo:

$$MDC(a,b,c) = MDC(a, MDC(b,c)) = MDC(MDC(a,b),c) = (MDC(a,c), b).$$

Ilustrando:

$$MDC(39,42,54) = MDC(MDC(39,42),54) = MDC(3,54) = 3 \quad ou$$

$$MDC(39,42,54) = MDC(39, MDC(42,54)) = MDC(39,6) = 3.$$

Observação - De uma maneira geral: se $a_1, a_2, a_3, \ldots, a_n$ são números inteiros positivos, com $n \geq 3$, então:

$$MDC(a_1, a_2, a_3, \ldots, a_n) = MDC(MDC(a_1, a_2, a_3, \ldots, a_{n-1}), a_n)$$

De fato, seja $d = MDC(a_1, a_2, a_3, \ldots, a_n)$ e $d_1 = MDC(a_1, a_2, a_3, \ldots, a_{n-1})$ e $d_2 = MDC(d_1, a_n)$. Vamos mostrar que $d = d_2$, provando que:

(i) $d|d_2$ e (ii) $d_2|d$.

Para mostrar (i), observe que $d = MDC(a_1, a_2, a_3, \ldots, a_n)$, implica que $d|a_i$, para todo $i = 1, 2, \ldots, n$. Deste modo, $d|d_1 = MDC(a_1, a_2, a_3, \ldots, a_{n-1})$ e $d|a_n$. Logo, $d|MDC(d_1, a_n)$, que é o mesmo que dizer $d|d_2$.

Para mostrar (ii), observe que como $d = MDC(d_1, a_n)$, segue que $d_2|d_1$ e $d_2|a_n$. Mas, $d_2|d_1$ implica que $d_2|a_i$, para todo $i = 1, 2, 3, \ldots, a_{n-1}$. Assim, $d_2|a_i$, para todo $i = 1, 2, 3, \ldots, n$, o que nos leva a garantir que $d_2|d$.

Portanto, $d|d_2$ e $d_2|d$, que implica $d = d_2$.

Agora, vamos provar o seguinte resultado, citado no capítulo 2 (Divisibilidade):

Teorema 5.3.5 (Euclides) Se um número primo p divide o produto de dois números naturais $a \cdot b$, então p divide a ou p divide b.

Prova

Vamos supor que p não divide a. Nesse caso, como p é um número primo, p e a são relativamente primos. Logo, $MDC(a, p) = 1$. Portanto, existem números inteiros x e y tais que $MDC(a, p) = 1 = ax + py$. Multiplicando ambos os lados da (última) igualdade por b, obtemos $abx + bpy = b$. Como, por hipótese, $p|ab$, temos que: $ab = pk$, onde k é um número inteiro. Assim, $b = abx + bpy = pkx + bpy = p(kx + by)$. Portanto, p divide b. De modo análogo, supondo que p não divide b, conclui-se que p divide a.

▪ **Exemplo 5.6** O número 7 divide o produto $84 \cdot 12 = 1.008$. Como 7 não divide 12, segue que 7, obrigatoriamente, divide 84. De fato, $84 = 2 \cdot 7$. ▪

Observação- Se o número p não for primo, o Teorema 5.3.5 não é verdadeiro. De fato, 12 não é primo e 12 divide o produto $8 \times 15 = 120$. Mas, é fácil ver, 12 não divide 8 nem 12 divide 15. Ou seja, **no Teorema** 5.3.5 a hipótese de p ser um número primo **é indispensável**.

▪ **Exemplo 5.7** Se n é um inteiro qualquer, mostre que $MDC(n, n+1) = 1$. ▪

Solução

Seja $d = MDC(n, n+1)$. Vamos mostrar que $d = 1$. Pela definição de MDC, o número inteiro d divide n e d divide $(n+1)$. Logo, $d|(n+1) - n = 1$. Como $d > 0$, segue que $d = 1$, como queríamos provar.

▪ **Exemplo 5.8** Se a é um inteiro qualquer, mostre que: $MDC(2a+1, 9a+4) = 1$. ▪

Solução

Seja $d = MDC(2a+1, 9a+4)$. Vamos mostrar que $d = 1$. Pela definição de MDC, temos que d divide $(2a+1)$ e d divide $(9a+4)$. Logo, d divide o número $(-4) \cdot (2a+1) + 1 \cdot (9a+4) = a$. Assim, d divide a, para todo número inteiro a. Mas, o único número positivo que divide todo inteiro a é o 1. Portanto, $d = 1$.

▪ **Exemplo 5.9** Se a é um número inteiro ímpar, mostre que $MDC(3a, 3a+1) = 1$ ▪

Solução

Seja $d = MDC(3a, 3a+1)$. Vamos mostrar que $d = 1$. Pela definição de MDC, temos que d divide $3a$ e d divide $(3a+2)$. Logo, temos que d divide o número $(-1) \cdot (3a) + (1) \cdot (3a+2) = 2$. Assim, $d = 1$ ou

$d=2$. Mas, como, por hipótese, a é um número ímpar, segue que $3a$ é um número ímpar. Portanto, d é ímpar, o que implica $d=1$.

■ **Exemplo 5.10** Sejam a,b e k números inteiros, com $k>0$. Mostre que: $MDC(ka,kb)=k\cdot MDC(a,b)$. ■

Solução

Sejam $d=MDC(a,b)$ e $d_1=MDC(ka,kb)$. Vamos mostrar que $kd=d_1$.
Sabemos que, se $d=MDC(a,b)$, então existem números inteiros x, y para os quais $ax+by=d$. Multiplicando k em ambos os lados da igualdade, temos $(ka)x+(kb)y=kd$. Isto significa que qualquer número inteiro que divida simultaneamente (ka) e (kb) também divide (kd). Como $d_1|(ka)$ e $d_1|(kb)$, segue que $d_1|(kd)$.
Por outro lado, como $d|a$ e $d|b$, temos que $(kd)|(ka)$ e $(kd)|(kb)$. Logo, $(kd)|d_1=MDC(ka,kb)$. Portanto, $d_1|(kd)$ e $(kd)|d_1$. Isto implica que $d_1=kd$, como queríamos provar.

■ **Exemplo 5.11** Calcule $MDC(18126,14098)$. ■

Solução

Observe que $18126=1007\cdot 18$ e $14098=1007\cdot 14$. Assim, temos que

$$MDC(29203,14098)=MDC(1007\cdot 18,1007\cdot 14)=1007\cdot MDC(18,14)=1007\cdot 2=2014.$$

■ **Exemplo 5.12** Mostre que os números $12^{2013}+1$ e $12^{2013}-1$ são primos entre si. ■

Solução

Vamos apresentar duas soluções.

Solução 1
Observe que $12^{2013}-1$ é menor do que $12^{2013}+1$. Assim, usando o Algoritmo da Divisão, temos

$$12^{2013}+1=(1)\times(12^{2013}-1)+2.$$

Isto significa que:

$$MDC(12^{2013}+1,12^{2013}-1)=MDC(12^{2013}-1,2)$$

Agora, observe que $12^{2013}-1$ é um número ímpar, pois é a diferença entre um número par e um número ímpar. Portanto, temos que:

$$MDC(12^{2013}+1,12^{2013}-1)=MDC(12^{2013}-1,2)=1,$$

o que conclui a prova.

Solução 2
Se d é um divisor comum de $12^{2013}+1$ e $12^{2013}-1$, então d divide $(12^{2013}+1)+(-1)\cdot(12^{2013}-1)=2$. Assim, temos que $d=1$ ou $d=2$. Mas, como d divide $12^{2013}+1$, que é um número ímpar (pois é a soma de um número para mais 1) segue que d não pode ser 2. Portanto, $d=1$, como queríamos provar.

■ **Exemplo 5.13** Prove que $MDC(6^{27}+1,6^{12}+1)=1$. ■

Solução

Vamos usar o processo de divisões sucessivas para o cálculo do MDC com o Algoritmo da Divisão. Para isso, fazendo a divisão de $6^{27}+1$ por $6^{12}+1$ obtemos:

$$6^{27}+1=(6^{15}-6^3)\times(6^{12}+1)+(6^3+1).$$

Desse modo, $MDC(6^{27}+1,6^{12}+1)=MDC(6^{12}+1,6^3+1)$. Por outro lado, usando o Algoritmo da Divisão, temos:

$$6^{12}+1=(6^9-6^6+6^3-1)(6^3+1)+2.$$

Assim, podemos concluir que:

$$MDC(6^{27}+1,6^{12}+1)=MDC(6^{12}+1,6^3+1)=MDC(6^3+1,2)$$

Logo, $MDC(6^{27}+1,6^{12}+1)$ é um número inteiro positivo que divide simultaneamente (6^3+1) e 2, o que implica que é igual a 1 ou 2. Mas, não pode ser 2, pois o número (6^3+1) é ímpar e 2 não divide um número ímpar. Portanto, $MDC(6^{27}+1,6^{12}+1)=1$, o que conclui a prova.

■ **Exemplo 5.14** Prove que $MDC(3^{44}+1,3^{32}+1)=2$. ■

Solução

Seja $d=MDC(3^{44}+1,3^{32}+1)$. Observe que ambos os números $(3^{44}+1)$ e $(3^{32}+1)$ são pares, pois cada um deles é a soma de dois números ímpares. Logo, $d\geq 2$.
Agora, como $d|(3^{44}+1)$ e $d|(3^{32}+1)$, segue que:

$$d|(3^{44}+1)-3^{12}(3^{32}+1)=(-3^{12}+1)\Rightarrow d|(3^{32}+1)+3^{20}(-3^{12}+1)=(3^{20}+1)\Rightarrow$$

$$d|3^8(-3^{12}+1)+(3^{20}+1)=(3^8+1)\Rightarrow d|(-3^{12}+1)+3^4(3^8+1)=(3^4+1)\Rightarrow$$

$$d|(3^8+1)-3^4(3^4+1)=(-3^4+1)\Rightarrow d|(3^4+1)\ e\ d|(-3^4+1)\Rightarrow$$

$$d|(3^4+1)+(-3^4+1)=2\Rightarrow d=1\ \ ou\ \ d=2$$

Como acima, já vimos que $d\geq 2$, segue que $d=2$, como queríamos provar.

■ **Exemplo 5.15** Dados os números inteiros positivos a, b, c satisfazendo a igualdade:

$$a+b+c=MDC(a,b)+MDC(b,c)+MDC(c,a)+120,$$

determine o valor máximo possível para o número a. ■

Solução

Observe que, como $a=240$, $b=c=120$ a igualdade acima se verifica e, evidentemente, o valor de a é 240. Vamos mostrar que é este o valor máximo para a. A prova é dividida em duas partes, supondo: (i) $a>b$ e (ii) $a\leq b$.
(i) Se $a>b$, observe que $a+b+c=MDC(a,b)+MDC(b,c)+MDC(c,a)+120\leq MDC(a,b)+b+c+120$, que nos leva a concluir que $a\leq MDC(a,b)+120$. Como $MDC(a,b)$ é um divisor própio de a, segue que $a\geq 2\cdot MDC(a,b)$. Assim, $a-120\leq MDC(a,b)\leq \frac{a}{2}$, que implica $a\leq 240$.
(ii) Se $a\leq b$, pode ocorrer duas possibilidades: $b>c$ ou $b\leq c$.

Se $b > c$, os mesmos argumentos acima levam-nos a concluir que $b \leq 240$, o que implica que $a \leq 240$. Se $b \leq c$, segue que $c > a$, pois a, b, c não podem ser todos iguais. Assim, $c \leq 240$, o que nos leva a concluir $a \leq b \leq c \leq 240$.
Portanto, o valor máximo de a é 240.

■ **Exemplo 5.16** Encontre o MDC dos números do conjunto

$$S = \{16^n + 10n - 1 \mid n = 1, 2, 3, \ldots, 100\}$$

. ■

Solução

Observe que a expressão $16^n + 10n - 1$ assume os valores 25, 275, 4125 para $n = 1$, $n = 2$, $n = 3$, respectivamente. Como esses números são divisíveis por 25, isso nos leva a suspeitar que o MDC procurado deve ser 25. Para provar isso, observe que, usando o Binômio de Newton, temos:

$$\begin{aligned} 16^n + 10n - 1 &= (15+1)^n + 10n - 1 = 15n + 15^2k + 1 + 10n - 1 \\ &= 25n + 3^2 \cdot 5^2 k \\ &= 25(n + 9k), \end{aligned}$$

onde k é um número inteiro. Assim, o conjunto S é formado por múltiplos de 25. Portanto, o MDC é 25.

Nota - Pelos cálculos acima, o MDC será 25 se n varia arbitrariamente, em vez de somente de 1 a 100.

■ **Exemplo 5.17** Seja $T_n = 2^{2^n} + 1$, para cada número inteiro positivo n. Mostre que, se m e n são números inteiros positivos, com $m \neq n$, então T_m e T_n são dois números inteiros relativamente primos. ■

Solução

Como $T_n = 2^{2^n} + 1$, somando -2 a cada membro da igualdade, obtemos $T_n - 2 = 2^{2^n} + 1 - 2$. Assim, $T_n - 2 = 2^{2^n} - 1$, que pode ser escrito como:

$$T_n - 2 = 2^{2^n} - 1 = 2^{2^{n-1}} \cdot 2 - 1. \quad (*)$$

Como $T_{n-1} = 2^{n-1} + 1$, temos que $(T_{n-1} - 1)^2 = 2^{2^{n-1}} \cdot 2$ e $(T_{n-1} - 1)^2 - 1 = 2^{2^{n-1}} \cdot 2 - 1$.
Logo, $T_n - 2 = (T_{n-1} - 1)^2 - 1 = T_{n-1}^2 - 2T_{n-1} = T_{n-1}(T_{n-1} - 2)$.
Agora, fazendo o mesmo raciocínio para T_{n-1}, $T_{n-2}, T_{n-3}, \ldots$, obtemos:

$$T_n - 2 = T_{n-1} \cdot T_{n-2} \cdot T_{n-3} \ldots T_1 \cdot T_0, \; para\ todo\ n.$$

Portanto, qualquer divisor comum de T_m e T_n, com $m \neq n$, tem de dividir 2. Mas, cada um dos números T_n é ímpar. Portanto, $MDC(T_m, T_n) = 1$, como queríamos mostrar.

5.4 Mínimo múltiplo comum

Observe que o número inteiro 6 divide 60 e 15 divide 60. Neste caso, 60 é dito um **múltiplo comum** de 6 e de 15. Do mesmo modo, 8 divide 120 e 20 divide 120. Dizemos que 120 é um **múltiplo comum de** 8 e 20.

De uma maneira geral, se a é um número inteiro que divide o inteiro m, dizemos que **m é um múltiplo de** a.

Se a e b são números inteiros não nulos, então podemos concluir que tanto ab como $-ab$ são múltiplos comuns de a e b, e um deles tem de ser positivo (pelo Axioma da Tricotomia, visto no Capítulo 2). Portanto, pelo **Princípio do Menor Inteiro**, existe um menor múltiplo comum de a e b. Seja m esse número positivo que é o menor múltiplo comum de a e b. Chamamos m de **Mínimo Múltiplo Comum** de a e b, e notamos por $m = MMC(a,b)$.

Resumindo, dizemos que $m = MMC(a,b)$ se, e somente se,
(i) m é um inteiro positivo;
(ii) a divide m e b divide m (m é um múltiplo comum de a e b);
(iii) Se n é um múltiplo positivo de a e b, então $n \geq m$ (m é o **menor** múltiplo comum entre a e b).

Exemplo 5.18 O $MMC(12,30)$ é 60. ■

Solução

De fato, temos que:
(i) 60 é um inteiro positivo;
(ii) 12 divide 60, pois $60 = 12 \cdot 5$, e 30 divide 60, pois $60 = 30 \cdot 2$;
(iii) 60 é o menor múltiplo comum de 12 e 30.
Existe uma relação entre o MDC e o MMC dada por:

Proposição 5.4.1 Se a e b são dois números inteiros positivos, então: $MDC(a,b) \cdot MMC(a,b) = ab$.

Prova

De fato, seja $d = MDC(a,b)$. Como d é um divisor de a e b, podemos escrever: $a = dm$ e $b = dn$, com $m, n \in \mathbb{Z}$.
Se $s = \frac{ab}{d}$, então $s = \frac{dmb}{d} = bm$ e $s = \frac{adn}{d} = na$. Portanto, s é um inteiro positivo que é múltiplo de a e b. Precisamos mostrar que s é o Mínimo Múltiplo Comum de a e b. Para isso, suponha que outro número inteiro positivo r seja o múltiplo comum de a e b. Assim, podemos escrever $r = au$ e $r = bv$, com $u, v \in \mathbb{Z}$. Por outro lado, sabemos, pelo Teorema 1, que existem inteiros x e y tais que $d = ax + by$. Logo, podemos escrever:

$$\frac{r}{s} = \frac{rd}{sd} = \frac{r(ax+by)}{ab} = \left(\frac{r}{b}\right)x + \left(\frac{r}{a}\right)y = (vx+uy) \in \mathbb{Z}.$$

Portanto, s divide r. Em particular, $s \leq r$. Logo, podemos concluir que $s = MMC(a,b)$. Como $s = \frac{ab}{d}$, segue então que $ds = ab$, isto é, $MDC(a,b) \cdot MMC(a,b) = ab$.

Corolário 5.4.2 Se $MDC(a,b) = 1$, temos, $MMC(a,b) = ab$.

Prova

Da Proposição 2, temos $MDC(a,b) \cdot MMC(a,b) = ab$. Como, por hipótese, $MDC(a,b) = 1$, segue que $MMC(a,b) = ab$.

Corolário 5.4.3 O $MMC(a,b)$ é igual ao produto dos fatores primos comuns de a e b com os maiores expoentes.

Prova

Observe que podemos escrever a decomposição em fatores primos dos inteiros a e b com os mesmos primos, pois se algum primo que comparece na decomposição de a não aparece na decomposição de b, seu expoente aí será zero.

Assim, escrevemos as decomposições em fatores primos de a e b como sendo:

$$a = p_1^{a_1} \cdot p_2^{a_2} \cdot \ldots \cdot p_s^{a_s} \text{ e } b = p_1^{b_1} \cdot p_2^{b_2} \cdot \ldots \cdot p_s^{b_s}.$$

Queremos mostrar que:

$$MMC(a,b) = p_1^{max\{a_1,b_1\}} \cdot p_2^{max\{a_2,b_2\}} \cdot \ldots \cdot p_s^{max\{a_s,b_s\}} \quad (*)$$

Observe que o lado direito da igualdade $(*)$ é, de fato, um múltiplo de m e n e nenhum múltiplo de m e n pode ser menor do que ele. Isso conclui a prova.

■ **Exemplo 5.19** Achar MMC(72,20). ■

Solução

Basta observar que $MDC(72,20) = 4$ e aplicar a Proposição 2:

$$MDC(72,20) \cdot MMC(72,20) = 72 \cdot 20.$$

Assim, $4 \cdot MMC(72,20) = 72 \cdot 20$. Portanto, $MMC(72,20) = \frac{72 \cdot 20}{4} = 360$.

■ **Exemplo 5.20** Sejam m e n dois números inteiros. Então:

$$MMC(m,n) = n, \text{ se e somente se } m|n.$$

■

Solução

$(\Rightarrow)$ Suponha por hipótese que $MMC(m,n) = n$. Queremos mostrar que $m|n$.
Observe que, por definição, $m|MMC(m,n)$. Como $MMC(m,n) = n$, segue que $m|n$.
$(\Leftarrow)$ Suponha por hipótese que $m|n$. Queremos mostrar que $MMC(m,n) = n$.
Como $m|n$, segue que n é um múltiplo de m. Por outro lado, n é múltiplo dele mesmo, pois $n = n \cdot 1$. Logo, n é o menor múltiplo de m e n. Mas, n é o menor múltiplo dele mesmo, o que significa dizer que não há um múltiplo comum de m e n que seja menor do que n. Portanto, $MMC(m,n) = n$.

■ **Exemplo 5.21** (APMO-1998) Encontre o maior inteiro n que seja divisível por todos os inteiros positivos menores do que ou iguais a $\sqrt[3]{n}$. ■

Solução

A resposta é $n = 420$.
Observe que 420 satisfaz:
(i) $7 < \sqrt[3]{420} < 8$ e
(ii) $420 = MMC(1,\ 2,\ 3,\ 4,\ 5,\ 6,\ 7)$.
Suponha que $n > 420$ é um inteiro que satisfaz a propriedade de que todo inteiro menor do que $\sqrt[3]{n}$ divide n. Neste caso, temos necessariamente $\sqrt[3]{n} > 7$, pois $420 = MMC(1,\ 2,\ 3,\ 4,\ 5,\ 6,\ 7)$ divide n. Assim, $n \geq 840$ e $\sqrt[3]{n} > 9$. Logo, $2520 = MMC(1,\ 2,\ 3,\ 4,\ 5,\ 6,\ 7,\ 8,\ 9)$ divide n e $\sqrt[3]{n} > 13$. Considere o maior inteiro positivo m que é menor do que ou igual a $\sqrt[3]{n}$. Isto é, $m < \sqrt[3]{n} \leq (m+1)$. Temos $m \geq 13$ e $MMC(1,\ 2,\ 3,\ldots,m)$ divide n. Mas, $MMC(m-3,\ m-2,\ m-1,m)$ é no mínimo igual a $\frac{m(m-1)(m-2)(m-3)}{6}$.
Como 2 e 3 são os únicos possíveis divisores comuns desses quatro números, podemos escrever que:

$$\frac{m(m-1)(m-2)(m-3)}{6} \leq n \leq (m+1)^3 \Longrightarrow$$

$$\Longrightarrow m \leq 6\left(1+\frac{2}{m-1}\right)\left(1+\frac{3}{m-2}\right)\left(1+\frac{4}{m-3}\right).$$

Agora, observe que o lado esquerdo da desigualdade cresce com m, enquanto o lado direito decresce. Mas, para $m=13$, temos

$$13\cdot 12\cdot 11\cdot 10 = 17160 > 16464 = 6\cdot 14^3,$$

o que implica que a desigualdade é falsa para $m \geq 13$. Portanto, nenhum valor maior do que 420 satisfaz às condições dadas.

■ **Exemplo 5.22** (Olimpíada de Matemática da Rússia-1951) Os números inteiros positivos $a_1, a_2, a_3, \ldots, a_n$ são tais que cada um deles é menor que 1000 e $MMC(a_i, a_j) > 1000$, se $i \neq j$. Mostre que:

$$\sum_{i=1}^{n} \frac{1}{a_i} < \frac{1}{2}.$$

■

Solução

Se $\frac{1000}{n+1} < a_i \leq \frac{1000}{n}$, então os n múltiplos de a: $a, 2a, 3a, \ldots, na$ não são maiores do que 1000. Sejam:
k_1 o número de $a_{i's}$ no intervalo $\left(\frac{100}{2}, 1000\right)$;
k_2 o número de $a_{i's}$ no intervalo $\left(\frac{100}{3}, 1000\right)$;
k_3 o número de $a_{i's}$ no intervalo $\left(\frac{100}{4}, 1000\right)$;
....;
Então existem $k_1+2k_2+3k_3+\ldots$ inteiros, não maiores do que 1000, que são múltiplos de no mínimo um a_i. Mas, estes múltiplos são distintos. Logo, temos que:

$$k_1+2k_2+3k_3+\ldots < 1000 \Rightarrow (2k_1+3k_2+4k_3+\ldots) =$$

$$= (k_1+2k_2+3k_3+\ldots)+(k_1+k_2+k_3+\ldots) \Rightarrow$$

$$\Rightarrow 2k_1+3k_2+4k_3+\ldots < 1000+n < 2000.$$

Portanto, temos que

$$\sum_{i=1}^{n} \frac{1}{a_i} \leq k_1\frac{2}{1000}+k_2\frac{3}{1000}+k_3\frac{4}{1000}+\ldots = \frac{2k_1+3k_2+\ldots}{1000} < \frac{2000}{1000} = 2.$$

5.5 Equações Diofantinas

A equação $2x+3y=7$ admite soluções inteiras, por exemplo $x=2$ e $y=1$ ou $x=5$ e $y=-1$. Você pode descobrir outra solução inteira da equação dada?

Chamamos de **equações diofantinas** as equações com coeficientes inteiros e com uma ou mais incógnitas a serem procuradas no conjunto dos números inteiros. As mais simples são as equações diofantinas lineares, do tipo:

$$ax+by=c, \textit{ com } a,\ b,\ c \textit{ constantes inteiras.}$$

A solução de uma equação diofantina desse tipo são dois inteiros, x_0, y_0, tais que $a \cdot x_0 + b \cdot y_0 = c$. As equações seguintes são diofantinas: $3x + 8y = 9$; $4x + 30y = 42$; $x + y = 1$.

O nome dessas equações é em homenagem a Diofanto[1] , que iniciou estudos no sentido de resolvê-las e que tomamos conhecimento através de **Os Elementos**, de Euclides. Diofanto viveu em Alexandria por volta do ano de 250 depois de Cristo.

■ **Exemplo 5.23** A equação $2x + 8y = 10$ é uma equação diofantina e $x = 1$ e $y = 1$ é uma solução, pois $2.1 + 8.1 = 10$. Observe que $x = 5$ e $y = 0$ é também solução. Assim, de uma maneira geral, as soluções de uma equação diofantina não são únicas ■

Atenção!- Quando estudamos as equações diofantinas, é natural surgir os seguintes questionamentos:

Pergunta 1 - Toda equação diofantina admite solução?

Resposta - Nem toda equação diofantina admite solução. Por exemplo, $4x + 6y = 13$ não admite solução. De fato, se existisse uma solução (x, y), poderíamos escrever, $13 = 4x + 6y = 2 \cdot (2x + 3y)$. Isso nos diria que 13 é par, o que é falso.

Pergunta 2 - Que condições devem satisfazer os coeficientes inteiros a, b e c para que a equação diofantina $a \cdot x + b \cdot y = c$, admita solução?

Resposta - A equação diofantina $a \cdot x + b \cdot y = c$, com a, b, c constantes inteiras, admite solução se, e somente se, o $MDC(a,b)$ divide c. De acordo com esse critério, a equação $4x + 6y = 13$ não admite solução porque $MDC(4,6) = 2$ e 2 não divide 13.

Pergunta 3 - Como justificar o critério de solubilidade das equações diofantinas?

Resposta - Vamos supor que a equação diofantina $a \cdot x + b \cdot y = c$, com a, b, c constantes inteiras, admite solução. Isso quer dizer que existem inteiros x_0, y_0 para os quais $a \cdot x_0 + b \cdot y_0 = c$. Seja $d = MDC(a,b)$. Em particular, existem r, $s \in \mathbb{Z}$ tais que $a = dr$ e $b = ds$. Desse modo, podemos escrever:

$$c = a \cdot x_0 + b \cdot y_0 = d \cdot r \cdot x_0 + d \cdot s \cdot y_0 = d \cdot (r \cdot x_0 + s \cdot y_0).$$

Portanto, $d = MDC(a,b)$ divide c.

Por outro lado, se $d = MDC(a,b)$ divide c, então existe $t \in \mathbb{Z}$ tal que $c = d \cdot t$. Já sabemos que existem dois inteiros x_0, y_0 tais que $d = MDC(a,b) = ax_0 + by_0$. Multiplicando ambos os membros desta última igualdade por t, obtemos: $c = d \cdot t = (a \cdot x_0 + b \cdot y_0 \cdot t = a \cdot (t \cdot x_0) + b(t \cdot y_0)$. Portanto, a equação diofantina admite uma solução $x = (t \cdot x_0)$ e $y = (t \cdot y_0)$, o que conclui a justificativa de que a equação diofantina $ax + by = c$, admite solução se, e somente se, o $MDC(a,b)$ divide c.

---

[1]**Diofanto de Alexandria** - é considerado como o maior algebrista grego. Na história da Aritmética, esse autor desempenha um papel semelhante ao que Euclides (360-295 aC) tem na Geometria e Ptolomeu (85-165) na Astronomia. Sabe-se relativamente pouco sobre a sua vida. Desconhece-se a data precisa em que Diofanto nasceu. No entanto, através da leitura dos seus escritos, nos quais cita Hipsicles (240-170 a.C.) e também por uma passagem de Théon de Alexandria (335-395), que cita Diofanto como um clássico, é possível marcar limites temporais que permitem situar a vida desse autor entre o Século II a.C. e o princípio do Século IV da nossa Era. De acordo com P. Tannery, deve-se considerar Diofanto como contemporâneo de Papus (290-350) e pertencendo à segunda metade do Século III. Por outro lado, atendendo ao que na parte da aritmética da mutilada obra de Papus não é mencionado o nome de Diofanto, sendo, no entanto, citados, não só diversos outros geômetras da época, mas também quase todos os matemáticos do seu tempo como Héron (10-75), Nicómaco (60-120), Théon e Ptolomeu, Diofanto possa ser um pouco posterior a Papus.
Entre os vários livros que escreveu, o mais importante é "Aritmética". Neste, ele introduz uma notação simbólica com símbolos diferentes para o quadrado de uma incógnita, para o cubo e assim sucessivamente. Em sua tumba estava escrito o seguinte enigma: *"Aqui jaz o matemático que passou um sexto da sua vida como menino. Um doze avos da sua vida passou como rapaz. Depois viveu um sétimo da sua vida antes de se casar. Cinco anos após, nasceu seu filho, com quem conviveu metade da sua vida. Depois da morte de seu filho, sofreu mais 4 anos antes de morrer".*
De acordo com esse enigma, Diofanto teria 84 anos.
(Fonte: *http : //pt.wikipedia.org/wiki/Diofanto de alexandria*)

■ **Exemplo 5.24** Considere a seguinte equação diofantina $5x+12y=18$. Essa equação admite solução, pois $MDC(5,12)=1$ e 1 divide 18, enquanto a equação diofantina $18x+12y=25$ não admite solução, pois $MDC(18,12)=6$, não divide 25. ■

Pergunta: Supondo que a equação diofantina $ax+by=c$, admite solução, quais são **todas** as suas soluções?

A resposta é dada pela Proposição, a seguir.

Proposição 5.5.1 Se x_0, y_0 é uma solução particular da equação diofantina $ax+by=c$, então todas as soluções desta equação são dadas por:

$$x=x_0+\left(\frac{b}{d}\right)t \quad e \quad y=y_0-\left(\frac{a}{d}\right)t,$$

onde t é um número inteiro e $d=MDC(a,b)$.

Prova
Inicialmente, vamos verificar que os inteiros $x=x_0+\left(\frac{b}{d}\right)\cdot t$ e $y=y_0-\left(\frac{a}{d}\right)\cdot t$, com t um número inteiro, são soluções da equação diofantina dada. De fato, substituindo esses valores na equação dada, temos:

$$a\cdot[x_0+(\frac{b}{d})\cdot t]+b\cdot[y_0-(\frac{a}{d})\cdot t]=$$

$$=a\cdot x_0+b\cdot y_0+(\frac{ab}{d})\cdot t)-(\frac{ab}{d})\cdot t=c+0=c.$$

Agora, sejam x' e y' outra solução qualquer da equação. Isto é,

$$a\cdot x'+b\cdot y'=c \quad e \quad a\cdot x_0+b\cdot y_0=c.$$

Logo, $a\cdot x'+b\cdot y'=a\cdot x_0+by_0$, que é o mesmo que: $a\cdot(x'-x_0)=b\cdot(y_0y')$. $(*)$
Seja $d=MDC(a,b)$. Sabe-se que existem inteiros, r e, s, relativamente primos, tais que $a=dr$ e $b=ds$. Logo, a igualdade $(*)$ pode ser reescrita como:

$$a\cdot(x'-x_0)=b\cdot(y_0-y')=d\cdot r\cdot(x'-x_0)=d\cdot s\cdot(y_0-y'),$$

ou ainda:

$$r\cdot(x'-x_0)=s\cdot(y_0-y').$$

Como s divide $r\cdot(x'-x_0)$ e s é relativamente primo com r, segue que s divide $(x'-x_0)$. Assim, temos:

$$x'-x_0=s\cdot t\Rightarrow x'=x_0+s\cdot t=x_0+\left(\frac{b}{d}\right)t,$$

com t um número inteiro. Por outro lado, como $r\cdot(x'-x_0)=s\cdot(y_0-y')$ e $x'-x_0=s\cdot t$, então $r\cdot s\cdot t=s\cdot(y_0-y')$.
Logo, temos que

$$y_0-y'=r\cdot t\Rightarrow y'=y_0-r\cdot t=y_0-\left(\frac{a}{d}\right)t,$$

com t um número inteiro, o que conclui a prova.

■ **Exemplo 5.25** É fácil ver que a equação Diofantina $2x+8y=10$ admite como solução particular $x=1$ e $y=1$.
Aqui, temos $a=2$ e $b=8$. Como $MDC(2,8)=2=d$, todas as soluções da equação são dadas por:

$$x=1+\left(\frac{8}{2}\right)t=1+4t \quad e \quad y=1-\left(\frac{2}{2}\right)t=1-t,$$

com t um número inteiro. ■

Uma pergunta: Dada a equação diofantina $172x+20y=1.000$, como encontrar uma solução particular?

A resposta é: Aplicamos o Algoritmo da Divisão para encontrar o $MDC(172,20)$ e trabalhamos no sentido inverso para encontrar a solução particular. Ou seja:

$$172=8\cdot 20+12;$$

$$20=1\cdot 12+8;$$

$$12=1\cdot 8+4;$$

$$8=2\cdot 4+0.$$

Agora, como $MDC(172,20)=4$ e 4 divide 1.000, podemos concluir que a equação diofantina dada tem solução e, percorrendo os cálculos no sentido inverso, vamos encontrar uma solução particular:

$$4=12-8=12-(20-12)=2\cdot 12-20=2\cdot(172-8\cdot 20)-20=$$

$$=2\cdot 172+(-17)\cdot 20$$

Finalmente, multiplicando 250 a cada membro da última igualdade, obtemos: $4\cdot 250=1000=500\cdot 172+(-4250)\cdot 20$.
Ou seja, $x=500$ e $y=-4250$ é uma solução particular da equação diofantina dada.

Observação: $x=x_0+(\frac{b}{d})\cdot t$ e $y=y_0-(\frac{a}{d})\cdot t$, com t um número inteiro, são todas as soluções da equação diofantina $ax+by=c$, com $d=MDC(a,b)$. Se $d=MDC(a,b)=1$, então a solução geral da equação diofantina $ax+by=c$ é dada por:

$$x=x_0+b\cdot t \quad e \quad y=y_0-a\cdot t, \quad para \ t\in\mathbb{Z}.$$

■ **Exemplo 5.26** Encontrar a solução geral da equação diofantina $3x+8y=5$. ■

Solução
É fácil ver que a equação dada tem solução particular $x=-1$ e $y=1$ e como o $MDC(3,8)=1$, a solução geral é dada por $x=-1+8t$ e $y=1-3t$, com t um número inteiro.

■ **Exemplo 5.27** Um fazendeiro deseja comprar filhotes de pato e de galinha, gastando um total de $R\$1.770,00$. Um filhote de pato custa $R\$31,00$ e um de galinha custa $R\$21,00$.
Quantos de cada um dos dois tipos de animais o fazendeiro poderá comprar? ■

Solução
Chamemos de x o número de patos comprados e y o número de galinhas. Assim, podemos modelar o problema, como uma equação diofantina, da seguinte maneira: $31x+21y=1770$.

Observe que $MDC(31,21) = 1$ e que 1 divide 1.770. Logo, a equação tem solução. Vamos encontrar uma solução particular. Para isso, usamos o Algoritmo da Divisão:

$$31 = 1 \cdot 21 + 10;\ 21 = 2 \cdot 10 + 1;\ 1 = 21 + (-2) \cdot 10 = 21 + (-2) \cdot [31 + (-1) \cdot 21] = 3 \cdot 21 + (-2) \cdot 31.$$

Multiplicando ambos os lados por 1.770, obtemos:

$$1770 = (-3540) \cdot 31 + (5310) \cdot 21.$$

Portanto, uma solução particular da equação diofantina é $x = -3540$ e $y = 5310$. A solução geral da equação é dada por:

$$x = -3540 + 21 \cdot t \ \ e \ \ y = 5310 - 31t.$$

Observe que estamos interessados somente nas soluções positivas ou nulas, pois representam quantidades de animais. Assim, temos que impor as condições seguintes:

$$-3540 + 21 \cdot t \geq 0 \ \ e \ \ 5310 - 31 \cdot t \geq 0.$$

Portanto, $21 \cdot t \geq 3540$ e $31 \cdot t \geq 5310$, que é o mesmo que: $t \geq 168,57$ e $t \leq 171,29$. Assim, como t é um número inteiro, temos que $169 \leq t \leq 171$.
Desse modo, as soluções são:

$$x = -3540 + 21 \cdot 169 = 9 \ \ e \ \ y = 5310 - 31 \cdot 169 = 71; \ \ ou$$

$$x = -3540 + 21 \cdot 170 = 30 \ \ e \ \ y = 5310 - 31 \cdot 170 = 40; \ \ ou$$

$$x = -3540 + 21 \cdot 171 = 51 \ \ e \ \ y = 5310 - 31 \cdot 171 = 9.$$

Essas soluções nos dizem que o fazendeiro tem três alternativas de comprar: 9 patos e 71 galinhas ou 30 patos e 40 galinhas, ou 51 patos e 9 galinhas.

■ **Exemplo 5.28** (TT-2012) Um tesouro está enterrado num tabuleiro de xadrez 8×8. Em cada uma das casas do tabuleiro existe enterrada uma mensagem que indica o número mínimo de passos que se necessita para chegar à casa do tesouro. Necessita-se de um passo para se mover de uma casa para a casa vizinha, que é uma que tem um lado comum com a casa de partida.

Determine o número mínimo de casas que se deve escavar para chegar com certeza ao tesouro. ■

Solução

Se escolhemos uma casa qualquer para escavar, não há nenhuma garantia de que o tesouro esteja lá. Se a mensagem retirada diz que o tesouro está num outro quadrado, fazendo uma só escavação, não é possível determinar a exata localização dele. Vamos provar que, para encontrar o tesouro, temos que escavar duas casas. Numeramos as linhas do tabuleiro 8×8, de baixo para cima, de 1 a 8 e as colunas, da esquerda para a direita, de 1 a 8. Assim, cada casa do tabuleiro é perfeitamente identificada por um par de números (b,c), com $1 \leq b,c \leq 8$, veja a figura a seguir.

	Coluna 1	Coluna 2	Coluna 3	Coluna 4	Coluna 5	Coluna 6	Coluna 7	Coluna 8
Linha 8	(8,1)	(8,2)	(8,3)	(8,4)	(8,5)	(8,6)	(8,7)	(8,9)
Linha 6	(7,1)	(7,2)	(7,3)	(7,4)	(7,5)	(7,6)	(7,7)	(7,8)
Linha 6	(6,1)	(6,2)	(6,3)	(6,4)	(6,5)	(6,6)	(6,7)	(6,8)
Linha 5	(5,1)	(5,2)	(5,3)	(5,4)	(5,5)	(5,6)	(5,7)	(5,8)
Linha 4	(4,1)	(4,2)	(4,3)	(4,4)	(4,5)	(4,6)	(4,7)	(4,8)
Linha 3	(3,1)	(3,2)	(3,3)	(3,4)	(3,5)	(3,6)	(3,7)	(3,8)
Linha 2	(2,1)	(2,2)	(2,3)	(2,4)	(2,5)	(2,6)	(2,7)	(2,8)
Linha 1	(1,1)	(1,2)	(1,3)	(1,4)	(1,5)	(1,6)	(1,7)	(1,8)

Escavamos as casas $(1,1)$ e $(8,1)$. Sejam a e b, respectivamente, os números que encontramos após escavarmos as duas casas. Cada um desses números representa o comprimento do caminho mínimo que devemos fazer da casa escavada até o tesouro. Podemos imaginar, sem perda de generalidade, que o caminho mínimo realiza primeiro todos os movimentos verticais necessários em seguida e, após isso, os movimentos horizontais até atingir o tesouro.

Vamos supor que o tesouro esteja na casa (i,j) do tabuleiro. Os caminhos mínimos para se atingir o tesouro, a partir das casas escavadas, são de dois tipos:

Tipo (I) - aquele que começa na casa $(1,1)$, vai até a casa $(1,j)$ e daí até a casa (i,j).

Tipo (II) - aquele que começa na casa $(8,1)$, vai até a casa $(8,j)$ e daí até a casa (i,j).

Deste modo, sejam V_1 e H_1 a quantidade de movimentos verticais e horizontais, respectivamente, a partir da casa $(1,1)$ até chegar ao tesouro e V_2 e H_2 a quantidade de movimentos verticais e horizontais a partir da casa $(8,1)$ até chegar ao tesouro. Desse modo, temos que:

$$\begin{cases} V_1 + H_1 & = a \\ V_2 + H_2 & = b \end{cases}$$

Pelo que indicamos acima, os movimentos horizontais dos dois caminhos são os mesmos, i. e. $H_1 = H_2$, e a diferença $|\, a - b \,|$ é igual a diferença entre os comprimentos dos movimentos verticais dos dois caminhos. Além disso, a soma dos comprimentos dos dois movimentos verticais é igual a $V_1 + V_2 = 7$.
Portanto, supondo $a \geq b$, teremos um sistema de equações lineares 2×2:

$$\begin{cases} V_1 - V_2 & = a - b \\ V_1 + V_2 & = b \end{cases}$$

Este sistema tem solução única, o que determina exatamente a posição do tesouro.

Para ilustrar, considere o tabuleiro a seguir, onde em cada está escrito o número obtido com a escavação e a identificação da casa onde se encontra o tesouro.

9	8	7	6	5	4	5	6
8	7	6	5	4	3	4	5
7	6	5	4	3	2	3	4
6	5	4	3	2	1	2	3
5	4	3	2	1	**X**	1	2
6	5	4	3	2	1	2	3
7	6	5	4	3	2	3	4
8	7	6	5	4	3	4	5

Quando escavamos a casa $(1,1)$ obtemos o número $a = 8$. Isto é, o caminho mínimo de $(1,1)$ até o tesouro tem comprimento 8. Quando escavamos a casa $(8,1)$ obtemos o número $b = 9$. Ou seja, o caminho mínimo de $(8,1)$ até o tesouro tem comprimento 9.
Para se mover da casa $(1,1)$ até o tesouro, localizado neste exemplo na casa $(4,6)$, temos que fazer um movimento vertical até a casa $(5,1)$ e de lá fazemos um movimento horizontal até a casa $(5,6)$. Além disso, a diferença $9-8=1$. Logo, temos que encontrar dois números (entre 1 e 8) cuja soma seja 7 e cuja diferença seja 1. Os únicos números que satisfazem são 3 e 4. Portanto, de $(1,1)$ temos que subir 3 casas e, de $(8,1)$, mover para baixo 4 casas. Como o comprimento do caminho mínimo de $(1,1)$ até o tesouro é 8, temos que andar 5 casas horizontalmente. Portanto, o tesouro está na casa $(4,6)$.

5.6 Resumo

Neste capítulo, vimos que o MDC entre dois números é o maior divisor comum a esses números, enquanto o MMC entre eles é o menor múltiplo comum de ambos. Aprendemos como encontrar soluções de Equações Diofantinas, úteis em modelagem de problemas do cotidiano.

5.7 Conjunto de Problemas V

Problema 5.1 Ache o $MDC(1000, 14400)$ e o $MMC(12, 42)$. ■

Problema 5.2 (i) Calcule $MDC(990, 720)$.
(ii) Calcule $MDC(990 - 720, 720)$.
(iii) Compare o resultado do subitem (i) com o do subitem (ii). ■

Problema 5.3 (i) Encontre o valor do inteiro positivo d tal que $d = MDC(12, 28)$.
(ii) Expresse d, do subitem (i), como uma combinação linear de 12 e 28. Isto é, encontre números inteiros u e v para os quais $d = 12u + 28v$.
(iii) Verifique que o conjunto $S = \{12x + 28y \mid x,\ y \in \mathbb{Z}\}$ é a coleção dos múltiplos inteiros de d, do subitem (i).
■

Problema 5.4 Encontre, se possível, todas soluções de cada uma das equações diofantinas:
(i) $28x + 35y = 91$ (ii) $24x + 15y = 9$. ■

Problema 5.5 Encontre o menor número natural n para o qual $105x + 308y = 10000 + n$, com x e y números inteiros. ■

Problema 5.6 Diga, justificando, quantos inteiros positivos são divisores de no mínimo um dos números: $2^4 \times 3^7$; $3^5 \times 5^0$; $2^8 \times 5^5$? ■

Problema 5.7 Seja m um inteiro positivo pertencente ao conjunto $S = \{10,\ 11,\ 12, \cdots,\ 98,\ 99\}$ satisfazendo a seguinte propriedade: $MDC(m, 2012)$ é um número composto.
Quantos são os possíveis valores para m? ■

Problema 5.8 Os números naturais m e n são relativamente primos. Prove que $MDC(m+n, m^2+n^2)$ ou é 1 ou é 2. ■

Problema 5.9 Sejam $m,\ n$ dois números inteiros tais que $MDC(m, n) = 1$. Prove que $MDC(m+n, m^2 - mn + n^3) = 1$ ou 3. ■

Problema 5.10 Prove que a fração $\dfrac{21n+3}{14n+4}$ é irredutível para todo número natural n.
■

Sugestão - Você tem que mostrar: $MDC(21n + 3, 14n + 4) = 1$. Veja problema análogo nesse mesmo capítulo.

Problema 5.11 Seja $S = \{1,\ 2,\ 3, \cdots,\ 100\}$. Mostre que, escolhendo-se 50 quaisquer elementos de S, existem sempre dois deles que são números relativamente primos. ■

Problema 5.12 Os números da sequência 11, 14, 19, 25, 36, $\cdots$ são da forma $a_n = 10 + n^2$, onde n é um número natural. Para cada n, chame de $d_n = MDC(a_n, a_{n-1})$.

Encontre o máximo valor de d_n, quando n percorre os números naturais. ∎

Problema 5.13 Temos uma jarra com capacidade para 6 litros de água e uma outra com capacidade para 4 litros. Enchemos essas jarras por imersão num tanque com água. São permitidos 3 movimentos:
(i) encher uma jarra;
(ii) esvaziar uma jarra;
(iii) colocar o conteúdo de uma jarra para a outra.

Aplicando um número conveniente de vezes essas regras, é possível obter uma jarra com 3 litros de água? Justifique. ∎

Problema 5.14 Considere uma pilha de 1001 caroços de feijão. O jogo seguinte, para uma pessoa, consiste em escolher uma pilha, retirar dessa pilha um caroço e dividir essa pilha em duas (não necessariamente com o mesmo número de caroços). Depois de vários movimentos, é possível obter todas as pilhas com, exatamente, três caroços de feijão?
∎

Sugestão-Observe que, em qualquer estágio do jogo, o número de pilhas mais o número de caroços é constante.

Problema 5.15 Seja $S = \{1, 2, 3, \cdots, 100\}$. Escolhendo aleatoriamente um elemento n de S, qual é o valor mais provável para $MDC(n, 12)$? ∎

Problema 5.16 Uma sequência de inteiros positivos é dada por: $a_1 = 1$ e $a_n = MDC(a_{n-1}, n) + 1$, para n inteiro positivo maior do que 1. Calcule a_{2014}. ∎

Sugestão - Por indução é fácil ver que $a_n \leq n$, para todo número inteiro positivo n. Por outro lado, a_{2011} é maior do que um divisor de 2011. Como 2011 é um número primo, temos que $a_{2011} = MDC(a_{2010}, 2011) + 1 = 1 + 1 = 2$. Agora, $a_{2012} = MDC(2, 2012) + 1 = 3$, temos $a_{2013} = MDC(3, 2013) + 1 = 3 + 1 = 4$, pois $2013 = 3 \times 11 \times 61$ e $a_{2014} = MDC(4, 2014) + 1 = 2 + 1 = 3$, pois $2014 = 2 \times 19 \times 53$. Portanto, $a_{2014} = 3$.

Problema 5.17 (HMMT-2005) Arranjam-se 10 números inteiros positivos em torno de um círculo. Cada número é igual a um mais do que o MDC dos dois vizinhos. Qual é a soma dos dez números? ∎

Sugestão - Observe que, por hipótese, todos os números arranjados em torno do círculo são maiores do que ou iguais a 2, pois o MDC de dois inteiros é no mínimo igual a 1. Considere m o maior desses 10 números. Sejam u, v os vizinhos de m. Como $m = MDC(u, v) + 1$, tem-se que $MDC(u, v) = m - 1$. Isto significa dizer que os dois vizinhos são no mínimo $(m-1)$ e no máximo m. Como $(m-1)$ não divide m, para $m - 1 \geq 2$, os vizinhos de m tem de ser iguais a $(m-1)$. Agora, seja q o outro vizinho de $u = m - 1$ (ou de v). Temos que $MDC(m, q) = m - 2$. Como $m - 2 \geq 0$ e $m - 2 | m$, temos que $m = 3$ ou $m = 4$. Se $m = 3$, cada um dos números em torno do círculo tem de ser 2 ou 3 e é fácil verificar que, neste caso, não há solução. Se $m = 4$, é fácil ver que os números são sucessivamente: 4, 3, 2, 2, 3, 4, 3, 2, 2, 3. Portanto, a soma é $4 + 3 + 2 + 2 + 3 + 4 + 3 + 2 + 2 + 3 = 28$.

Problema 5.18 Numa classe, o professor de Matemática escreve no quadro negro quinze inteiros consecutivos e convida dois de seus melhores alunos, A e B, para um jogo em que A inicia e eles jogam alternadamente. Uma jogada consiste em apagar um dos números escritos pelo professor, até que restem somente dois números a e b. O jogador A vence se $MDC(a,b)=1$ e B vence se $MDC(a,b)>1$.
(i) Admitindo que ambos os jogadores façam suas melhores jogadas, quem vence: A ou B? Qual é a estratégia para vencer?
(ii) Se em vez de quinze, o professor escreve 16 números, quem vence: A ou B? ■

Problema 5.19 Sejam n, a, b números inteiros positivos.
Prove que: $MDC\left(n^a-1, n^b-1\right)=n^{MDC(a,b)}-1$. ■

Sugestão - Observe que o $MDC(a,b)$ divide a e divide b. Usando este fato, podemos fatorar $n^{MDC(a,b)}-1$ de modo que (n^a-1) e (n^b-1) apareçam como fatores. Isto significa que $n^{MDC(a,b)}-1$ divide $MDC\left(n^a-1, n^b-1\right)$. Por outro lado, sabe-se que existem números inteiros x, y tais que $ax-by=MDC(a,b)$. Assim, (n^a-1) divide $(n^{ax}-1)$ e (n^b-1) divide $(n^{by}-1)$. Isto é, podemos escrever: $n^{by}\times\left(n^{MDC(a,b)}-1\right)=(n^{ax}-1)\left(n^{by}-1\right)$. Agora, observe que $MDC\left(n^a-1, n^b-1\right)$ divide o lado direito da igualdade acima e não possui fator comum com n^{by}. Portanto, $MDC\left(n^a-1, n^b-1\right)$ divide $n^{MDC(a,b)}-1$. Daí conclua a igualdade proposta.

Problema 5.20 Uma companhia de petróleo tem um contrato para entregar 100.000 litros de gasolina. Cada caminhão-tanque da companhia pode transportar 2400 litros, podendo ainda ser ligado a cada caminhão um reboque carregando 2200 litros. Por questões de segurança, cada caminhão-tanque e cada reboque têm de se deslocar completamente cheio ou completamente vazio. Quando for usado no transporte da gasolina, cada reboque tem de ser ligado a um caminhão tanque cheio.

Ache o número mínimo de caminhões necessários para cumprir o contrato de entrega de toda a gasolina. ■

Problema 5.21 Uma empresa de transporte tem um contrato para levar 844 geladeiras. A empresa possui dois tipos de caminhão: um tem capacidade para transportar 28 geladeiras e o outro 34. Se cada caminhão é enviado com carga máxima e retorna vazio, liste todas as maneiras possíveis de transportar as geladeiras. ■

Problema 5.22 Um homem possui $R\$4,55$ e quer trocar, recebendo somente moedas de dez centavos e de vinte e cinco centavos.

Qual é o número máximo de moedas que pode obter com essa troca?

Nessa troca, é possível ter o número de moedas de dez centavos igual ao número de moedas de vinte e cinco centavos? ■

Problema 5.23 Numa promoção, uma bilheteria de um teatro vende uma entrada para adulto por $R\$1,80$ e por $R\$0,75$ para criança. Numa noite, o total apurado foi de $R\$90,00$. Supondo que compareceram mais adultos que crianças, quantas pessoas foram ao teatro naquela noite? ■

Problema 5.24 Quantas são as soluções inteiras da equação $13x-6y=50$, com ambos os valores de x e y positivos e menores do que 1000? ■

Problema 5.25 Considere os dois números naturais: $a = 111\cdots 11$ (com 100 dígitos iguais a 1) e $b = 111\cdots 11$ (com 60 dígitos iguais a 1). Encontre $MDC(a,b)$. ∎

Problema 5.26 Encontre o menor número natural que deixa resto 2 na divisão por 3, resto 4 na divisão por 5, e resto 6 na divisão por 7. ∎

Problema 5.27 Para fazer um bolo, uma cozinheira tem de adicionar 1300 gramas de farinha de trigo. Para medir a farinha de trigo, ela dispõe de duas conchas com capacidades de 250 gramas e 100 gramas, respectivamente. De quantas maneiras ela pode realizar seu trabalho sabendo que no total usa menos que oito vezes as duas conchas? ∎

Problema 5.28 A sequência infinita de números naturais $1,\ 11,\ 111,\ 1111,\ 11111,\cdots\cdots$ possui uma subsequência cujos termos são dois a dois relativamente primos. Prove. ∎

Problema 5.29 Mostre que é impossível partir um conjunto, S, formado por seis números inteiros consecutivos, em dois subconjuntos disjuntos, U e T, de modo que o Mínimo Múltiplo Comum dos elementos de U seja igual ao Mínimo Múltiplo Comum dos elementos de T. ∎

Sugestão - Suponha que seja possível e sejam U e V tais que $S = U \cup V$, com $U \cap V = \emptyset$. Seja p um número primo que divide um número $s \in S$, digamos um que $s \in U$. Isto significa que p divide o MMC dos números que estão em V. Logo, p divide algum número que está em V. Portanto, qualquer número primo p que divide um número de S tem de dividir dois números de S. Logo, $p \leq 6$, o que implica que $p = 2$, 3 ou 5. Agora a diferença entre dois números distintos que são divisíveis por 5 é no mínimo 5. Isto significa dizer que existem quatro números em S onde nenhum deles é divisível por 5. Agora, dois deles são ímpares e divisíveis por 3. Ora, isto nos levaria a concluir que existem dois números ímpares consecutivos da forma $\pm 3^k$, com k um número inteiro maior ou igual a 1, o que é impossível.

6. Representação dos naturais

6.1 Introdução

Neste capítulo, estudaremos a representação dos números naturais numa base qualquer e destacaremos os casos especiais nas bases 10 e 2. Em seguida, estudaremos os critérios de divisibilidade, que nos permitem decidir se um determinado inteiro é ou não divisível por outro, sem precisar efetuar a divisão. Esses critérios de divisibilidades foram estudados por vários matemáticos como **Al-Khwarizmi**, cujo nome completo era Abu Abdullah Mohammed ben Musa al-Khwarizmi (nasceu por volta do ano 780 depois de Cristo e morreu entre 830 e 850 depois de Cristo), e Leonardo de Pisa (cerca de $1180-1250$), mais conhecido como Fibonacci, que significa filho de Bonacci, matemático e comerciante da Idade Média, que escreveu, em 1202, um livro denominado Liber Abaci que chegou a nós, graças a sua segunda edição de 1228. Veja mais sobre Fibonacci no capítulo 10.

Para que você tenha sucesso nos estudos:

- Tente entender tudo que está sendo explicado no texto.
- Estude com caneta e papel do seu lado.
- Leia com atenção, se for preciso, leia várias vezes uma linha ou um parágrafo.
- Seja paciente e procure ter certeza que você entendeu o que está lendo.
- Procure entender os exemplos, depois feche o livro e resolva-os com seus próprios argumentos.
- Estude todo dia, pois a prática é um elemento fundamental para o aperfeiçoamento de sua formação matemática.

6.2 Objetivos

Ao final deste capítulo espera-se que o estudante possa

- Expandir um número natural numa base qualquer b.
- Dada a representação de um número natural na base b, identificar esse número na base 10.
- Decidir, sem efetuar a divisão, quando um inteiro é divisível por: $2, 3, 4, 5, 6, 7, 11$.

6.3 O Sistema de numeração decimal

Para representar os números naturais, os babilônios usavam o sistema sexagesimal, desenvolvido na China e na Índia, há cerca de 1700 anos antes de Cristo. A partir da publicação do livro de Fibonacci, Liber Abaci [1], o sistema decimal posicional, hoje universalmente adotado, passou a ser difundido na Europa.
No sistema decimal posicional, todo número natural é representado por uma sequência dos dígitos:

$$0,\ 1,\ 2,\ 3,\ 4,\ 5,\ 6,\ 7,\ 8,\ 9,$$

que são símbolos chamados **hindús-arábicos**. O símbolo 0 (zero) representa a quantidade de elementos do conjunto vazio.

Usando os símbolos hindús-arabicos, escrevemos todos os números inteiros não negativos:

$$0,\ 1,\ 2,\ 3,\ 4,\ 5,\ 6,\ 7,\ 8,\ 9,\ 10,\ \ldots,\ 98,\ 99,\ 100,\ 101,\ 102,\ldots,\ 999,\ 1000,\ldots$$

Observe que, se representássemos cada número com um símbolo, precisaria de infinitos símbolos, o que não seria razoável. Assim, usamos somente um número finito de símbolos: dez. Para alguns números usamos um só desses símbolo. Para outros usamos arranjos de **dois** desses símbolos, de **três** desses símbolos, e assim por diante. Ou seja, para representar os dez primeiros números inteiros não negativos usamos os símbolos 0, 1, 2, 3, 4, 5, 6, 7, 8, 9, respectivamente. Para representar os números naturais maiores do que 9 e menores números do que 100, usamos dois desses símbolos; para números maiores do que 99 e menores do que 1000 usamos **três** desses símbolos, e assim por diante.

O sistema em que representamos os números através dos dez símbolos hindús-arabicos é chamado **sistema decimal**, pelo fato de ter dez símbolos ao todo: 0, 1, 2, 3, 4, 5, 6, 7, 8, 9.

Quando escrevemos um número natural na base decimal (ou base 10), cada dígito tem, além de seu valor próprio, um peso que lhe é atribuído em função da posição que ele ocupa nesse número. Esse peso é sempre uma potência de 10, que varia de acordo com as regras abaixo:
a) o dígito da extrema direita tem peso 1;
b) da direita para esquerda, o segundo dígito tem peso 10;
c) da direita para a esquerda, o terceiro dígito, tem peso 100;
d) da direita para a esquerda, o quarto dígito, tem peso 1000, e assim por diante.

Pergunta: Seguindo as regras acima, como se representa na base 10 cada número natural?

Vamos começar pela representação dos números que vão exigir um só símbolo para a sua escrita. Cada um dos símbolos (dígitos) de 0 até 9 é representado na base dez por ele mesmo. O número **dez** é representado por 10; o número **cem** é representado por 100; o número **mil** é representado por 1000 etc. O número 1789 tem a seguinte representação decimal:

$$1\cdot 1000+7\cdot 100+8\cdot 10+9=1\cdot 10^3+7\cdot 10^2+2\cdot 10+9.$$

[1]**Liber Abaci**- Escrito em 1202, também chamado Liber Abbaci, é um livro histórico sobre aritmética escrito por Leonardo Fibonacci (ou Leonardo de Pisa). No seu trabalho, introduziu na Europa a numeração árabe, a notação posicional esclarecendo o funcionamento desta numeração e o zero, aprendido por Fibonacci com os árabes enquanto viveu com o seu pai, Guglielmo Bonaccio, no Norte de África. Liber Abaci foi um dos primeiros livros ocidentais a descrever os algarismos arábicos. Ao abordar os comerciantes e acadêmicos começou a convencer o público da superioridade deste sistema algorítmico. O título Liber Abaci significa o "Livro do Cálculo", mas também foi traduzido como "Livro do Ábaco", mas Sigler (2002) escreve que a intenção do livro é descrever os métodos de calcular sem recorrer ao ábaco. A segunda edição de Liber Abaci dedicado a Michael Scot, de 1228, é a que hoje é conhecida. Esse livro contém uma grande quantidade de assuntos relacionados com a Aritmética e a Álgebra da época, e realizou um papel importante no desenvolvimento matemático na Europa nos séculos seguintes, pois, por esse livro, os europeus vieram a conhecer os algarismos hindus, também denominados arábicos. A teoria contida em Liber Abaci é ilustrada com muitos problemas que representam uma grande parte do livro. Liber Abaci também colocou e resolveu um problema que envolve o crescimento de uma população hipotética de coelhos com base em pressupostos idealizados. A solução, de geração em geração, foi uma sequência de números mais tarde conhecida como número de Fibonacci. A sequência numérica era conhecida por matemáticos indianos já no século VI, mas foi o Liber Abaci que a introduziu no Ocidente. (Fonte: $https://pt.wikipedia.org/wiki/Liber_Abaci$)

No número mil setecentos e vinte e nove, 1729, o dígito 9, pela posição que ocupa, é chamado o **dígito das unidades**, enquanto o dígito 2 é chamado o **dígito das dezenas** (pois seu peso é 10), o dígito 7 é o **dígito das centenas** (pois seu peso é $10^2 = 100$) e o dígito 1 é o **dígito dos milhares** (seu peso é $10^3 = 1000$).

O número dois mil e dezessete, 2017, tem a seguinte representação decimal:

$$2 \cdot 10^3 + 0 \cdot 10^2 + 1 \cdot 10 + 7.$$

O dígito 7 é o **dígito das unidades**, o dígito 1, é o **dígito das dezenas**, o dígito 0 é o **dígito das centenas**, e o dígito 2 é o **dígito dos milhares**.

O número 173.648 tem a seguinte representação decimal:

$$1 \cdot 10^5 + 7 \cdot 10^4 + 3 \cdot 10^3 + 6 \cdot 10^2 + 4 \cdot 10 + 8.$$

Pergunta: Dado um número natural n, como obter a sua expansão decimal?

Para exemplificar, suponha que o número dado é 173.648. Inicialmente, o que fazemos é usar o Algoritmo da Divisão, dividindo o número por 10. Em seguida, dividimos o quociente por 10 e assim por diante:

$$\begin{aligned}
173.648 &= 17364 \cdot 10 + 8 = (1736 \cdot 10 + 4) \cdot 10 + 8 = 1736 \cdot 102 + 4 \cdot 10 + 8 = \\
&= (173 \cdot 10 + 6) \cdot 10^2 + 4 \cdot 10 + 8 = 173 \cdot 10^3 + 6 \cdot 10^2 + 4 \cdot 10 + 8 = \\
&= (17 \cdot 10 + 3) \cdot 10^3 + 6 \cdot 10^2 + 4 \cdot 10 + 8 = \\
&= 1 \cdot 10^4 + 3 \cdot 10^3 + 6 \cdot 10^2 + 4 \cdot 10 + 8 = \\
&= (1 \cdot 10 + 7) \cdot 10^4 + 3 \cdot 10^3 + 6 \cdot 10^2 + 4 \cdot 10 + 8 = \\
&= 1 \cdot 10^5 + 7 \cdot 10^4 + 3 \cdot 10^3 + 6 \cdot 10^2 + 4 \cdot 10 + 8.
\end{aligned}$$

A expansão do número 173.648, acima, é chamada **expansão relativa à base decimal**, ou seja, relativa à base 10.

Pergunta: Dados os números naturais m e b, com $b > 1$, existe uma única expansão do número m na base b?

A resposta dessa pergunta é dada pelo teorema a seguir.

Teorema 6.3.1 Todo número natural m pode ser escrito de modo único numa base b, com $b > 1$. Isto é, existem números inteiros não negativos $c_n, c_{n-1}, c_{n-2}, \ldots, c_2, c_1, c_0$, todos menores do que b e $c_n \neq 0$, univocamente determinados, tais que:

$$m = c_n \cdot b^n + c_{n-1} \cdot b^{n-1} + \ldots + c_3 \cdot b^3 + c_2 \cdot b^2 + c_1 \cdot b + c_0 \quad (*)$$

A expansão $(*)$ acima é chamada **a expansão do número m relativo à base b** e os números inteiros $c_0\, c_1\, c_2\, c_3 \ldots c_n$ é **a representação de m na base b**.

Prova

A prova é por indução sobre m.
Para $m = 1$, temos que $m = 1_b$ é a representação de m na base b. Suponha que $m = 1$ tivesse outra decomposição na base b. Isto é:

$$1 = c_n \cdot b^n + c_{n-1} \cdot b^{n-1} + c_{n-2} \cdot b^{n-2} + \ldots + c_3 \cdot b^3 + c_2 \cdot b^2 + c_1 \cdot b + c_0,$$

com $c_n \neq 0$. Ora, a expressão $c_{n-1} \cdot b^{n-1} + c_{n-2} \cdot b^{n-2} + \ldots + c_3 \cdot b^3 + c_2 \cdot b^2 + c_1 \cdot b + c_0 \geq 0$, o que implica $1 \geq c_n \cdot b^n$. Como $c_n \geq 1$ e $b \geq 1$, teríamos, obrigatoriamente, $c_n b^n > 1$, que é uma contradição com o fato de que $1 \geq c_n \cdot b^n$. Portanto, no caso $m = 1$, a decomposição é única.
Suponhamos que a representação na base b de todo inteiro m menor do que k, com k inteiro maior do que 1, seja única. Isto é, existem inteiros não negativos $c_n, c_{n-1}, c_{n-2}, \ldots, c_2, c_1, c_0$ todos menores do que b e $c_n \neq 0$, univocamente determinados, tais que:

$$m = c_n \cdot b^n + c_{n-1} \cdot b^{n-1} + c_{n-2} \cdot b^{n-2} + \cdots + c_3 \cdot b^3 + c_2 \cdot b^2 + c_1 \cdot b + c_0 \qquad (*)$$

Mostremos a validade para $m = k$.
De fato, suponhamos que existam duas representações para $m = k$ na base b, a saber:

$$k = c_n \cdot b^n + c_{n-1} \cdot b^{n-1} + c_{n-2} \cdot b^{n-2} + \ldots + c_3 \cdot b^3 + c_2 \cdot b^2 + c_1 \cdot b + c_0 \quad e$$

$$k = a_s \cdot b^s + a_{s-1} \cdot b^{s-1} + a_{s-2} \cdot b^{s-2} + \ldots + a_3 \cdot b^3 + a_2 \cdot b^2 + a_1 \cdot b + a_0$$

onde $c_n, c_{n-1}, c_{n-2}, \ldots, c_2, c_1, c_0$ e $a_s, a_{s-1}, a_{s-2}, \ldots, a_2, a_1, a_0$ são inteiros não negativos, todos menores do que b, com $c_n \neq 0$ e $a_s \neq 0$.
Desse modo, temos:

$$c_n \cdot b^n + c_{n-1} \cdot b^{n-1} + c_{n-2} \cdot b^{n-2} + \ldots + c_3 \cdot b^3 + c_2 \cdot b^2 + c_1 \cdot b + c_0 =$$

$$= a_s \cdot b^s + a_{s-1} \cdot b^{s-1} + a_{s-2} \cdot b^{s-2} + \ldots + a_3 \cdot b^3 + a_2 \cdot b^2 + a_1 \cdot b + a_0.$$

Assim, podemos escrever:

$$c_0 - a_0 = (c_n \cdot b^n + \ldots + c_1 \cdot b + c_0) - (a_s \cdot b^s + \ldots + a_1 \cdot b + a_0).$$

Mas, temos $0 \leq a_0 < b$ e $0 \leq c_0 < b$, o que implica $-b < a_0 - c_0 < b$. Como o segundo membro da expressão anterior é divisível por b, o mesmo deve ocorrer com o primeiro membro $a_0 - c_0$, que está entre $-b$ e b. Assim, segue que $a_0 - c_0 = 0$. Ou seja, $a_0 = c_0$, o que nos permite concluir que

$$(a_s \cdot b^s + a_{s-2} b^{s-2} + \ldots + a_2 b^2 + a_1 b) = (c_n \cdot b^n + \ldots + c_2 \cdot b^2 + c_1 \cdot b),$$

e cancelando b em ambos os lados, vamos obter:

$$(a_s \cdot b^{s-1} + a_{s-1} \cdot b^{s-2} + \ldots + a_2 \cdot b + a_1) = (c_n \cdot b^{n-1} + c_{n-1} \cdot b^{n-2} + \ldots + c_2 \cdot b + c_1).$$

Pela hipótese de indução, temos $n = s$ e $a_j = c_j$, para todo $j = 1, 2, 3, \ldots, n$.
Desta igualdade se conclui que $a_n \cdot b^n = c_n \cdot b^n$, o que implica $a_n = c_n$.
Suponha agora que $a_0 \neq 0$ e $c_0 \neq 0$, digamos com $c_0 > a_0$. Da igualdade

$$c_n \cdot b^n + c_{n-1} \cdot b^{n-1} + \ldots + c_1 b + c_0 = a_s \cdot b^s + a_{s-1} \cdot b^{s-1} + \ldots + a_1 \cdot b + a_0,$$

teríamos

$$c_n \cdot b^n + \ldots + c_2 \cdot b^2 + c_1 \cdot b + c_0 - a_0 = a_s \cdot b^s + a_{s-1} \cdot b^{s-1} + \ldots + a_2 \cdot b^2 + a_1 \cdot b.$$

Como o segundo membro da igualdade acima possui o algarismo das unidades igual a zero, pelo caso anterior, deveríamos ter $c_0 = a_0$, o que é uma contradição com o fato de que $c_0 > a_0$, donde concluímos que devemos ter $c_0 = a_0$ e que teríamos

$$c_n \cdot b^n + c_{n-1} \cdot b^{n-1} + \ldots + c_2 \cdot b^2 + c_1 b =$$

$$= a_s \cdot b^s + a_{s-1} \cdot b^{s-1} + a_{s-2} \cdot b^{s-2} + \ldots + a_2 \cdot b^2 + a_1 b < k.$$

Pela hipótese de indução $n = s$, $c_j = a_j$, para $j \in \{1, 2, 3, \ldots, n\}$. Portanto, a decomposição é única.

Exemplo 6.1 Escreva na base 4 o número 2014. ■

Solução

Aplicando o Algoritmo da Divisão, temos:

$$2014 = 503 \cdot 4 + 2 = (125 \cdot 4 + 3) \cdot 4 + 2 = 125 \cdot 4^2 + 3 \cdot 4 + 2 =$$

$$= (31 \cdot 4 + 1) \cdot 4^2 + 3 \cdot 4 + 2 == 31 \cdot 4^3 + 1 \cdot 4^2 + 3 \cdot 4 + 2 =$$

$$= (7 \cdot 4 + 3) \cdot 4^3 + 3 \cdot 4^2 + 3 \cdot 4 + 2 = 7 \cdot 4^4 + 3 \cdot 4^3 + 3 \cdot 4^2 + 1 \cdot 4^2 + 3 \cdots 4 + 2.$$

Portanto, temos que

$$2014 = 1 \cdot 4^5 + 3 \cdot 4^4 + 3 \cdot 4^3 + 1 \cdot 4^2 + 3 \cdot 4 + 2 = (133132)_4.$$

Na prática, para escrever o número 2014 na base 4, fazemos a divisão sucessiva usando o Algoritmo da Divisão como a seguir, onde os restos são os dígitos da representação na base 4 do número 2014:

$$\begin{array}{cccccc}
2014 & \underline{4} & & & & \\
\underline{2012} & 503 & \underline{4} & & & \\
2 & \underline{500} & 125 & \underline{4} & & \\
 & 3 & \underline{124} & 31 & \underline{4} & \\
 & & 1 & \underline{28} & 7 & \underline{4} \\
 & & & 3 & \underline{4} & 1 \\
 & & & & 3 & \\
 & & & & & \longleftarrow
\end{array}$$

$$2014 = 133132_4$$

Exemplo 6.2 Escreva na base 7 o número 1500. ■

Solução

Na prática, para escrever o número 1500 na base 7, fazemos o diagrama das divisões sucessivas do número 1500 por 7. Assim, temos:

$$\begin{array}{cccc}
1500 & \underline{7} & & \\
\underline{1498} & 214 & \underline{7} & \\
2 & \underline{210} & 30 & \underline{7} \\
 & 4 & \underline{28} & 4 \\
 & & 2 & \\
 & & & \longleftarrow
\end{array}$$

$$1500 = 4242_7$$

Exemplo 6.3 Escreva o número 637 na base 3. ■

Solução

Fazendo o diagrama das divisões sucessivas do número 637 por 3, temos:

637	3				
636	212	3			
1	210	70	3		
	2	69	23	3	
		1	21	7	3
			2	6	2
				1	

$\longleftarrow$

$$637 = 2121213_3$$

■ **Exemplo 6.4** Seja K um número natural, cuja representação na base 10 é:

$$K = c_n \cdot 10^n + c_{n-1} \cdot 10^{n-1} + \ldots + c_3 \cdot 10^3 + c_2 \cdot 10^2 + c_1 \cdot 10 + c_0,$$

com $c_n, c_{n-1}, \ldots, c_3, c_2, c_1, c_0$ números inteiros não negativos e todos menores do que 10. Mostre que K pode ser escrito como $K = c_0 + 10 \cdot M$, onde M é um número natural.
■

Solução

Basta olhar para a representação decimal de K como sendo a soma de duas parcelas:

$$K = c_0 + (c_1 \cdot 10 + c_2 \cdot 10^2 + c_3 \cdot 10^3 + \ldots + c_n \cdot 10^n),$$

ou ainda:

$$K = c_0 + 10 \cdot (c_1 + c_2 \cdot 10 + c_3 \cdot 10^2 + \ldots + c_n \cdot 10^{n-1}).$$

Chamando $M = c_1 + c_2 \cdot 10 + c_3 \cdot 10^2 + \ldots + c_n \cdot 10^{n-1}$, podemos escrever o número K como sendo $K = c_0 + 10 \cdot M$, como queríamos.

■ **Exemplo 6.5** Mostre que se b é um número natural maior do que 2, então, o número 121_b é um quadrado perfeito. ■

Solução

De fato, $121_b = 1 \cdot b^2 + 2 \cdot b^1 + 1 = (b+1)^2$, o que conclui a prova.

■ **Exemplo 6.6** Seja K um número natural. Mostre que na representação de K^2 na base 10 o dígito das unidades só pode ser 0, 1, 4, 5, 6 ou 9. ■

Solução

Seja $K = c_n \cdot 10^n + c_{n-1} \cdot 10^{n-1} + \ldots + c_3 \cdot 10^3 + c_2 \cdot 10^2 + c_1 \cdot 10 + c_0$ a represenetação do número K na base 10. Assim, temos que $K^2 = (c_n \cdot 10^n + c_{n-1} \cdot 10^{n-1} + \ldots + c_3 \cdot 10^3 + c_2 \cdot 10^2 + c_1 \cdot 10 + c_0)^2$ e que depois dos convenientes ajustes teremos a representação do número K^2 na base 10 como sendo uma expressão da forma

$$K^2 = a_{2n} \cdot 10^{2n} + a_{2n-1} \cdot 10^{2n-1} + \ldots + a_3 \cdot 10^3 + a_2 \cdot 10^2 + a_1 \cdot 10 + a_0,$$

onde a_0 é obtido a partir de c_0^2. Agora, é fácil ver que o dígito das unidades só pode ser 0, 1, 4, 5, 6 ou 9:
Se c_0 for igual a 0, 1, 2, 3, então $a_0 = c_0^2$ será igual a 0, 1, 4 e 9, respectivamente.
Se c_0 for igual a 4, 5, 6, 7,8, 9, então a_0 será igual a 6, 5, 6, 9, 4 e 1, respectivamente.

■ **Exemplo 6.7** Num país distante, os números são escritos na base r e a moeda local é o **Poti**. Um homem comprou um boi por 440 potis. Para efetuar a compra, ele deu ao vendedor uma cédula de 1000 potis e recebeu de troco 340 potis.

Qual é o valor da base r? ■

Solução

Pelos dados do problema, temos: $1000\ potis - 440\ potis = 340\ potis$, na base r. Assim, temos

$$(1 \cdot r^3 + 0 \cdot r^2 + 0 \cdot r + 0) - (4 \cdot r^2 + 4 \cdot r^1 + 0) = 3 \cdot r^2 + 4 \cdot r^1 + 0,$$

que é o mesmo que $r^3 - 7r^2 - 8r = 0$. Como a base r é um número positivo, podemos dividir ambos os lados por r, obtendo $r^2 - 7r - 8 = 0$. Resolvendo a equação, temos: $r = 8$ ou $r = -1$. Como a base r é positiva, segue que r tem que ser igual a 8. Observe que, na base r, tem-se $440 + 340 = 1000$. Isto significa que $4 + 4 = 0$ no sistema de base r. Portanto, de fato, a base $r = 8$.

■ **Exemplo 6.8** O número $15! = 1 \cdot 2 \cdot 3 \cdot 4 \cdot 5 \ldots \cdot 14 \cdot 15$, chamado **fatorial de** 15, quando escrito na base decimal termina com a zeros (olhando o número da esquerda para direita). Quando escrevemos $15!$ na base 12, termina com b zeros.
Qual é o valor de $a \cdot b$? ■

Solução

Observe que o que produz um zero no final de um número na base 10 é um fator 10. Ou seja, a representação de um número natural M na base 10 termina com um único zero se $M = 10 \cdot K$, onde K é um número natural cujo dígito das unidades é diferente de zero, que é o mesmo que dizer que 10 não divide K. De modo análogo, a representação de um número natural Q na base 10 termina com dois zeros se $Q = 10^2 \cdot J$, onde J é um número natural e 10 não divide J.
Usando o raciocínio acima, a representação de $15!$ na base 10 termina em tantos zeros quantos forem seus fatores de 10. Mas,
$15! = 1 \cdot 2 \cdot 3 \cdot 4 \cdot 5 \cdot 6 \cdot 7 \cdot 8 \cdot 9 \cdot 10 \cdot 11 \cdot 12 \cdot 13 \cdot 14 \cdot 15 =$
$= (2 \cdot 5 \cdot 10 \cdot 2 \cdot 5) \cdot (1 \cdot 3 \cdot 4 \cdot 6 \cdot 7 \cdot 4 \cdot 9 \cdot 11 \cdot 12 \cdot 13 \cdot 14 \cdot 3) =$
$= 10^3 \cdot (1 \cdot 3 \cdot 4 \cdot 6 \cdot 7 \cdot 4 \cdot 9 \cdot 11 \cdot 12 \cdot 13 \cdot 14 \cdot 3)$.
Portanto, temos que $a = 3$.
De modo análogo ao que fizemos acima, podemos concluir que: o que produz um zero no final de um número na base 12 é um fator 12. Ou seja, a representação de um número natural M na base 12 termina com um único zero se $M = 12 \cdot K$, onde K é um número natural e 12 não divide K.De modo análogo, a representação de um número natural Q termina com dois zeros se $Q = 12^2 \cdot J$, onde J é um número natural e 12 não divide J. Assim, a representação de $15!$ na base 12 termina em tantos zeros quantos forem seus fatores de 12. Mas, como:
$15! = 1 \cdot 2 \cdot 3 \cdot 4 \cdot 5 \cdot 6 \cdot 7 \cdot 8 \cdot 9 \cdot 10 \cdot 11 \cdot 12 \cdot 13 \cdot 14 \cdot 15 =$
$= (2 \cdot 6 \cdot 3 \cdot 4 \cdot 12 \cdot 4 \cdot 3 \cdot 2 \cdot 3 \cdot 2) \cdot (1 \cdot 5 \cdot 7 \cdot 3 \cdot 10 \cdot 11 \cdot 13 \cdot 7 \cdot 5) =$
$= 12^5 \cdot (1 \cdot 5 \cdot 7 \cdot 2 \cdot 3 \cdot 10 \cdot 11 \cdot 13 \cdot 7 \cdot 5)$.
Portanto, $b = 5$. Portanto, $a \cdot b = 3 \cdot 5 = 15$.

■ **Exemplo 6.9** A Teoria dos Números nos permite tratar do lado lúdico da Matemática. Vivencie a seguinte brincadeira:

Como adivinhar a idade do amigo(a)?

Instruções:
Peça que ele (ela) escreva dois dígitos cuja diferença seja maior do que um.

Que entre os dois dígitos escreva um algarismo qualquer.
Peça que inverta a ordem dos algarismos do número obtido.
Peça que diminua o menor número obtido do maior.
Peça que inverta a ordem dos dígitos da diferença acima obtida.
Peça que some o último número obtido ao número anterior.
Peça que some o número obtido à idade do amigo (a).
Peça para ele dizer qual o último resultado obtido.
Você então dirá a idade do amigo(a).

Qual é o truque? ▪

Solução

Vamos imaginar que seu amigo escreveu os dígitos 7 e 2 e entre os dois colocou o número 4, formando o número 742. Seguindo as instruções, invertendo o número, ele obtém 247. Diminuindo o menor número do maior, tem-se: $742 - 247 = 495$. Invertendo a ordem dos dígitos da diferença obtida, ele encontra 594, que somado a 495 obtém: $594 + 495 = 1089$. Se a idade do amigo for, por exemplo, 17, ele soma $1089 + 17 = 1106$. Agora o amigo diz para você o número 1106 e você, prontamente, diz que a idade dele é 17 anos. Vejamos como é o truque que permite você advinhar.
O truque é o seguinte: qualquer que seja a escolha dos dígitos, antes de somar a idade do amigo, encontramos sempre o resultado 1089. Quando ele diz o resultado final, você subtrai 1089, obtendo a idade do amigo. Experimente com outros valores e comprove!

Pergunta: Mas, como posso garantir que, não importando que número com três dígitos se escreva, vamos sempre obter o número 1089?

Vamos supor que abc seja o número inicial escrito. Quando se inverte o número abc, obtemos o número cba. Vamos supor que $abc > cba$. Ou seja, $a > c$. Assim, podemos expressar a diferença $(abc) - (cba)$ como:

$$(abc) - (cba) = (a \cdot 10^2 + b \cdot 10 + c) - (c \cdot 10^2 + b \cdot 10 + a) =$$
$$= (a - c) \cdot 10^2 + 0 \cdot 10 + (c - a).$$

Observe que, de acordo com nossa definição, $(a-c)0(c-a)$ não pode ser a representação decimal de qualquer inteiro positivo, pois, como $a > c$, temos que $c - a < 0$. Assim, temos que ultrapassar esta dificuldade. Para isso, na representação da diferença dos dois números, vamos passar uma centena para a posição das dezenas e uma dezena para a posição das unidades. Isto é, escrevemos a diferença $(abc) - (cba)$ da seguinte forma equivalente:

$$(a-c) \cdot 10^2 + 0 \cdot 10 + (c-a) = (a-c-1) + 10 \cdot 10 + (c-a) =$$
$$= (a-c-1) + 9 \cdot 10 + (10 + c - a).$$

Logo, temos que a representação decimal de $(abc) - (cba)$ como sendo $(a-c-1)9(10+c-a)$, que invertido torna-se $(10+c-a)9(a-c-1)$.
Agora, efetuando a soma dos dois últimos números:

$$[(a-c-1)9(10+c-a)] + [(10+c-a)9(a-c-1)],$$

obtemos:

$$(a-c-1+10+c-a) \cdot 10^2 + (9+9) \cdot 10 + (10+c-a+a-c-1) \Leftrightarrow$$
$$\Leftrightarrow 9 \cdot 10^2 + 18 \cdot 10 + 9 = 9 \cdot 10^2 + (1 \cdot 10 + 8) \cdot 10 + 9 \Leftrightarrow$$
$$\Leftrightarrow 9 \cdot 10^2 + 1 \cdot 10^2 + 8 \cdot 10 + 9 \Leftrightarrow$$
$$\Leftrightarrow (9+1) \cdot 10^2 + 8 \cdot 10 + 9 = 1 \cdot 10^3 + 0 \cdot 10^2 + 8 \cdot 10 + 9 = 1089.$$

■ **Exemplo 6.10** Um número natural K possui três dígitos na sua representação na base 7. Quando representamos K na base 9 os dígitos são os mesmos da representação na base 7 só que invertidos. Qual é a representação de K na base 10? ■

Solução

Sejam a, b e c os dígitos de K na base 7. Ou seja,

$$K = a\cdot 7^2 + b\cdot 7^1 + c = c\cdot 9^2 + b\cdot 9^1 + a.$$

Assim, temos: $b\cdot 7 - b\cdot 9 = (c\cdot 9^2 + a) - (a\cdot 7^2 + c)$, que é o mesmo que $-2b = 80c - 48a$, ou seja $b = 24a - 40c = 8\cdot(3a - 5c)$.
Concluímos que o dígito b é um múltiplo de 8. Por outro lado, o dígito b satisfaz as desigualdades $0 \leq b < 7$. Logo, necessariamente temos $3a - 5c = 0$. Logo, $b = 0$. Como $3a = 5c$ e $MDC(3,5) = 1$, segue que c é divisível por 3 e 5 divide a. Mas, na base 7, o número K possui três dígitos. Portanto, a não pode ser zero e satisfaz as desigualdades $0 < a < 7$. Assim, $a = 5$ e $c = 3$. Portanto, concluímos que $K = 503_7 = 305_9 = 248$ na base 10.

■ **Exemplo 6.11** Na sequência abaixo os números estão em ordem crescente

$1,\ 3,\ 4,\ 9,\ 10,\ 12,\ 13,\dots$

Os termos da sequência consiste de todos os inteiros positivos que são potências de 3 ou soma de distintas potências de 3. O número 10 encontra-se na posição cinco na sequência, enquanto o número 13 encontra-se na posição sete.

Encontre o número dessa sequência que se encontra na posição dois mil e quatorze (contadas as posições da esquerda para direita). ■

Solução

Escrevendo os números da sequência dada na base 3, obtemos: $1 = 1_3$; $3 = 10_3$; $4 = 11_3$; $9 = 100_3$; $10 = 101_3$; $12 = 110_3$; $13 = 111_3$;... É fácil ver que, quando cada número da sequência é escrito na base 3, o dígito 2 não comparece na representação daquele número. Isto é, na base 3 a sequência em ordem crescente será:

$1_3,\ 10_3,\ 11_3,\ 11_3,\ 100_3,\ 101_3,\ 110_3,\ 111_3,\dots$

Olhando para esses números na base 2, na ordem crescente eles constituem a sequência $1,\ 2,\ 3,\ 4,\dots$ Assim, para obter o número na posição 2014, escrevemos 2014 na base 2 e, em seguida, passamos esse número para a base 3. Fazendo as divisões sucessivas para encontrar 2014 na base 2, temos:

$$
\begin{array}{cccccccccccc}
2014 & 2 & & & & & & & & & & \\
2014 & 1007 & 2 & & & & & & & & & \\
0 & 1006 & 503 & 2 & & & & & & & & \\
 & 1 & 502 & 251 & 2 & & & & & & & \\
 & & 1 & 250 & 125 & 2 & & & & & & \\
 & & & 1 & 124 & 62 & 2 & & & & & \\
 & & & & 1 & 62 & 31 & 2 & & & & \\
 & & & & & 0 & 30 & 15 & 2 & & & \\
 & & & & & & 1 & 14 & 7 & 2 & & \\
 & & & & & & & 1 & 6 & 3 & 2 & \\
 & & & & & & & & 1 & 2 & 1 & \\
 & & & & & & & & & 1 & & \\
 & & & & & & & & & & \longleftarrow &
\end{array}
$$

$$2014 = 11111011110_2$$

Portanto, o número na sequência dada que se encontra na posição 2014 é igual a 29442, pois 1111101110_2 é igual a

$$1 \cdot 3^9 + 1 \cdot 3^8 + 1 \cdot 3^7 + 1 \cdot 3^6 + 1 \cdot 3^5 + 0 \cdot 3^4 + 1 \cdot 3^3 + 1 \cdot 3^2 + 1 \cdot 3 + 0 = 29442.$$

6.4 O sistema de base dois

O **Sistema de Base Dois** ou **Sistema Binário**[2] é um sistema que expande valores numéricos usando somente dois símbolos: os dígitos 0 e 1. Isso decorre do fato de que os possíveis restos na divisão por 2 são: 0 e 1. O Sistema Binário é usado por todos os computadores modernos, pois devido à tecnologia empregada, o dígito 0 representa a ausência de corrente e o 1 a presença de corrente.

Pergunta: Usando somente os dois dígitos, 0 e 1, como fazer para representar todos os números naturais?

Resposta: Do mesmo modo que usamos na expansão de um número natural na base 10, a representação de um número natural na base 2, cada dígito, 0 ou 1, tem um peso que lhe é atribuído em função da posição que ele ocupa nesse número. Neste caso, esse peso é sempre uma potência de 2, que varia do seguinte modo:
a) o dígito da extrema direita tem peso $1 = 2^0$;
b) da direita para esquerda, o segundo dígito tem peso 2;
c) da direita para a esquerda, o terceiro dígito tem peso $2^2 = 4$;

[2]**Sistema Binário -** O matemático indiano Pingala apresentou a primeira descrição conhecida de um sistema numérico binário no século III a.C., representando os números de 1 a 8 com a sequência (usando símbolos modernos 001, 010, 011, 100, 101, 110, 111 e 1000).
Um conjunto de 8 trigramas e 64 hexagramas, análogos a números binários com precisão de 3 e 6 bits, foram utilizados pelos antigos chineses no texto clássico I Ching. 7 conjuntos similares de combinações binárias foram utilizados em sistemas africanos de adivinhação tais como o Ifá, bem como na Geomancia do medievo ocidental.
Uma sistematização binária dos hexagramas do I Ching, representando a sequência decimal de 0 a 63, e um método para gerar tais sequências, foi desenvolvida pelo filósofo e estudioso Shao Yong no século XI. Entretanto, não há evidências que Shao Yong chegou à aritmética binária.
O sistema numérico binário moderno foi documentado de forma abrangente por Gottfried Leibniz no século XVIII em seu artigo "Explication de l'Arithmétique Binaire". O sistema de Leibniz utilizou 0 e 1, tal como o sistema numérico binário corrente nos dias de hoje. Em 1854, o matemático britânico George Boole publicou um artigo fundamental detalhando um sistema lógico que se tornaria conhecido como Álgebra Booleana. Seu sistema lógico tornou-se essencial para o desenvolvimento do sistema binário, particularmente sua aplicação a circuitos eletrônicos. Em 1937, Claude Shannon produziu sua tese no MIT que implementava Álgebra Booleana e aritmética binária utilizando circuitos elétricos pela primeira vez na história. Intitulado "A Symbolic Analysis of Relay and Switching Circuits", a tese de Shannon praticamente fundou o projeto de circuitos digitais.
(Fonte: WIKIPÉDIA, 2013, extraído da Internet).

d) da direita para a esquerda, o quarto dígito, tem peso $2^3 = 8$, e assim por diante.

Na base 2, para escrever os números naturais de um só dígito fazemos o uso dos dois únicos dígitos permitidos: 0 e 1. As representações na base 2 dos números 0 e 1 são:
$0 = 0_{(2)}$
$1 = 1_{(2)}$.
Esses dois números são os únicos números naturais representados na base 2 usando um só dos dígitos 0 e 1.

Para escrever os dígitos 2 e 3 na base 2, usamos dois dos dígitos 0 e 1 da maneira seguinte:
Como $2 = 1\cdot 2+0$ e $3 = 1\cdot 2+1$, escrevemos $2 = 10_2$ e $3 = 11_2$.

Para escrever na base 2 os números inteiros positivos de 4 até 7, usamos três dos dígitos 0 e 1 da maneira seguinte:

$$4_2 = 100_2, \quad pois \quad 4 = 1\ \cdot 2^2 + 0.2 + 0;$$

$$5_2 = 101_2, \quad pois \quad 5 = 1\cdot 2^2 + 0\cdot 2 + 1;$$

$$6_2 = 110_2, \quad pois \quad 6 = 1\cdot 2^2 + 1\cdot 2 + 0;$$

$$7_2 = 111_2, \quad pois \quad 7 = 1\cdot 2^2 + 1\cdot 2 + 1.$$

Para escrever na base 2 os números de 8 a 15, usamos quatro dos dígitos 0 e 1:

$$8_2 = 1000_2, \quad pois \quad 8 = 1\cdot 2^3 + 0\cdot 2^2 + 0\cdot 2 + 0;$$

$$9_2 = 1001_2, \quad pois \quad 9 = 1\cdot 2^3 + 0\cdot 2^2 + 0\cdot 2 + 1;$$

$$10_2 = 1010_2, \quad pois \quad 10 = 1\cdot 2^3 + 0\cdot 2^2 + 1\cdot 2 + 0;$$

$$11_2 = 1011_2, \quad pois \quad 11 = 1\cdot 2^3 + 0\cdot 2^2 + 1\cdot 2 + 1;$$

$$12_2 = 1100_2, \quad pois \quad 12 = 1\cdot 2^3 + 1\cdot 2^2 + 0\cdot 2 + 0;$$

$$13_2 = 1101_2, \quad pois \quad 13 = 1\cdot 2^3 + 1\cdot 2^2 + 0\cdot 2 + 1;$$

$$14_2 = 1110_2, \quad pois \quad 14 = 1\cdot 2^3 + 1\cdot 2^2 + 1\cdot 2 + 0;$$

$$15_2 = 1111_2, \quad pois \quad 15 = 1\cdot 2^3 + 1\cdot 2^2 + 1\cdot 2 + 1.$$

Como vimos acima, $15 = 1\cdot 2^3 + 1\cdot 2^2 + 1\cdot 2 + 1 = 1111_2$. Ou seja, 1111_2 é a representação de 15 na base 2. Do mesmo modo, 1001_2 é a representação de 9 na base 2.

▪ **Exemplo 6.12** Escreva na base 2 o número 25. ▪

Solução

Aplicando o Algoritmo da Divisão, temos:

$$25 = 12\cdot 2 + 1 = (2\cdot 6)\times 2 + 1 = (2\cdot 2\cdot 3)\cdot 2 + 1 =$$

$$= 2^3\cdot(1\cdot 2 + 1) + 1 = 1\cdot 2^4 + 1.\cdot 2^3 + 1$$

Na prática, para escrever o número 25 na base 2, fazemos a divisão sucessiva usando o Algoritmo da Divisão como a seguir, onde os restos são os dígitos da representação na base 2 do número 25:

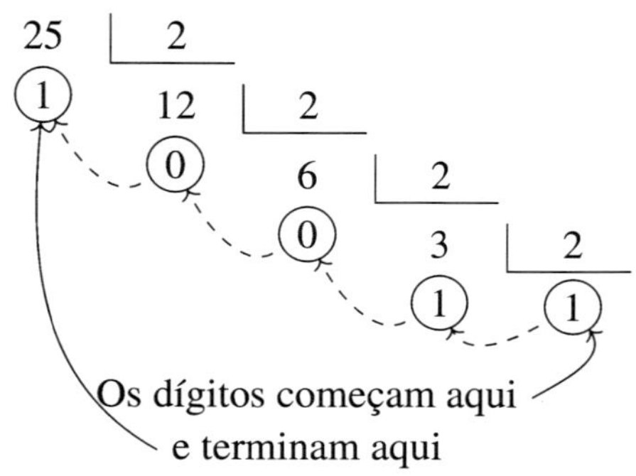

$25 = 11001_2$.

■ **Exemplo 6.13** Qual é a representação na base 2 dos números 54 e 637? ■

Solução

Na prática, fazemos o diagrama das divisões sucessivas, usando o Algoritmo da Divisão:

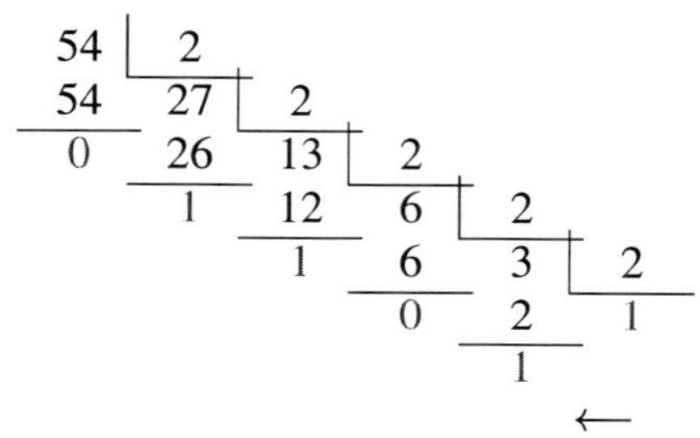

$$54 = 110110_2$$

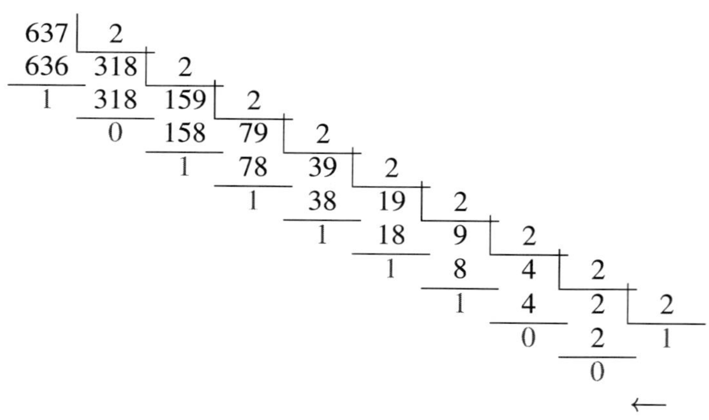

$$637 = 1001111101_2$$

Pergunta: Como identificar na base 10 o número cuja representação na base 2 é 10101001101_2?

Resposta - Basta atribuir os pesos para cada dígito que comparece na representação do número na base 2 e efetuar a soma:

$$1 \cdot 2^{10} + 0 \cdot 2^9 + 1 \cdot 2^8 + 0 \cdot 2^7 + 1 \cdot 2^6 + 0 \cdot 2^5 + 0 \cdot 2^4 + 1 \cdot 2^3 + 1 \cdot 2^2 + 0 \cdot 2^1 + 1 = 1357.$$

Portanto, $10101001101_2 = 1357$.

A seguir, a tabela dos primeiros 17 números inteiros não negativos nas bases $10, 2$ e 3.

Base 10	Base 2	Base 3
0	0	0
1	1	1
2	10	2
3	11	10
4	100	11
5	101	12
6	110	20
7	111	21
8	1000	22
9	1001	100
10	1010	101
11	1011	102
12	1100	110
13	1101	111
14	1110	112
15	1111	120
16	10000	121

■ **Exemplo 6.14** O número natural K, escrito na base 2 é igual a $K = \underbrace{1111\ldots11}_{s\quad 1's}$.

Encontre K^2 também escrito na base 2. ■

Solução

Observe que o número K dado satisfaz:

$$K = 1111\ldots11_2 = 1+2+2^2+2^3+\ldots+2^{s-1} = 2^s-1,$$

como soma de números em uma progressão geométrica finita, de razão 2 e primeiro termo 1. Assim, temos:

$$K^2 = (2^s-1)^2 = 2^{2s}-2^{s+1}+1 = 2^{s+1}(2^{k-1}-1)+1 = 2^{s+1}(2^{s-2}+2^{s-3}+2^{s-4}+\cdots+1)+1 =$$

$$= 2^{2s-1}+2^{2s-2}+2^{2s-3}+\ldots+2^{s+1}+1.$$

Portanto, na base 2, expressamos K^2 como $K^2 = \underbrace{111\cdots11}_{s-1\quad 1'}\underbrace{000\cdots00}_{k\quad 0's}$.

■ **Exemplo 6.15** Na sequência abaixo os números estão em ordem crescente

$$1,\ 3,\ 4,\ 9,\ 10,\ 12,\ 13,\ldots.$$

Os termos da sequência consistem de todos os inteiros positivos que são potências de 3 ou soma de distintas potências de 3. O número 10 encontra-se na posição cinco na sequência, enquanto o número 13 encontra-se na posição sete.

Encontre o número dessa sequência que se encontra na posição dois mil e quatorze. ■

Solução

Escrevendo os números da sequência dada na base 3, obtemos:

$$1 = 1_3;\ \ 3 = 10_3;\ \ 4 = 11_3;\ \ 9 = 100_3;\ \ 10 = 101_3;\ \ 12 = 110_3;\ \ 13 = 111_3;\ldots$$

É fácil ver que, quando cada número da sequência é escritos na base 3, o dígito 2 não comparece na representação daquele número. Isto é, na base 3 a sequência em ordem crescente será:

$$1_3,\ 10_3,\ 11_3,\ 11_3,\ 100_3,\ 101_3,\ 110_3,\ 111_3,\ldots\ldots$$

Olhando para esses números na base 2, na ordem crescente, eles constituem a sequência $1,\ 2,\ 3,\ 4,\ldots$. Assim, para obter o número na posição 2014, escrevemos 2014 na base 2 e, em seguida, passamos esse número para a base 3. Fazendo as divisões sucessivas para encontrar 2014 na base 2, temos:

```
2014 | 2
2014  1007 | 2
   0  1006  503 | 2
         1  502  251 | 2
               1  250  125 | 2
                     1  124  62 | 2
                           1  62  31 | 2
                                0  30  15 | 2
                                      1  14  7 | 2
                                             1  6  3 | 2
                                                  1  2  1
                                                     1
                                                   <--
```

$$2014 = 11111011110_2$$

Portanto, o número na sequência dada que se encontra na posição 2014 é igual a 29442, pois: 1111101110_2 se escreve na base 3 como:

$$1\cdot 3^9 + 1\cdot 3^8 + 1\cdot 3^7 + 1\cdot 3^6 + 1\cdot 3^5 + 0\cdot 3^4 + 1\cdot 3^3 + 1\cdot 3^2 + 1\cdot 3 + 0 = 29442.$$

Exemplo 6.16 (O adivinho indiscreto) Convide um colega para dizer, dentre os 6 cartões abaixo, com 32 números cada, em quais deles está a sua idade. Imediatamente você advinha a idade dele.

Qual é o segredo? ∎

1		2		4		8		16		32	
3	35	3	35	5	37	9	41	17	49	33	49
5	37	6	38	6	38	10	42	18	50	34	50
7	39	7	39	7	39	11	43	19	51	35	51
9	41	10	42	12	44	12	44	20	52	36	52
11	43	11	43	13	45	13	45	21	53	37	53
13	45	14	46	14	46	14	46	22	54	38	54
15	47	15	47	15	47	15	47	23	55	39	55
17	49	18	50	20	52	24	56	24	56	40	56
19	51	19	51	21	53	25	57	25	57	41	57
21	53	22	54	22	54	26	58	26	58	42	58
23	55	23	55	23	55	27	59	27	59	43	59
25	57	26	58	28	60	28	60	28	60	44	60
27	59	27	59	29	61	29	61	29	61	45	61
29	61	30	62	30	62	30	62	30	62	46	62
31	63	31	63	31	63	31	63	31	63	47	63
33		34		36		40		48		48	

Solução

Um número natural K, como $1 \leq K \leq 63$, quando escrito na base 2, tem a seguinte forma:

$$K = a_5 \cdot 2^5 + a_4 \cdot 2^4 + a_3 \cdot 2^3 + a_2 \cdot 2^2 + a_1 \cdot 2 + a_0,$$

onde cada um dos números a_5, a_4, a_3, a_2, a_1, a_0 é igual a 0 ou 1. Nesse caso, a representação do número K na base 2 é, exatamente, $K = (a_5a_4a_3a_2a_1a_0)_2$, onde $a_i = 0$ ou 1, com $i = 1, 2, 3, 4, 5$.
Agora, observe que no primeiro cartão do adivinho estão escritos os números de 1 a 63, inclusive, tais que, quando escritos na base 2, tem $a_0 = 1$, isto é, aqueles números que terminam em 1 quando escritos na base 2; no segundo cartão, estão os números de 1 a 63, inclusive, tais que, quando escritos na base 2, tem $a_1 = 1$, ou seja, aqueles números que têm 1 na segunda casa da direita para esquerda, quando escritos na base 2; na terceira, estão aqueles para os quais $a_2 = 1$, e assim por diante.
Fica claro, agora, porque cada idade é igual à soma dos primeiros números, escritos no centro superior de cada cartão, em que ela esteja! Esse é o segredo do advinho!

■ **Exemplo 6.17** Uma base de numeração fatorial é aquela pela qual se expressa um número inteiro positivo K como sendo:

$$K = a_1 + a_2 \cdot 2! + a_3 \cdot 3! + a_4 \cdot 4! + \ldots + a_n \cdot n!, \quad (*)$$

onde a_1, a_2, a_3, $a_4, \ldots$, a_n são inteiros não negativos com $0 \leq a_k \leq K$, e $a_n \neq 0$.

Expresse os seguintes números na base de numeração fatorial:
(i) 7 (ii) 15 (iii) 85 (iv) 695 ■

Solução

(i) Observe que, como $4! = 24 > 7$, só podemos expressar 7 como uma expressão do tipo: $a_1 + a_2.2! + a_3.3!$.
É fácil ver que $7 = 1 + 0 \cdot 2! + 1 \cdot 3! = 101$
(ii) Veja que $4! = 24 > 15$. Logo a expressão para 15 na base fatorial deve ser do tipo: $a_1 + a_2 \cdot 2! + a_3 \cdot 3!$.
É fácil ver que $15 = 1 + 1 \cdot 2! + 2 \cdot 3! = 112$.
(iii) Observe que $5! = 120 > 85$. Logo, $85 = a_1 + a_2 \cdot 2! + a_3 \cdot 3! + a_4 \cdot 4!$. Agora, é fácil ver que $85 = 1 + 0 \cdot 2! + 2 \cdot 3! + 3 \cdot 4! = 1023_!$.
(iv) Como $6! = 720$, a expressão para 695 é do tipo $a_1 + a_2 \cdot 2! + a_3 \cdot 3! + a_4 \cdot 4! + a_5 \cdot 5!$. Agora, observe que, obrigatoriamente, temos que $a_5 = 5$, caso contrário não atingiremos 695 e a_4 não pode ser 4, pois $4 \cdot 4! + 5 \cdot 5! > 695$. Por outro lado, a_4 não pode ser menor do que 3, pois se $a_4 = 2$, teremos $1 + 2 \cdot 2! + 3 \cdot 3! + 2 \cdot 4! < 95$ e não conseguiríamos atingir 695. Assim, $a_4 = 3$. Agora, é fácil ver que $695 = 1 + 2 \cdot 2! + 3 \cdot 3! + 3 \cdot 4! + 5 \cdot 5! = 12334$.

■ **Exemplo 6.18** Prove que existe um número natural, na base 10, formado inteiramente por dígitos 1 que é divisível por 17. ■

Solução

Considere os dezoito números seguintes:

$$1,\ 11,\ 111,\ 1111,\ \ldots, \underbrace{111111\ldots11}_{18\quad 1's}$$

Dividindo cada um dos 18 números acima por 17, somente são possíveis 17 restos. Logo, existem dois desses números que possuem o mesmo resto na divisão por 17. Sejam $K_1 = 17q_1 + r$ e $K_2 = 17q_2 + r$ esses dois números. Agora, diminuindo o maior do menor vamos obter um número natural, formado por uma sequência de dígitos $1'$s seguidos de alguns zeros, que é divisível por 17. Cancelando os dígitos zeros da diferença $|K_1 - K_2|$, encontramos um número formado inteiramente por dígitos 1, que é divisível por 17. Como $|K_1 - K_2| = 1111\ldots100\ldots00 = 1111\ldots1 \cdot 10^t = 17$, com $q \in \mathbb{Z}$, seque que $17|1111\ldots1$, pois 17 não divide 10^t, o que revela que o número $1111\cdots1$ é múltiplo de 17.

Observação - Para escrever um número na base 10 usamos dez dígitos: 0, 1, 2, 3, 4, 5, 6, 7, 8, 9. Para escrever um número na base 11 temos que usar 11 dígitos. Na prática usamos os dez dígitos da base decimal mais um, que denotamos por exemplo por A. Poderíamos notar esse dígito extra também por α ou outro símbolo qualquer. Assim, os primeiros 121 números na base 11 seriam:

1	2	3	4	5	6	7	8	9	A	10
11	12	13	14	15	16	17	18	19	1A	20
21	22	23	24	25	26	27	28	29	2A	30
31	32	33	34	35	36	37	38	39	3A	40
41	42	43	44	45	46	47	48	49	4A	50
51	52	53	54	55	56	57	58	59	6A	60
61	62	63	64	65	66	67	68	69	6A	70
71	72	73	74	75	76	77	78	79	7A	80
81	82	83	84	85	86	87	88	89	8A	90
91	92	93	94	95	96	97	98	99	9A	A0
A1	A2	A3	A4	A5	A6	A7	A8	A9	AA	100

Como seriam os primeiros 144 números na base 12?

6.5 Operações aritméticas num sistema de base b

1. Adição

Recordemos o procedimento para a soma de dois números na base decimal. Quando queremos efetuar a soma de $29 + 45$ agrupamos as unidades em blocos de 10 e efetuamos a contagem desses blocos, inclusive com as sobras, veja diagrama a seguir.

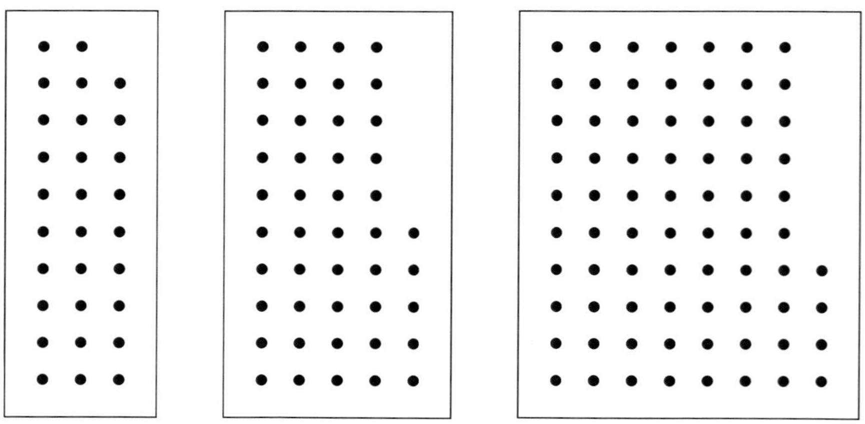

29 45 $29 + 45 = 74$

Do mesmo modo, quando queremos somar na base 5, por exemplo, $23_5 + 33_5 = (2 \cdot 5 + 3) + (3 \cdot 5 + 3) = (5 \cdot 5 + 6) = 1 \cdot 5^2 + 1 \cdot 5 + 1 = 111_{(5)}$, agrupamos as unidades em blocos de 5, incluindo as sobras, veja diagrama a seguir.

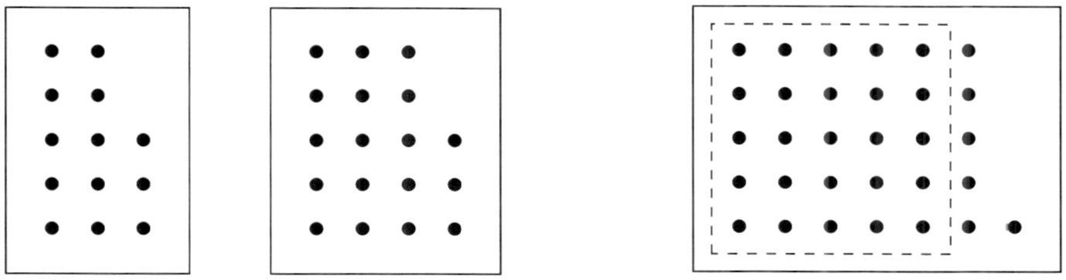

$23_{(5)}$ $\qquad$ $33_{(5)}$ $\qquad$ $23_{(5)} + 33_{(5)} = 1 \cdot 5^2 + 1 \cdot 5 + 1 = 111_{(5)}$

Na prática, na base 10, a soma de dois números naturais é feita somando os correspondentes dígitos das parcelas, da direita para a esquerda. Isto é, somam-se os termos semelhantes, ou seja, somam-se os dígitos das unidades, os dígitos das dezenas, os dígitos das centenas etc.

Se a soma dos dígitos das unidades é menor do que a base, no caso 10, colocamos o total abaixo dos números das unidades das parcelas, veja exemplo numérico no diagrama abaixo para o caso da soma $752+435$, ambas as parcelas na base 10.

$$\begin{array}{cccc} + & 7 & 5 & 2 \\ & 4 & 3 & 5 \\ \hline 1 & 1 & 8 & 7 \end{array}$$

Ocorrendo uma soma maior do que a base, expressa-se essa soma na base 10, digamos $b_1 10 + b_0$. O dígito das unidades da soma dos dois números será b_0 e o segundo dígito, b_1, será escrito na coluna imediatamente à esquerda, para ser somado com os respectivos dígitos das dezenas das parcelas, veja exemplo numérico no diagrama a seguir, para o caso da soma $836+417$.

$$\begin{array}{cccc} & & 1 & \\ + & 8 & 3 & 6 \\ & 4 & 1 & 7 \\ \hline 1 & 2 & 5 & 3 \end{array}$$

Para obter os outros dígitos da soma de dois números naturais adota-se o mesmo critério.

Por exemplo, quando efetuamos a soma $347+185 = (3 \cdot 10^2 + 4 \cdot 10 + 7) + (1 \cdot 10^2 + 8 \cdot 10^2 + 5)$, iniciamos somando os respectivos dígitos das unidades: $7+5 = 12 = 1 \cdot 10 + 2$. Como o valor da soma ultrapassa 10 acrescentamos 1 na ordem superior. Quando vamos somar os respectivos dígitos das dezenas acrescentamos esse valor 1, isto é, $(1+4+8) = 13 = 1 \cdot 10 + 3$. Como novamente o valor da soma ultrapassa o valor da base (10), acrescentamos 1 ao valor da soma dos dígitos das centenas: $(1+3+1 = 5$. Assim, temos que a soma é dada por:

$$\begin{aligned} 347+185 &= (3 \cdot 10^2 + 4 \cdot 10 + 7) + (1 \cdot 10^2 + 8 \cdot 10^2 + 5 \\ &= (3+1) \cdot 10^2 + (4+8) \cdot 10 + (7+5) \\ &= (3+1) \cdot 10^2 + (4+8) \cdot 10 + (1 \cdot 10 + 2) \\ &= (3+1) \cdot 10^2 + (1+4+8) \cdot 10 + 2 \\ &= (3+1) \cdot 10^2 + (13) \cdot 10 + 2 \\ &= (3+1) \cdot 10^2 + (1 \cdot 10 + 3) \cdot 10 + 2 \\ &= (1+3+1) \cdot 10^2 + 3 \cdot 10 + 2 = \\ &= 5 \cdot 10^2 + 3 \cdot 10 + 2 = 532. \end{aligned}$$

Na prática, processamos a soma de acordo com o diagrama a seguir:

$$\begin{array}{cccc} & 1 & 1 & \\ + & 3 & 4 & 7 \\ & 1 & 8 & 5 \\ \hline & 5 & 3 & 2 \end{array}$$

Observação: Essa é a regra do "**vai um**" ou a regra dos "**noves fora um**".
Na prática, fazemos a conta como no diagrama a seguir, calculando a soma de $762+418$, explicitando acima de cada dígito da primeira parcela o quanto a soma dos dígitos correspondentes ultrapassa a 10:

$$\begin{array}{cccc} & & 1 & \\ + & 7 & 6 & 2 \\ & 4 & 1 & 8 \\ \hline & 11 & 8 & 0 \end{array}$$

Num sistema de base b, a soma de dois números se processa da mesma forma que no caso decimal. Por exemplo, a soma

$$626_8+357_8=(6\cdot 8^2+2\cdot 8+6)+(3\cdot 8^2+5\cdot 8+7)=(6+3)\cdot 8^2+(2+5)\cdot 8+(6+7).$$

Agora, observe que $(6+7)_8=13_8=1\cdot 8+5$ e que $(1+2+5)_8=10_8=1\cdot 8+2$. Do mesmo modo, $(1+6+3)_8=10_8=1\cdot 8+0$.
Assim, temos que

$$626_8+357_8=(6+3)\cdot 8^2+(2+5)\cdot 8+(6+7)=(6+3)\cdot 8^2+(2+5)\cdot 8+(1\cdot 8+5)=$$
$$=(6+3)\cdot 8^2+(1+2+5)\cdot 8+5=(6+3)\cdot 8^2+(1\cdot 8+0)\cdot 8+5=$$
$$=(1+6+3)\cdot 8^2+0\cdot 8+5=(1\cdot 8+2)\cdot 8^2+0\cdot 8+5=1\cdot 8^3+2\cdot 8^2+0\cdot 8+5=1205_8$$

Usando um diagrama para ilustrar a soma 626_8+357_8, temos:

$$\begin{array}{cccc} & 1 & 1 & \\ + & 6 & 2 & 6_8 \\ & 3 & 5 & 7_8 \\ \hline & 12 & 0 & 5_8 \end{array}$$

2. Subtração

Como a subtração é a operação inversa da adição, no caso de uma base qualquer se procede da mesma forma que o caso da base decimal, usando, evidentemente, as operações na base em questão.
Para identificar os dígitos do número resultante da subtração na base 5 dos números 1202_5-214_5, fazemos na prática o mesmo diagrama do caso decimal. Como 2 é menor do que 4, fazemos a diferença $12_5-4_5=(1\cdot 5+2)-4=3_5$, levando 1 para que seja somado ao dígito 1 da unidade imediatamente à esquerda, veja diagrama a seguir.

$$\begin{array}{ccccc} & & 1 & 4 & 1 \\ - & 1 & 2 & 0 & 2 \\ & & 2 & 1 & 4 \\ \hline & & 4 & 3 & 3 \end{array}$$

3. Multiplicação

Para a multiplicação de números naturais na base b o processo funciona de maneira análoga ao da base decimal. Para ilustrar, no caso do sistema de base 6, veja na tabela abaixo o produto de qualquer par de números inferiores à base 6:

$\times_6$	0	1	2	3	4	5
0	0	0	0	0	0	0
1	0	1	2	3	4	5
2	0	2	4	10	12	14
3	0	3	10	13	20	23
4	0	4	12	20	24	32
5	0	5	14	23	32	41

Veja, por exemplo, na tabela, o produto $4_6 \cdot 5_6 = 32_6$. Isto ocorre porque $4 \cdot 5 = 20 = 3 \cdot 6 + 2 = 32_6$.
É fácil ver que o produto $21_5 \cdot 3_5 = 113_5$. De fato,

$$21_5 \cdot 3_5 = (2 \cdot 5 + 1) \cdot (0 \cdot 5 + 3) = (1 \cdot 5 + 1) \cdot 5 + 3 = 1 \cdot 5^2 + 1 \cdot 5 + 3 = 113_5.$$

4. Divisão

Qualquer que seja a base do sistema, pode-se aplicar o Algoritmo da Divisão. Por exemplo, podemos aplicá-lo para números na base 3: na divisão de 120101_3 por 102_3 teríamos:

$$120101_3 = 1101_3 \cdot 102_3 + 22_3.$$

■ **Exemplo 6.19** Determinar se é possível efetuar a pesagem numa balança de dois pratos de um objeto com qualquer número inteiro positivo de gramas, utilizando apenas pesos de 1 grama, 3 gramas, 9 gramas, 27 gramas etc. ■

Solução

A resposta é sim. Qualquer inteiro positivo K admite um desenvolvimento na base 3, dado por:

$$K = a_n \cdot 3^n + a_{n-1} \cdot 3^{n-1} + \ldots + a_1 \cdot 3 + a_0,$$

onde cada um dos coeficientes a_n, a_{n-1}, $\ldots$, a_1, a_0 assume um dos valores 0, 1 ou 2, de forma que K, escrito na base 3, terá a representação $K = (a_n a_{n-1} \ldots a_1 a_0)_3$. Agora, como uma peculiaridade da expansão ternária, qualquer número inteiro positvo K admite outro desenvolvimento, como soma de múltiplos inteiros de potências de 3, no qual os coeficientes, em vez de assumirem os valores 0, 1 ou 2, assumem os valores 0, 1 ou -1.

Como se obtém esse outro desenvolvimento?

Para se obter o desenvlvimento comum, usa-se o Algoritmo da Divisão. Para obter esse outro desenvolvimento, usa-se também o Algoritmo da Divisão, sendo que, toda vez que o resto da divisão por 3 for 2, aumenta-se de 1 unidade o quociente e substitui o 2 por -1. (Por exemplo, sendo $17 = 5 \cdot 3 + 2$, fazemos $17 = (5+1) \cdot 3 - 1$). Com isso, resultará a expansão:

$$K = b_m \cdot 3^m + b_{m-1} \cdot 3^{m-1} + \ldots + b_1 \cdot 3 + b_0,$$

onde cada coeficiente b_m, b_{m-1}, $\ldots$, b_1, b_0 assume um dos valores 0, 1 ou -1.

Por exemplo, o número inteiro positivo 43 terá na base 3 o seguinte desenvolvimento: $43 = 1 \cdot 3^3 + 1 \cdot 3^2 + 2 \cdot 3 + 1 = (1121)_3$. Na nova versão, a expansão de 43 na base 3 será: $(11(-1)1)_3$.

Suponha agora que se tenha colocado **no prato esquerdo da balança** um objeto pesando K gramas.
Se $b_0 = -1$, coloca-se junto com o objeto o peso de 1 grama.
Se $b_0 = 1$, coloca-se o peso de uma grama no outro prato, da direita.
Se $b_0 = 0$, não se coloca o peso de uma grama.
Em seguida, coloca-se o peso de 3 gramas, com o mesmo procedimento.
Se $b_1 = -1$ o peso é colocado no prato junto ao objeto, se $b_1 = 1$ o peso de 3 gramas é colocado no prato direito, e se $b_1 = 0$, não se coloca o peso, e assim por diante.
É fácil ver que os pesos de 1, 3, 3^2, 3^3, $\ldots$, $3^m, \ldots$ gramas, distribuídos da maneira acima, equilibrará a balança como o objeto de peso K.

Exemplificando, se o peso do objeto colocado no prato esquerdo da balança for de 200 gramas. Na base 3, temos $200_{10} = 21102_3$. No novo desenvolvimento, $200_{10} = 1(-1)111(-1)_3 = 1 \cdot 3^5 - 1 \cdot 3^4 + 1 \cdot 3^3 + 1 \cdot 3^2 + 1 \cdot 3 - 1$. Desse modo, do lado do objeto colocamos os pesos de 3^4 gramas e de 1 grama. No outro prato, colocam-se os pesos restantes. É fácil ver que: $200 + 3^4 + 1 = 13^5 + 3^3 + 3^2 + 3$.

■ **Exemplo 6.20** Determine a base b do sistema de numeração no qual o número expresso por 100 é igual à soma dos números representados por 10 e 51. ■

Solução

Nesse sistema, temos:

$$100_b = 1 \cdot b^2 + 0 \cdot b + 0 = 10_b + 51_b = (1 \cdot b) + 0) + (5 \cdot b + 1) \Rightarrow$$

$$\Rightarrow b^2 = 6 \cdot b + 1 \Rightarrow (b-7) \cdot (b+1) = 0,$$

o que implica $b = 7$ ou $b = -1$. Como b não pode ser negativo, a resposta é $b = 7$.

■ **Exemplo 6.21** Um número na base 2 possui 15 dígitos, todos iguais a 1.
Quantos dígitos na base 2 tem o triplo deste número? Quantos desses dígitos são iguais a 1? ■

Solução

Seja $n = 111111111111111_2$. É fácil ver que:

$$n = 1000000000000000_2 - 1 = 2^{15} - 1.$$

Agora, temos:

$$\begin{aligned} 3n &= 3 \cdot (2^{15} - 1) \\ &= (2^2 - 1) \cdot (2^{15} - 1) \\ &= 2^{17} - 2^{15} - 2^2 + 1 \\ &= 100000000000000000_2 - 1000000000000000_2 - 100_2 + 1 \\ &= 10111111111111101_2 \end{aligned}$$

Portanto, $3n$ é, na base 2, um número com 17 dígitos e com $17 - 2 = 15$ dígitos iguais a 1.

6.6 Critérios de divisibilidade

Olhando somente para os números inteiros positivos escritos na base 10, temos vários critérios de divisibilidade. Ou seja, testes para saber se um número natural é divisível por outro **sem ser preciso efetuar a divisão.** Este estudo será mais completo com a noção de congruência, a ser vista no próximo capítulo. Como essa noção não é completamente estudada no Ensino Médio, pretendemos adiantar alguns critérios de divisibilidade que possam ser provados somente com o uso dos conceitos estudados neste capítulo. Assim, a seguir vamos estudar os critérios de divisibilidade mais comuns, tendo por base a expansão de um número natural na base 10.

Divisibilidade por 2.
Um número natural K é divisível por 2 se, e só se, na sua representação na base 10, seu dígito das unidades é divisível por 2. Ou seja, um número natural K é divisível por 2 se, e somente se, na sua representação na base 10, termina em 0, 2, 4, 6 ou 8.

Prova

Representemos o número K na base 10 por:

$$K = c_n \cdot 10^n + c_{n-1} \cdot 10^{n-1} + \ldots + c_3 \cdot 10^3 + c_2 \cdot 10^2 + c_1 \cdot 10 + c_0,$$

com $c_n,\ c_{n-1},\ \ldots,\ c_3,\ c_2,\ c_1,\ c_0$ inteiros não negativos, todos menores do que 10 (c_0 é o dígito da unidades). Se K é divisível por 2, então, explicitamos o valor de c_0 como sendo:

$$c_0 = K - (c_n \cdot 10^n + c_{n-1} \cdot 10^{n-1} + \ldots + c_3 \cdot 10^3 + c_2 \cdot 10^2 + c_1 \cdot 10).$$

Agora, observe que o número natural $(c_n \cdot 10^n + c_{n-1} \cdot 10^{n-1} + \ldots + c_3 \cdot 10^3 + c_2 \cdot 10^2 + c_1 \cdot 10)$ é divisível por 2, porque é uma soma de números pares. Logo, c_0 é divisível por 2, como diferença de dois números divisíveis por 2.
Se c_0 é divisível por 2, então neste caso, temos $K = c_n \cdot 10^n + c_{n-1} \cdot 10^{n-1} + \ldots + c_3 \cdot 10^3 + c_2 \cdot 10^2 + c_1 \cdot 10 + c_0$, é divisível por 2, pois é uma soma finita de números divisíveis por 2.

Divisibilidade por 3 e por 9.
Um número natural K é divisível por 3 (por 9) se, e somente se, na sua representação na base 10, a soma de seus dígitos é um número divisível por 3 (por 9).

Prova

Representemos K na base 10 por:

$$K = c_n \cdot 10^n + c_{n-1} \cdot 10^{n-1} + \ldots + c_3 \cdot 10^3 + c_2 \cdot 10^2 + c_1 \cdot 10 + c_0,$$

com $c_n,\ c_{n-1},\ \ldots,\ c_3,\ c_2,\ c_1,\ c_0$ números inteiros não negativos, todos menores do que 10.
Agora, observe que: $10 = 9+1$ e $10^k = (9+1)^k$. Usando o desenvolvimento do Binômio de Newton para $(9+1)^k$, temos que:

$$(9+1)^k = 9m_k + 1,$$

onde m_k é um número inteiro.
Assim, temos que: $c_k \cdot 10^k = c_k \cdot (9+1)^k = c_k \cdot (9m_k + 1) = 9m_k c_k + c_k$. Desta maneira, podemos escrever a expressão de K na base 10 como sendo:

$$K = c_0 + (c_1 9m_1 + c_1) + (c_2 9m_2 + c_2) + (c_3 9m_3 + c_3) + \ldots + (c_n 9c_n + c_n) \Leftrightarrow$$

$$K = (c_1 9m_1 + c_2 9m_2 + c_3 9m_3 + \ldots + c_n 9c_n) + (c_0 + c_1 + c_2 + c_3 + \ldots + c_n).$$

Suponha que K seja divisível por 3 (por 9). Como temos:

$$(c_0 + c_1 + c_2 + c_3 + \ldots + c_n) = K - 9(c_1 m_1 + c_2 m_2 + c_3 m_3 + \ldots + c_n m_n),$$

segue que $(c_0 + c_1 + c_2 + c_3 + \ldots + c_n)$ é divisível por 3 (por 9), por ser a diferença de dois números divisíveis por 3 (por 9).
Por outro lado, se $(c_0 + c_1 + c_2 + c_3 + \ldots + c_n)$ é divisível por 3 (por 9), segue que
$K = 9(c_1 m_1 + c_2 m_2 + c_3 m_3 + \ldots + c_n m_n) + (c_0 + c_1 + c_2 + c_3 + \ldots + c_n)$ é divisível por 3 (por 9), como soma de dois números divisíveis por 3 (por 9).

Exemplo 6.22 Verifique, sem efetuar a divisão, se o número 187134574 é divisível por 3. ■

Solução

Basta calcular a soma dos dígitos do número dado: $1+8+7+3+4+5+7+4 = 41$. Como 41 não é divisível por 3, concluímos que o número 187134574 não é divisível por 3.

Exemplo 6.23 Considere o número inteiro K cujos dígitos são formados pela sequência crescente de todos os números inteiros começada por 10 e terminada em 99:

$$K = 10111213141516...........979899$$

Qual é a maior potência de 3 que divide K? ■

Solução

Observe que a soma $1+2+3+\ldots+9=45$. Por outro lado, a soma, S, dos dígitos do número K dado é igual a soma dos números de 10 a 19 mais a soma dos números de 20 a 29, ..., mais a soma dos números de 90 a 99, que é dada por:

$$S = (1\cdot 10+45)+(2\cdot 10+45)+(3\cdot 10+45)+(4\cdot 10+45)+\ldots+(9\cdot 10+45)$$

$$\Leftrightarrow S = (1+2+3+4+\ldots+9)\cdot 10+9\cdot 45 = 45\cdot 10+9\cdot 45 = 19\cdot 45 = 3^2\cdot 5\cdot 19.$$

Concluímos que o número K é divisível por 9, pois na decomposição em fatores primos da soma de seus dígitos o fator 3 comparece elevado exatemente ao quadrado.
Portanto, a maior potência de 3 que divide K é dois.

Divisibilidade por 4.

Um número natural K é divisível por 4 se, e somente se, na sua representação na base 10, o número formado pelos dois últimos dígitos (contados da esquerda para a direita) forma um número divisível por 4.

Prova

Suponha que a representação de K na base 10 seja:

$$K = c_n\cdot 10^n + c_{n-1}\cdot 10^{n-1}+\ldots+c_3\cdot 10^3+c_2\cdot 10^2+c_1\cdot 10+c_0,$$

com $c_n,\ c_{n-1},\ \ldots,\ c_3,\ c_2,\ c_1,\ c_0$ inteiros não negativos, todos menores do que 10. Olhando para K como sendo

$$K = (c_n\cdot 10^n + c_{n-1}\cdot 10^{n-1}+\ldots+c_2\cdot 10^2)+c_1\cdot 10+c_0,$$

é fácil ver que a parcela:

$$(c_n\cdot 10^n + c_{n-1}\cdot 10^{n-1}+\ldots+c_2\cdot 10^2) = 10^2\cdot(c_n\cdot 10^{n-2}+c_{n-1}\cdot 10^{n-3}+\ldots+c_3 10+c_2)$$

é divisível por 4, pois $10^2 = 4\cdot 25$.
Portanto, segue que K é divisível por 4 se, e só se, o número inteiro $c_1\cdot 10+c_0$ é divisível por 4.

Exemplo 6.24 Verifique, sem efetuar a divisão, se o número 2018 é divisível por 4. ■

Solução

Basta observar que $2018 = 2000+18$. Como 18 não é divisível por 4, segue que o número 2018 não é divisível por 4.

Divisibilidade por 5.

Um número natural K é divisível por 5 se, e só se, na sua representação na base 10, o dígito das unidades é igual a 0 ou 5.

Prova

Representemos K na base 10 por:

$$K = c_n \cdot 10^n + c_{n-1} \cdot 10^{n-1} + \ldots + c_3 \cdot 10^3 + c_2 \cdot 10^2 + c_1 \cdot 10 + c_0,$$

com c_n, c_{n-1}, $\ldots$, c_3, c_2, c_1, c_0 inteiros não negativos, todos menores do que 10.
Observe que a parcela $c_n \cdot 10^n + c_{n-1} \cdot 10^{n-1} + \ldots + c_3 \cdot 10^3 + c_2 \cdot 10^2 + c_1 \cdot 10$ é um número inteiro divisível por 5, pois é múltiplo de 10 e $10 = 2 \cdot 5$.
Logo, K é divisível por 5 se, e só se, c_0 é divisível por 5. Mas, $0 \leq c_0 \leq 9$. Portanto, c_0 é igual a 0 ou 5.

Divisibilidade por 6.
Um número natural K é divisível por 6 se, e somente se, na sua representação na base 10, for divisível simultaneamente por 2 e por 3.

Prova

De fato, se K é um número natural divisível por 6, então, $K = 6m$, com m um número natural. Mas, podemos escrever $K = 6m = 2 \cdot (3m) = 3 \cdot (2m)$. Logo, K é múltiplo simultaneamente de 2 e 3. Como 2 e 3 são números primos, na decomposição em fatores primos do número K comparece o 2 e o 3. Portanto, K é múltiplo do produto $2 \cdot 3 = 6$.

Antes de enunciar o critério de divisibilidade por 7, vamos fazer algumas considerações. Seja K um número natural qualquer, cuja representação na base 10 é:

$$K = c_n \cdot 10^n + c_{n-1} \cdot 10^{n-1} + \ldots + c_3 \cdot 10^3 + c_2 \cdot 10^2 + c_1 \cdot 10 + c_0,$$

com c_n, c_{n-1}, $\ldots$, c_3, c_2, c_1, c_0 inteiros não negativos, todos menores do que 10.

Agora, olhemos para a representação decimal de K como sendo a soma de duas parcelas:

$$K = (c_n \cdot 10^n + c_{n-1} \cdot 10^{n-1} + \ldots + c_3 \cdot 10^3 + c_2 \cdot 10^2 + c_1 \cdot 10) + c_0.$$

Ou ainda:

$$K = 10 \cdot (c_n \cdot 10^{n-1} + c_{n-1} \cdot 10^{n-2} + \ldots + c_3 \cdot 10^2 + c_2 \cdot 10 + c_1) + c_0.$$

Chamando $M = c_n \cdot 10^{n-1} + c_{n-1} \cdot 10^{n-2} + \ldots + c_3 \cdot 10^2 + c_2 \cdot 10 + c_1$, podemos escrever K como sendo $K = 10M + c_0$. Isto quer dizer que todo número natural pode ser escrito na forma $K = 10M + c_0$.
Por exemplo, o número $3457 = 3 \cdot 10^3 + 4 \cdot 10^2 + 5 \cdot 10 + 7 = 10 \cdot (3 \cdot 10^2 + 4 \cdot 10 + 5) + 7 = 10 \cdot M + 7$, onde $M = 3 \cdot 10^2 + 4 \cdot 10 + 5$.
Concluída a nossa observação, enunciamos a seguir o teste de divisibilidade por 7.

Divisibilidade por 7.
Um número natural $K = 10M + c_0$ é divisível por 7 se, e somente se, o número natural $M + 5 \cdot c_0$ é divisível por 7.

Prova

Se $K = 10M + c_0$ é divisível por 7, então, $5K = 5 \cdot (10M + c_0)$ também é divisível por 7, pois $MDC(5,7) = 1$.
Mas, podemos escrever:

$$5K = 5 \cdot (10M + c_0) = 50 \cdot M + 5 \cdot c_0 = 49 \cdot M + (M + 5 \cdot c_0).$$

Assim, se o número K é divisível por 7, o número inteiro $M + 5 \cdot c_0 = 5K - 49 \cdot M$ também é divisível por 7, como diferença de dois múltiplos de 7.

Por outro lado, se $M+5.c_0$ é divisível por 7, então, $10(M+5\cdot c_0)$ é um múltiplo de 7. Mas,

$$10(M+5.c_0) = 10M+50c_0 = 49c_0+(10M+c_0) = 49.c_0+K.$$

Portanto, $K = 10\cdot(M+5.c_0)-49\cdot c_0$ é um múltiplo de 7, pois é a diferença de dois múltiplos de 7.

Exemplo 6.25 Verifique, sem efetuar a divisão, se o número 1729 é divisível por 7.

Solução

Pelo que vimos acima, escrevemos

$$K = 1729 = 1\cdot 10^3+7\cdot 10^2+2\cdot 10+2 = 10\cdot(172)+9$$

e K será divisível por 7 se, e somente se, o número $172+5\cdot 9 = 217$ for divisível por 7.

Aplicando novamente o critério de divisibilidade por 7 para o número 217, temos que $217 = 7+10(21)$ será divisível por 7 se, e somente se, o número $5\cdot 7+21 = 56$ for divisível por 7.

Como 56 é divisível por 7, pois $56 = 7\cdot 8$, concluímos que 217 é divisível por 7. Portanto, 1729 é divisível por 7.

Divisibilidade por 8.

Um número natural K é divisível por 8 se, e somente se, na sua representação na base 10, o número formado pelos três últimos dígitos (contados da esquerda para a direita) forma um número divisível por 8.

Prova

Seja K um número natural qualquer, cuja representação na base 10 é:

$$K = c_n\cdot 10^n+c_{n-1}\cdot 10^{n-1}+\ldots+c_3\cdot 10^3+c_2\cdot 10^2+c_1\cdot 10+c_0,$$

com $c_n,\ c_{n-1},\ \ldots,\ c_3,\ c_2,\ c_1,\ c_0$ inteiros não negativos, todos menores do que 10.

Agora, olhamos para K da seguinte maneira:

$$K = 10^3\cdot(c_n\cdot 10^{n-3}+c_{n-1}\cdot 10^{n-4}+\ldots+c_3)+(c_2\cdot 10^2+c_1\cdot 10+c_0).$$

É fácil ver que a parcela $10^3\cdot(c_n\cdot 10^{n-3}+c_{n-1}\cdot 10^{n-4}+\ldots+c_3)$ é divisível por 8, pois $10^3 = 1000 = 8\cdot 125$. Portanto, é fácil ver que K é divisível por 8 se, e só se, o número $(c_2\cdot 10^2+c_1\cdot 10+c_0)$ é um número divisível por 8. A justificativa é análoga à mesma feita para o caso da divisibilidade por 2 e por 4.

Divisibilidade por 10.

Um número natural K é divisível por 10 se, e somente se, na sua representação na base 10, é divisível simultaneamente por 2 e por 5. Ou, que é o mesmo: um número natural K é divisível por 10 se, e somente se, na sua representação na base 10, o algarismo das unidades é zero.

Prova

Basta ver que todo número natural K pode ser escrito na forma $K = 10\cdot m+c_0$, onde c_0 é um dígito $(0\leq c_0<9)$ e que 10 divide $K = 10\cdot m+c_0$ se, e só se, 10 divide c_0, o que implica que $c_0 = 0$.

Divisibilidade por 11.

Um número natural K é divisível por 11 se, e somente se, a sua representação na base 10 é tal que a soma de seus dígitos nas posições pares menos a soma dos dígitos nas posições ímpares é um número divisível por 11.

Prova

Seja K um número natural qualquer, cuja representação na base 10 é:

$$K = c_n \cdot 10^n + c_{n-1} \cdot 10^{n-1} + \ldots + c_3 \cdot 10^3 + c_2 \cdot 10^2 + c_1 \cdot 10 + c_0,$$

com $c_n, c_{n-1}, \ldots, c_3, c_2, c_1, c_0$ inteiros não negativos, todos menores do que 10.
Agora, observe que: $10 = 11 - 1$ e $10^k = (11-1)^k$. Usando o desenvolvimento do Binômio de Newton para $(11-1)^k$, temos que:
$(11-1)^k = 11m_k + 1$, se k é um inteiro par, com m_k um número inteiro e
$(11-1)^k = 11m_k - 1$, se k é um inteiro ímpar, com m_k um número inteiro.
Assim, temos que:
$c_k \cdot 10^k = c_k \cdot (11-1)^k = c_k \cdot (11m_k + 1) = 11m_k \cdot c_k + c_k$, se k é um inteiro par e
$c_k \cdot 10^k = c_k \cdot (11-1)^k = c_k(11m_k - 1) = 11m_k \cdot c_k - c_k$, se k é um inteiro ímpar.
Logo, temos que:

$$\begin{aligned} K &= c_n \cdot 10^n + c_{n-1} \cdot 10^{n-1} + \ldots + c_2 \cdot 10^2 + c_1 \cdot 10 + c_0 \\ &= c_0 + c_1 \cdot 10 + c_2 \cdot 10^2 + \ldots + c_n \cdot 10^n \\ &= c_0 + (11m_1 \cdot c_1 - c_1) + (11m_2 \cdot c_2 + c_2) + \ldots + (11m_n \cdot c_n + (-1)^n c_n) \\ &= (c_0 - c_1 + c_2 - c_3 + c_4 - \ldots + (-1)^k \cdot c_n) + \ldots + 11m_n c_n \\ &= (c_0 - c_1 + c_2 - c_3 + c_4 - \ldots + (-1)^k \cdot c_n) + 11s, \end{aligned}$$

com $s \in \mathbb{Z}$. Portanto, é fácil ver que K é divisível por 11, se, e só se,

$$(c_0 - c_1 + c_2 - c_3 + c_4 - \ldots + (-1)^k \cdot c_n) \text{ é divisível por } 11.$$

Ou seja, K é divisível por 11, se, e só se, 11 divide a soma alternada dos dígitos de K na base 10.

■ **Exemplo 6.26** Verifique, sem efetuar a divisão, se o número 90806375 é divisível por 11. ■

Solução

Basta calcular a soma alternada dos dígitos do número dado: $9-0+8-0+6-3+7-5 = 22$, que é divisível por 11, pois $22 = 2 \cdot 11$. Portanto, o número 90806375 é divisível por 11.

■ **Exemplo 6.27** Encontrar o dígito das unidades do número 137^{43}. ■

Solução

Observe que $137^{43} = \underbrace{137 \cdot 137 \cdot 137 \cdot \ldots \cdot 137}_{43 \quad fatores}$. Logo, o dígito das unidades de 137^{43} é igual ao dígito das unidades de $7^{43} = \underbrace{7 \cdot 7 \cdot 7 \cdot \ldots \cdot 7}_{43 \quad fatores}$. Agora, como os dígitos das unidades das potências de 7 aparecem de forma cíclica, de comprimento 4: $7, 9, 3, 1, 7, 9, 3, 1, \ldots$, pois $7^1 = 7$, $7^2 = 49$, $7^3 = 343$, $7^4 = 2001, \ldots$. Como $43 = 4 \cdot 10 + 3$, temos que para alcançar 7^{43} necessitamos de 10 ciclos e mais 3. Como 7^3 tem dígito das unidades igual a 3, segue que a resposta é 3.

■ **Exemplo 6.28** (TT-1984) Prove que, dentre quaisquer 18 números inteiros consecutivos de três dígitos, existe no mínimo um deles que é divisível pela soma de seus dígitos. ■

Solução

Observe que dentre quaisquer 18 números inteiros consecutivos de três dígitos existem exatamente dois deles que são múltiplos de 9. Olhemos para estes dois números que são múltiplos de 9. A soma dos dígitos desses dois números (independente da ordem deles) tem que ser: $\{9,\ 9\}$; $\{9,\ 18\}$, $\{18,\ 18\}$ *ou* $\{27,\ 27\}$.
Agora, um número inteiro de três dígitos tem 27 como soma seus dígitos somente se ele for 999, que é divisível por 27, pois $999 = 27 \cdot 37$. Portanto, nessa situação o resultado é verdadeiro.
Se as somas dos dígitos dos dois números forem ambas iguais a 18, basta observar que um dos dois múltiplos de 9 necessariamente é par, pois estão entre os 18 números inteiros consecutivos. Logo, neste caso, o número necessariamente tem de ser simultaneamente múltiplo de 9 e de 2. Portanto, é divisível por 18, pois $MDC(2,9) = 1$.
Nos outros casos, em que a soma dos dígitos é igual a 9, segue imediatamente do critério de divisibilidade por 9, o que conclui a prova.

■ **Exemplo 6.29** (TT-1986) Considere dois números naturais, x e y, ambos com dois dígitos, formando o número xy, escritos na base decimal. Sabe-se que x é duas vezes y. Um dos dígitos de y é a soma, enquanto o outro é a diferença, dos dígitos de x.

Encontre x e y, provando que não existem outros. ■

Solução

Sejam $x = x_1x_2 = 10 \cdot x_1 + x_2$ e $y = y_1y_2 = 10 \cdot y_1 + y_2$, onde $y_2 = x_1 + x_2$, caso contrário, y seria maior do que x, o que contraria a hipótese.
Desse modo:

$$y_2 = |x_1 - x_2| \qquad e$$

$$10x_1 + x_2 = 2(10y_1 + y_2). \qquad (*)$$

Existem dois casos possíveis:
(i) quando $y_1 = x_1 - x_2$, e (ii) quando $y_1 = x_2 - x_1$.
Substituindo a condição (i) em $(*)$, temos

$$\begin{aligned} 10x_1 + x_2 &= 2 \cdot (10 \cdot x_1 - 10 \cdot x_2 + x_1 + x_2) \\ &= 22 \cdot x_1 - 18 \cdot x_2 \end{aligned}$$

Portanto, temos $19x_2 = 12 \cdot x_1$.
Como $MDC(19,12) = 1$, temos que x_1 é múltiplo de 19 e x_1 é múltiplo de 12. Mas, isso é impossível, pois x_1 e x_2 são dígitos. Portanto a condição (i) não se verifica.
Se $y_1 = x_2 - x_1$, segue que

$$\begin{aligned} 10 \cdot x_1 + x_2 &= 2 \cdot (10 \cdot x_2 - 10x_1 + x_1 + x_1) \\ &= 22 \cdot x_2 - 18 \cdot x_1 \Leftrightarrow 28x_1 \\ &= 21 \cdot x_2 \Leftrightarrow 4 \cdot x_1 \\ &= 3 \cdot x_2 \end{aligned}$$

Como $MDC(4,3) = 1$, temos que x_1 é múltiplo de 3 e x_2 é múltiplo de 4. Portanto, os casos possíveis são:

$$x_1 = 3 \quad e \quad x_2 = 4 \quad ou$$

$$x_1 = 6 \quad e \quad x_2 = 8 \quad ou$$

Se $x_1 = 3 \quad e \quad x_2 = 4 \quad \to x = 34 \quad e \quad y = 17$.
Se $x_1 = 6 \quad e \quad x_2 = 8 \quad \to x = 68 \quad e \quad y = 34$, que não satisfaz as hipóteses do problema.
Portanto, a resposta é $x = 34 \quad e \quad y = 17$.

■ **Exemplo 6.30** (TT-1985) Escreve-se um número natural K na base decimal. Sabe-se que todo dígito dessa representação divide o número K.

Qual é o número máximo de dígitos distintos que pode ter essa representação de K na base decimal? ■

Solução

Se 5 divide K, segue que o dígito das unidades de K deve ser 5, pois, pela hipótese, o 0 não pode ser dígito na representação de K na base 10. Isto implica que K não pode ser divisível por 2, 4, 6 ou 8. Logo, K pode conter no máximo cinco dígitos distintos. Por outro lado, considere o número $6.478.319.232$, que não é divisível por 5. Este número é divisível por todos os seus dígitos. Portanto, o número máximo de dígitos distintos é 8.

■ **Exemplo 6.31** É possível escrever a fração $\frac{5}{8}$ na base 3? ■

Solução

A resposta é sim.
Inicialmente, vamos pensar na base 10. A fração $\frac{5}{8} = 0,625$ pode ser escrita na base 10 como:

$$\frac{5}{8} = 6 \cdot \frac{1}{10} + 2 \cdot \frac{1}{10^2} + 5 \cdot \frac{1}{10^3}.$$

De maneira análoga, para escrever uma fração (um número racional) menor do que 1, $\frac{m}{n}$, na base 3, precisamos encontrar coeficientes a_1, a_2, a_3, $a_4, \ldots$, todos os números inteiros não negativos e menores do que 3, para os quais:

$$\frac{m}{n} = a_1 \cdot \frac{1}{3} + a_2 \cdot \frac{1}{3^2} + a_3 \cdot \frac{1}{3^3} + a_4 \cdot \frac{1}{3^4} + \ldots \quad (*)$$

Para encontrar o coeficiente a_1, multiplicamos ambos os lados da equação $(*)$ por 3, obtendo:

$$\frac{3m}{n} = a_1 + a_2 \cdot \frac{1}{3} + a_3 \cdot \frac{1}{3^2} + a_4 \cdot \frac{1}{3^3} + \ldots \quad (*)$$

Usando o algoritmo da divisão para os números inteiros $3m$ e n, temos $3m = qn + r$, onde $q, r \in \mathbb{Z}$, com $0 \leq r < n$.
Assim, temos que $\frac{3m}{n} = \frac{qn + r}{n} = q + \frac{r}{n}$, o que permite-nos concluir que $a_1 = q$ e $\frac{r}{n}$ é a parte fracionária.
Ou seja,

$$\frac{r}{n} = a_2 \cdot + \frac{1}{3^2} + a_3 \cdot \frac{1}{3^3} + a_4 \cdot \frac{1}{3^4} + \ldots \quad (**)$$

Agora, aplicamos o mesmo procedimento, multiplicando por 3 ambos os lados da equação $(**)$, vamos encontrar a_2, e assim por diante.
Desse modo, queremos encontrar coeficientes a_1, a_2, a_3, $a_4, \ldots$ para os quais

$$\frac{5}{8} = a_1 \cdot \frac{1}{3} + a_2 \cdot \frac{1}{3^2} + a_3 \cdot \frac{1}{3^3} + a_4 \cdot \frac{1}{3^4} + \ldots \quad (***)$$

Multiplicando ambos os lados da equação $(*)$ por 3, temos:

$$\frac{15}{8} = a_1 + a_2 \cdot \frac{1}{3} + a_3 \cdot \frac{1}{3^2} + a_4 \cdot \frac{1}{3^3} + \dots \quad (****)$$

Como $15 = 1 \cdot 8 + 7$, temos que:

$$\frac{1 \cdot 8 + 7}{8} = a_1 + a_2 \cdot \frac{1}{3} + a_3 \cdot \frac{1}{3^2} + a_4 \cdot \frac{1}{3^3} + \dots \quad (****)$$

Portanto, $a_1 = 1$ e a fração $\frac{7}{8}$ será igual a parte fracionária restante, o que nos dá:

$$\frac{7}{8} = a_2 \cdot \frac{1}{3} + a_3 \cdot \frac{1}{3^2} + a_4 \cdot \frac{1}{3^3} + \dots \quad (*)$$

Novamente, multiplicando por 3 ambos os lados da última equação e fazendo a divisão $21 = 2 \cdot 8 + 5$, temos que $a_2 = 2$ e

$$\frac{5}{8} = a_3 + a_4 \cdot \frac{1}{3} + \dots \quad (*)$$

Prosseguindo, vamos encontrar

$$\frac{5}{8} = 1 \cdot \frac{1}{3} + 2 \cdot \frac{1}{3^2} + 1 \cdot \frac{1}{3^3} + 2 \cdot \frac{1}{3^4} + 1 \cdot \frac{1}{3^5} + \dots = .$$

Portanto, $\frac{5}{8} = 0,1212\dots_{(3)}$.

■ **Exemplo 6.32** Converta a fração decimal $6,625$ para a base 2. ■

Solução

Observe que, $6,625 = 6 + 0,625$ e que $6 = 112_{(2)}$. Por outro lado, temos que $0,625 = \frac{5}{8}$ e que

$$\frac{5}{8} = a_1 \cdot \frac{1}{2} + a_2 \cdot \frac{1}{2^2} + a_3 \cdot \frac{1}{2^3} + a_4 \cdot \frac{1}{2^4} + \dots$$

Temos que encontrar os coeficientes a_1, a_2, a_3, $a_4, \dots$. Para isso, multipliquemos ambos os lados da equação acima por 2, obtendo:

$$\frac{2 \cdot 5}{8} = \frac{5}{4} = a_1 + a_2 \cdot \frac{1}{2} + a_3 \cdot \frac{1}{2^2} + a_4 \cdot \frac{1}{2^3} + \dots.$$

Como $5 = 1 \cdot 4 + 1$, temos que $\frac{5}{4} = 1 + \frac{1}{4}$. Logo, $a_1 = 1$ e

$$\frac{1}{4} = a_2 \cdot \frac{1}{2} + a_3 \cdot \frac{1}{2^2} + a_4 \cdot \frac{1}{2^3} + \dots$$

Multiplicando ambos os lados da equação acima por 2 obtemos:

$$\frac{1}{2} = a_2 + a_3 \cdot \frac{1}{2} + a_4 \cdot \frac{1}{2^2} + \dots$$

Como $1 = 0 \cdot 2 + 1$, segue que $\frac{1}{2} = 0 + \frac{1}{2}$, o que implica $a_2 = 0$ e

$$\frac{1}{2} = a_3 \cdot \frac{1}{2} + a_4 \cdot \frac{1}{2^2} + \dots$$

Multiplicando ambos os lados da equação acima, temos:

$$1 = a_3 + a_4 \cdot \frac{1}{2} + \dots,$$

o que implica $a_3 = 1$. Portanto, $6,625 = 110,101_{(2)}$.

Exemplo 6.33 Encontre a soma de todos os dígitos do número natural K obtido pelo produto:

$$K = \underbrace{333\ldots333}_{2017 \text{ dígitos } 3} \times \underbrace{666\ldots666}_{2017 \text{ dígitos } 6}$$

Solução

Basta observar que podemos escrever:

$$K = \underbrace{333\ldots333}_{2017 \text{ dígitos } 3} \times 3 \times \underbrace{222\ldots222}_{2017 \text{ dígitos } 2},$$

ou ainda

$$K = \underbrace{999\ldots999}_{2017 \text{ dígitos } 9} \times \underbrace{222\ldots222}_{2017 \text{ dígitos } 2}.$$

Agora, observe que:

$$\underbrace{999\ldots999}_{2017 \text{ dígitos } 9} = \underbrace{10000\ldots00}_{2017 \text{ dígitos } 0} - 1,$$

o que implica

$$K = (\underbrace{10000\ldots00}_{2017 \text{ dígitos } 0} - 1) \times (\underbrace{222\ldots222}_{2017 \text{ dígitos } 2}) \Leftrightarrow$$

$$K = \underbrace{222\ldots222}_{2017 \text{ dígitos } 2}\underbrace{000\ldots000}_{2017 \text{ zeros}} - (\underbrace{222\ldots222}_{2017 \text{ dígitos } 2}).$$

Assim, temos que

$$K = \underbrace{222\ldots222}_{2016 \text{ dígitos } 2}\ 1\ \underbrace{777\ldots778}_{2016 \text{ dígitos } 7}$$

Como $2+7=9$ e $1+8=9$, temos a soma dos dígitos do número K é igual a $2017 \cdot 9 = 18.153$.

Exemplo 6.34 (ARML-2016) Calcule, na base 10, o valor da expressão

$$S = 111_2 + 222_3 + 333_4 + \ldots + 888_9$$

Solução

Observe que, para $m = 1, 2, 3, \ldots, 8$, temos:

$$\begin{aligned} mmm_{(m+1)} &= m \cdot (m+1)^2 + m \cdot (m+1) + m \\ &= m \cdot (m^2 + 2m + 1) + m^2 + m + m \\ &= m^3 + 3m^2 + 3m = \\ &= m^3 + 3m^2 + 3m + 1 - 1 \\ &= (m+1)^3 - 1. \end{aligned}$$

Portanto, podemos reescrever a soma dada como

$$\begin{aligned} S &= (2^3-1)+(3^3-1)+(4^3-1)+\ldots+(9^3-1) \\ &= 2^3+3^3+4^3+\ldots+9^3-8\cdot(-1) \\ &= 1^3+2^3+3^3+4^3+\ldots+9^3-8-1^3. \end{aligned}$$

Como temos que:

$$1^3+2^3+3^3+4^3+\ldots+n^3=(1+2+3+4+\ldots+n)^2=\left[\frac{n\cdot(n+1)}{2}\right]^2,$$

Podemos escrever:

$$S=\left[\frac{9\cdot(9+1)}{2}\right]^2-9=45^2-1=2016,$$

que é a resposta.

■ **Exemplo 6.35** (OMA) Juliano encontrou os primeiros 100 números primos, elevou cada um deles à quarta potência e somou os resultados.

Determine o último dígito (o das unidades) da soma do Juliano.

Observação: O número 1 **não** é primo. ■

Solução

Os números encontrados por Juliano foram: $2, 3, 5, 7, 11, 13, 17, \ldots$. Observe que todos os primos encontrados por Juliano, exceto 2 e 5, tem dígito das unidades 1, 3 ou 7, pois não existe nenhum número primo par maior do que 2 e nenhum múltiplo de 5 maior do que 5 é primo.
Seja S a soma da quarta potência de todos os 100 primeiros números primos. Observe que o dígito das unidades de qualquer inteiro positivo é igual ao resto da divisão desse número por 10. Logo, para encontrar o dígito das unidades de S basta encontrar o resto da divisão de S por 10. Para isso, basta identificar o resto de cada divisão por 10 de cada uma das 100 potências (quarta potência) dos primos e somá-los. Agora, para fazer isso, basta observar que como $2^4=16$, $5^4=625$, existem dois números cujos dígitos das unidades são respectivamente 6 e 5 e as restantes 98 potências têm o dígito das unidades igual a 1, pois 1^4, 3^4, 7^4 tem dígito das unidades igual a 1, pois, como vimos acima, os restantes 98 primos têm dígitos das unidades 1, 3 ou 7. Assim, o dígito das unidades de S será o dígito das unidades do número

$$6+5+98\cdot 1=6+5+98=109 \; e \; 109=10\cdot 10+9.$$

Portanto, a resposta é 9.

■ **Exemplo 6.36** Num país distante, o rei ordenou aos seus súditos que preparassem um grande banquete para celebrar o casamento de sua filha. Ele convidou toda a aristocracia dos reinos vizinhos e separou 1000 barris de vinho de sua adega para servir aos convidados. Infelizmente, um bando de terroristas preparou um plano para envenenar o vinho. Uma semana antes do banquete, eles entraram na adega e conseguiram envenenar um dos 1000 barris antes de serem capturados. Somente poucas dezenas de terroristas foram capturados vivos, mas na confusão, ninguém se lembrava qual foi o barril envenenado. Não há mais tempo suficiente para encomendar a mesma quantidade de barris que o rei queria oferecer aos seus convidados. Para preservar o seu prestígio, o rei pede o carcereiro real para usar os prisioneiros para identificar o barril envenenado no prazo de uma semana. Sabe-se que um único gole do vinho envenenado é suficiente para matar. No entanto, os efeitos do veneno mostram-se apenas em uma semana, embora seja impossível prever quando durante a semana, ele vai morrer. A festa é daqui a uma semana.

Qual é o menor número de prisioneiros que o carcereiro deve empregar para identificar o barril envenenado?

Solução

Vamos numerar 1, 2, 3, ..., 998, 99, 1000 os barris de vinho. A ideia é fazer com que os prisioneiros tomem um gole de vinho de alguns barris. Mas, o problema é a definição de quantos e quais barris devem ser testados por cada prisioneiro.
Se só fosse usado um prisioneiro, P_1, ele deveria dar um gole de um único barril, pois se ele bebesse de todos os outros barris, não haveria como decidir qual deles seria o barril envenenado. Se eles bebessem um gole de outros barris (não de todos), não haveria a garantia de que ele seria envenenado e, se ele fosse envenenado, não saberíamos qual o barril envenenado. Assim, o uso de um único prisioneiro seria insuficiente.
Se só fossem usados dois prisioneiro, P_1, P_2, poderíamos fazer uma combinação:

- P_1 daria um gole do vinho do barril 1;
- P_2 daria um gole do vinho do barril 2;
- P_1 e P_2 dariam um gole do vinho do barril 3;

Se, depois do efeito do veneno, morressem só o prisioneiro P_1, o barril envenenado seria o barril 1. Se morresse só o prisioneiro P_2 o barril envenenado seria o barril 2. Se, depois do efeito do veneno, morressem os prisioneiros P_1 e P_2, o barril envenenado seria o barril 3. (Se nenhum dos dois morresse, o barril envenenado seria um dos barris não testados).
Mas, desse modo, só poderíamos verificar 3 barris. Com a mesma ideia, se usássemos 4 prisioneiros, só poderíamos verificar 6 barris.
Assim, para identificar qual dos 1000 barris é o envenenado, temos que criar um mecanismo que seja capaz de identificá-lo dentre os 1000 barris da adega do rei. A ideia é escrever o número de cada barril na base 2:

$1 = 0000000001$;
$2 = 0000000010$;
$3 = 0000000011$;
$4 = 0000000100$;
....
$1000 = 1111101000$.

Como, para expressar um número qualquer de 1 até 1000 na base 2 precisamos ao todo de dez dígitos (0 e/ou 1), pois $2^{20} = 102 > 1000$, o carcereiro vai precisar de 10 prisioneiros, que ele os numera de 1 até 10. Agora, o carcereiro faz com que o prisioneiro de número 1 beba um gole de todos os barris cujo número escrito na base 2 termine com 1, que são os barris ímpares. Se o prisioneiro 1 morrer, o barril envenenado é um de número ímpar. Depois faz com que o prisioneiro de número 2 beba um gole de todos os barris cujo número na base 2 tenha o 1 como penúltimo número.
Agora, olhamos para o terceiro dígito, (da direita para a esquerda). O carcereiro faz com que o prisioneiro de número 3 beba um gole de cada barril para o qual o número do barril na base 2 tenha o terceiro dígito igual a 1. Ou seja, o prisioneiro de número 3 beberá um gole dos barris: $0000000010 = 2$, $0000000011 = 3$, $0000000110 = 6$, $0000000111 = 7$, $0000001010 = 10$, $0000001011 = 11$ e assim por diante. Se o prisioneiro de número 3 morrer, saberemos que o barril envenenado deve ter sido em um desses barris.
De modo análogo, o carcereiro faz o prisioneiro de número 4 beber um gole de cada barril para o qual o número do barril na base 2 tenha o quarto dígito igual a 1, e assim por diante.

Finalmente, sabendo quais foram os números dos prisioneiros que morreram, saberemos como decidir qual foi o barril envenenado. Por exemplo, se apenas os prisioneiros de números 1, 3, 4, e 7 morreram, sabemos que, na base 2, o número do barril envenenado tem o dígito 1 nas posições 1, 3, 4, e 7. Ou seja, o número do barril será dado por

$$0001001101_{(2)} = 1 \cdot 2^6 + 1 \cdot 2^3 + 1 \cdot 2^2 + 1 = 64 + 8 + 4 + 1 = 77.$$

■ **Exemplo 6.37** Mostre que, em todos os sistemas de numeração de base inferior a 5, o número 40001 é divisível por 221. ■

Solução

Seja $b \geq 5$ a base do sistema de numeração. Nesta base, a representação dos números 40001 e 221 são dadas por:

$$40001 = 4b^4 + 1 \quad e \quad 221 = 2b^2 + 2b + 1.$$

Agora, observe que, usando a álgebra elementar, podemos escrever

$$\begin{aligned} 4b^4 + 1 &= (4b^4 + 4b^2 + 1) - 4b^2 \\ &= (2b^2 + 1)^2 - (2b)^2 \\ &= (2b^2 + 2b + 1) \cdot (2b^2 - 2b + 1) \qquad (*). \end{aligned}$$

Precisamos entender o que significa o termo $-2b$ na representação de um número na base b.
Vamos pensar na base 10 e considerar o número 285, cuja representação decimal é:

$$285 = 2 \cdot 10^2 + 8 \cdot 10 + 5.$$

Fazemos aparecer na representação de 285 na base 10 um "dígito" negativo, quando trocamos o dígito 8, que é maior do que $\frac{10}{2}$, pelo número $\overline{c} = 10 - c = 10 - 8 = 2$, tomado negativo, e aumentamos uma unidade ao dígito imediatamente à esquerda. Assim, temos:

$$285 = 2 \cdot 10^2 + 8 \cdot 10 + 5 = 3 \cdot 10^2 - 2 \cdot 10 + 5$$

Do mesmo modo, a representação do número 6738 na base 10, isto é $6738 = 6 \cdot 10^3 + 7 \cdot 10^2 + 3 \cdot 10 + 8$, pode ser escrita com "dígitos" negativos, quando trocamos 6 por $10 - 6 = 4$, 7 por $10 - 7 = 3$ e 8 por $10 - 8 = 2$, todos tomados negativos, e aumentamos uma unidade nos respectivos dígitos à esquerda:

$$6738 = 6 \cdot 10^3 + 7 \cdot 10^2 + 3 \cdot 10 + 8 = 1 \cdot 10^4 - 3 \cdot 10^3 - 3 \cdot 10^2 + 4 \cdot 10 - 2$$

Isto decorre do fato de que: $c_{i+1} \cdot b^{i+1} + c_i \cdot b^i = (c_{i+1} + 1)b^{i+1} - (b - c_i)b^i$.
Assim, de $(*)$, fazendo b=10, temos que:

$$4 \cdot 10^4 + 1 = (2 \cdot 10^2 + 2 \cdot 10 + 1) \cdot (2 \cdot 10^2 - 2 \cdot 10 + 1) \Leftrightarrow 40001 = 221 \cdot 181.$$

Logo, o número 221 divide 40001, como queríamos mostrar.

■ **Exemplo 6.38** (ARML Competition 2017) Seja $E(n)$ a quantidade mínima de inteiros estritamente maiores que n cuja representação na base 10 contém apenas dígitos pares, e $O(n)$ a quantidade mínima de inteiros estritamente maiores que n cuja representação na base 10 contém apenas dígitos ímpares.

Calcule o menor número inteiro positivo N para o qual $E(N) + O(N)$ seja um múltiplo de 2017. ■

Solução

Seja $S(n) = E(n) + O(n)$. Em geral, $S(n)$ é um número cujos dígitos são todos ímpares, ou $S(n)$ tem o dígito inicial 2, e os dígitos restantes todos ímpares.
Para provar esta observação, observe que um dos números $E(n)$ e $O(n)$ consistirá de um dígito inicial seguido de todos outros, sendo 0 ou todos os outros sendo 1, respectivamente: se d é o primeiro dígito de n (mais à esquerda) e d é ímpar, então o próximo número maior com todos os dígitos pares deve ter o primeiro dígito $d + 1$ (ou 2 se $d = 9$) seguido de todos os 0, enquanto que se d é par, então o próximo número maior com todos os dígitos ímpares deve ter o primeiro dígito de $d + 1$ seguido de todos os 1's.

Para calcular a soma $E(n)+O(n)$, consideramos a soma de cada par de dígitos correspondentes separadamente, começando com os dígitos imediatamente à direita dos seus dígitos mais à esquerda. Se d for ímpar, esse processo equivale a adicionar 0 para os dígitos de $O(n)$. Se d for par, esse processo equivale a adicionar 1 aos dígitos de $E(n)$, e nenhum dos dígitos de $E(n)$ é um 9. Em nenhum dos casos, é necessário transportar um 1. Assim, quando somamos $E(n)$ mais $O(n)$, não será necessário transportar um 1, exceto possivelmente no dígito inicial. Se $E(n)$ e $O(n)$ tiverem o mesmo número de dígitos, então o dígito inicial de $S(n)$ será ímpar. Se $E(n)$ e $O(n)$ não tiverem o mesmo número de dígitos, então $O(n)$ deve ter o dígito inicial 9 e $E(n)$ terá um dígito a mais do que $O(n)$, com um inicial 2 e 0 em qualquer outro lugar. De qualquer jeito, o número $S(n)$ será da forma acima. Este argumento prova a nossa observação acima.
Portanto, para determinar possíveis valores de $S(n)$, procuramos múltiplos de 2017 que sejam formados somente de dígitos ímpares ou tenham um dígito inicial 2, seguido por todos os dígitos ímpares.
Considere os primeiros múltiplos de 2017, que são: 2017, 4034, 6051, ... A posição do dígito dos milhares continuará a ser par, até múltiplos suficientes de 17 sejam acumulados para serem transportrados o lugar do dígito dos milhares. Enquanto o lugar de milhares for par, o múltiplo de 2017 não pode ser um valor possível para $S(N)$, porque todos os dígitos não serão pares, e os dígitos da posição dos milhares não são o dígito inicial do múltiplo (exceto para 2017, o que não funciona porque 0 não é ímpar). Assim sendo, observando que $58 < \frac{1000}{17} < 59$, pule diretamente para $59 \cdot 2017 = 119003$. Assim, para forçar que o lugar do dígito das centenas seja ímpar, observe que $5 < \frac{97}{17} < 6$, então pule de $6 \cdot 2017$ para $65 \cdot 2017 = 131105$. Este valor ainda não funciona, então observando que $S(N)$ deve ser ímpar, considere $S(N) = 67 \cdot 2017 = 135139$.
Observe que se $S(N)$ não começa com um 2, então $E(N)$ e $O(N)$ têm o mesmo número de dígitos, e o primeiro dígito de $E(N)$ e $O(N)$ devem ser diferentes por 1, então $E(N)$ deve começar com um 6 e $O(N)$ deve ser igual a 71111. Assim, temos que $E(N) = 135139 - 71111 = 64028$, e, portanto, $N = min(64028,\ 71111) - 2 = 64026$.

■ **Exemplo 6.39** Para todo número natural n, chamamos $f(n)$ o menor dígito que comparece na expansão de n na base decimal. Por exemplo, $f(29178) = 1$; $f(2014) = 0$. Calcule:

$$f(1.000.000.000) + f(1.000.000.001) + \ldots + f(9.999.999.999)$$

■

Solução

A quantidade de inteiros distintos de dez dígitos contendo apenas os dígitos de 1 a 9 é igual a 9^{10}. Existem 8^{10} números que contêm apenas os dígitos de 2 a 8. Portanto, temos $9^{10} - 8^{10}$ números para os quais f é igual a 1. Com o mesmo raciocínio, temos $8^{10} - 7^{10}$ números para os quais f é igual a 2 etc. O número total será:

$$1 \cdot (9^{10} - 8^{10}) + 2 \cdot (8^{10} - 7^{10}) + \ldots + 8 \cdot (2^{10} - 1^{10}) + 9 \cdot 1^{10} = 4.914.341.925.$$

6.7 Resumo

Neste capítulo, estudamos a representação dos números naturais numa base qualquer e os critérios de divisibilidade, que nos permitem decidir se um determinado inteiro é ou não divisível por outro, sem precisar efetuar a divisão.

6.8 Conjunto de Problemas VI

Problema 6.1 Calcule:
(a) $23_5 \cdot 42_5$ (b) $54_6 - 23_6$ (c) $132_5 \cdot 24_5$. ■

Problema 6.2 Escreva na base 7 o número cuja representação na base 5 é 14432_5. ■

Problema 6.3 Escreva os primeiros 25 inteiros positivos na base 12. ■

Problema 6.4 Encontre o dígito das unidades do número
(a) 107^{2007} (b) 24^{100} (c) $1+2+3+\ldots+100$. ■

Problema 6.5 Converta para a base b, onde $b \geq 3$, o número 100_{b+1}. ■

Problema 6.6 Qual é a relação que existe entre um número escrito na base 2 e o seu dobro? ■

Problema 6.7 Encontre o vigésimo menor inteiro positivo cuja representação na base 3 só comparecem os dígitos 0 e 1. ■

Problema 6.8 Quando 542_7 é dividido em 5 partes iguais, qual é o valor de cada parte? ■

Problema 6.9 Ana, uma adolescente, tem o quadrado da idade dela igual ao número da casa da rua em que mora. A idade dela e o número da casa têm o mesmo dígito das unidades, mas a soma desses números não é um múltiplo de 10.

Qual é a idade de Ana? ■

Problema 6.10 Se o número 86_b é igual ao triplo de 28_b, qual é o valor de b? ■

Problema 6.11 Qual é o maior número de três dígitos na base 14? ■

Problema 6.12 Encontre os números naturais a e b para os quais: $1727 = a \cdot 8^3 + b$, onde $0 \leq b < 8^3$ e $0 < a < 8^3$. ■

Problema 6.13 Verifique que: quando se subtrai de um número natural, na sua representação na base 10, a soma de seus dígitos, o resultado é um número divisível por 9. ■

Problema 6.14 Verifique, sem efetuar a divisão, se o número 174557974 é divisível por 7. ■

Problema 6.15 Na sua representação na base 10, quantos dígitos têm o número $7 \cdot 5^{41}$? ■

Sugestão: Seja $K = 7 \cdot 5^{41}$. Verifique que o logaritmo na base 10 de K é, aproximadamente, igual 29,5.

Problema 6.16 Um número natural A possui uma quantidade ímpar de dígitos.
(i) Escreve-se duas cópias de A, uma em seguida da outra, formando o número B, com uma quantidade par de dígitos. O novo número B é divisível por 11?
(ii) O número C, obtido de A escrevendo-se os dígitos em ordem inversa, é, necessariamente, divisível por 11? ■

Problema 6.17 Um número inteiro positivo K é divisível por 24 e, quando escrito na base 10, tem somente os dígitos 1 e 0. Se K é o menor número inteiro positivo com essas condições, qual é o número de dígito de K? ■

Problema 6.18 Qual é o resto da divisão de 11110_2 por 110_2? ■

Problema 6.19 Encontre o maior número primo (escrito na base 10) que divide a soma:

$$1_2 + 10_2 + 100_2 + 1000_2 + \ldots + 100000000_2.$$

■

Sugestão: Prove que a soma dada é igual a $2^9 - 1 = 8^3 - 1$.

Problema 6.20 Reduza a fração $\dfrac{116690151}{427863887}$ na sua forma mais simples. ■

Problema 6.21 Mostre que $(1110) \cdot (1111) \cdot (1112) \cdot (1113) = (1.235.431)^2 - 1$, em qualquer sistema de numeração de base maior do que 5. ■

Problema 6.22 (AIME-1986) Num salão de jogos, o "mágico"' pede a um dos participantes para pensar num número de três dígitos (abc), onde a, b e c representam, na ordem indicada, dígitos na base 10. Em seguida, o mágico pede a esta pessoa para formar os números (acb), (bac), (bca), (cab) e (cba) e somar esses cinco números e falar o total, T, da soma. O mágico então identifica o número inicial (abc).

Qual é o truque? ■

Problema 6.23 Em que base b o número $M = 11111_b$ é um quadrado perfeito? ■

Problema 6.24 Dê uma justificativa para o teste de divisibilidade por 13, apresentado abaixo.
Seja K um número natural qualquer, cuja representação na base 10 é:

$$K = c_n \cdot 10^n + c_{n-1} \cdot 10^{n-1} + \ldots + c_3 \cdot 10^3 + c_2 \cdot 10^2 + c_1 \cdot 10 + c_0.$$

Se $M = c_n \cdot 10^{n-1} + c_{n-1} \cdot 10^{n-2} + \ldots + c_3 \cdot 10^2 + c_2 \cdot 10^1 + c_1$, podemos escrever K como sendo $K =$

$10 \cdot M + c_0$.

Um número natural K é divisível por 13 se, e somente se, o número natural $M + 4 \cdot c_0$ é divisível por 13. ■

Problema 6.25 Existem quantos números positivos de dez dígitos distintos que são múltiplos de 11111? ■

Sugestão - Observe que os números procurados possuem como dígitos $0,\ 1,\ 2,\ \ldots,\ 9$, cada um deles usado uma única vez. Além disso, o primeiro dígito de cada um desses números não pode ser 0. Como $0+1+\ldots+9=45$, segue que os números que queremos devem ser divisíveis por 9 e, portanto, também por 99999. Seja $n = a_1a_2a_3a_4a_5a_6a_7a_8a_9a_{10}$ um número qualquer dos que queremos. Seja $A = a_1a_2a_3a_4a_5$ o número formado pelos primeiros cinco dígitos de n e $B = a_6a_7a_8a_9a_{10}$ o número formado pelos últimos cinco dígitos de n. Assim, $n = 100000 \cdot A + B$, o que nos leva a concluir que 99999 divide n se, e somente se, 99999 divide $A+B$, pois podemos escrever $n = 100000 \cdot A + B = 99999A + (A+B)$. Agora, observe que, dados que $A,\ B$ inteiros positivos de cinco dígitos inferiores a 99999, temos que $0 < A+B < 2 \cdot 99999$, o que implica $A+B = 99999$, ou $B = 99999 - A$, que é uma condição necessária e suficiente que tem de satisfazer $A,\ B$ para que o número n seja divisível por 99999. Desse modo, para $i = 1,\ 2,\ 3,\ 4,5$ o $i-$ésimo dígito de B é o que falta para 9 do $i-$ésimo dígito de A. Logo, para cada i, existem cinco pares possíveis: $(0,9)$, $(1,8)$, $(2,7)$, $(3,6)$, $(4,5)$, $(5,4)$. Sabemos que esses pares devem ser utilizados em determinada ordem, ou seja $5!$ maneiras distintas, e ao mesmo tempo, em cada par podemos escolher qual dígito será colocado para compor o número A e qual irá compor B, um total de 2^5 possibilidades. Por outro lado, temos que remover todas as possibilidades do 0 estar ocupando a posição de a_1, que é $4!$ opções de redistribuir os restantes pares e 2^4 opções de redistribuir seus dígitos entre A e B. A quantidade de números desejados é então $5!2^5 - 4!2^4$.

Problema 6.26 (Singapore Mathematical Olympiad-2012) Um número inteiro positivo é dito **amigável** se ele é divisível pela soma de seus dígitos. O número 111 é amigável mas, 123 não é.

Encontre a quantidade de números amigáveis com dois dígitos. ■

Sugestão: A resposta é 23. Seja $ab = 10a+b$ um número amigável. Então $\frac{10a+b}{a+b} \in \mathbb{Z}$. Mas, $\frac{10a+b}{a+b} = \frac{9a+(a+b)}{a+b} + 1$, o que implica que $\frac{9a}{a+b} \in \mathbb{Z}$. Assim, estudamos três casos:
Caso 1-Se 3 não divide $(a+b)$, segue que (a+b) divide a e $b=0$. Neste caso, temos seis números amigáveis: $10,\ 20,\ 40,\ 50,\ 70$ e 80.
Caso 2-Se 3 divide $(a+b)$ mas, 9 não divide $(a+b)$. Nesse caso, (a+b) divide $3a$ e $1 \leq \frac{3a}{a+b} \leq 3$. Se $\frac{3a}{a+b} = 1$, segue que $2a = b$ e, nesse caso, temos os números amigáveis: $12,\ 24$ e 48.
Se $\frac{3a}{a+b} = 2$, segue que $a = 2b$ e, neste caso, temos os números amigáveis: $21,\ 48$ e 84.
Se $\frac{3a}{a+b} = 3$, segue que $b = 0$ e, neste caso, temos os números amigáveis: 30 e 60.
Caso 3-Se 9 divide $a+b$, então $a+b = 9$ *ou* 18. Se $a+b=9$, segue que temos 9 números amigáveis: $18,\ 27,\ 36,\ 45,\ 54,\ 63,\ 72,\ 81$ e 90.
Se $a+b=18$, segue que $a=b=18$, o que é impossível. Portanto, o total é 23 números amigáveis.

Problema 6.27 Um juiz resolve dar uma chance de liberdade para um condenado à morte. O condenado tem que adivinhar uma senha que o livrará da sentença de morte. A senha é formada por três números distintos, $x,\ y$ e z, de dois dígitos cada um. O condenado tem de identificar três números $A,\ B$ e C, de tal modo que permita encontrar o número $Ax+By+Cz$ fornecido pelo juiz e daí encontrar a senha $x,\ y$ e z.

Como você pode ajudar o condenado a obter a liberdade? ■

Sugestão - O condenado tem que descobrir um método para distinguir os três números de dois dígitos. A base

100 é a saída. Escreva $A = 100^2$, $B = 100$, $C = 1$ e $Ax + By + Cz = x \cdot 100^2 + y \cdot 100 + z \cdot 1$.

Problema 6.28 Encontre o menor número inteiro positivo n para o qual a scma dos dígitos (na base decimal) de n e também de $n+1$ seja divisível por 10. ■

Sugestão - Inicialmente, observe que $0+1+2+3=6$. Isso signica que os dois dígitos restantes tem de somar 4. Ora, isso só é possível nos seguintes casos: $4 = 0+4 = 1+3 = 2+2$. Assim, os dígitos de qualquer um dos números inteiros positivos em questão tem de ser escolhidos nas seguintes listas:
(i) 0, 1, 2, 3, 0, 4
(ii) 0, 1, 2, 3, 1, 3
(iii) 0, 1, 2, 3, 2, 2
Estude quantos números inteiros positivos podemos formar com cada uma dessas listas. A resposta é 490.

7. Congruências

7.1 Introdução

Neste capítulo, estudaremos o conceito de **congruência**, que revolucionou o estudo da Aritmética, permitindo tratar as questões de divisibilidade com um enfoque mais fácil e mais eficiente. Foi Carl Friederich Gauss (1777-1855) quem introduziu este conceito, em 1801, no seu livro Disquisitiones aritmeticae (Investigações na Aritmética). Gauss escreveu este livro quando ele tinha apenas 24 anos.

Para que você tenha sucesso nos estudos:

- Tente entender tudo que está sendo explicado no capítulo.
- Estude com caneta e papel do seu lado.
- Leia com atenção.
- Se for preciso, leia várias vezes uma linha ou um parágrafo.
- Seja paciente e procure ter certeza que você entendeu o que (e por que) está fazendo.
- Resolva os problemas apresentados ao final do capítulo.

7.2 Objetivos

Ao final deste capítulo esperamos que você seja capaz de:

- Decidir quando dois números são congruentes.
- Aplicar corretamente as propriedades de congruência.
- Decidir se um dado número inteiro positivo divide outro número inteiro, usando propriedades das congruências.
- Resolver congruências lineares.
- Usar a noção de congruência para resolver problemas práticos.

7.3 A definição de congruência

Dados os números inteiros 33, 18 e 3, temos que $33-18=15=3\cdot 5$. Portanto, a diferença $33-18$ é divisível por 3. Dizemos então que 33 **é côngruo** a 18 módulo 3. Johann Carl Friedrich Gauss (1777-1855), conhecido como Gauss, famoso matemático, astrônomo e físico alemão, sugeriu uma notação para esse fato, a qual ficou mundialmente aceita:

$$33 \equiv 18\ (mod\ 3) \Leftrightarrow 3\ divide\ 33-18.$$

Lê-se: 33 é côngruo a 18 módulo 3 se, e somente se, a diferença $33-18$ é divisível por 3.
De um modo equivalente, escrevemos:

$$33 \equiv 18\ (mod\ 3) \Leftrightarrow 33-18 = 3k,\ com\ k \in \mathbb{Z}.$$

Nesse caso, dizemos também que 33 e 18 são côngruos entre si módulo 3.
Outro exemplo: 27 e 13 são côngruos módulo 7 (e também côngruos módulo 2), pois a diferença $27-13 = 14 = 2 \cdot 7$. Ou seja,

$$13 \equiv 27\ (mod\ 7)\ e\ 13 \equiv 27\ (mod\ 2).$$

É fácil ver que:

$$18 \equiv -1\ (mod\ 19); \quad 31 \equiv 1\ (mod\ 2); \quad -3 \equiv 4\ (mod\ 7); \quad 12 \equiv 0\ (mod\ 3).$$

■ **Exemplo 7.1** Mostre que quaisquer dois números inteiros pares são côngruos entre si módulo 2. ■

Solução

Sejam $2m$ e $2n$ dois números pares. A diferença $2m-2n = 2\cdot(m-n)$. Portanto, 2 divide a diferença entre dois números pares quaisquer. Na notação de Gauss:

$$2m \equiv 2n\ (mod\ 2),$$

para quaisquer m e n números inteiros.

■ **Exemplo 7.2** Mostre que quaisquer dois números inteiros ímpares são côngruos entre si módulo 2. ■

Solução

Sejam $m = 2k+1$ e $n = 2j+1$, com $k,\ j \in \mathbb{Z}$, dois números ímpares. A diferença $(2k+1)-(2j+1) = 2(k-j)$. Portanto, 2 divide a diferença entre dois números ímpares quaisquer. Na notação de Gauss: $(2k+1) \equiv (2j+1)\ (mod\ 2)$, para quaisquer k e j números inteiros.

Definição- De uma maneira geral, se a e b são dois números inteiros quaisquer e n é um número inteiro maior do que ou igual a 2, dizemos que a **é côngruo a** b **módulo** n se $a-b = n\cdot k$, com k um número inteiro. Na notação de Gauss:

$$a \equiv b\ (mod\ n) \Leftrightarrow a-b = n\cdot k,\ com\ k\ um\ \text{número}\ inteiro.$$

Uma propriedade muito útil, que decorre imediatamente da definição de congruência, é a seguinte:

Proposição 7.3.1 Sejam $a,\ b,\ n$ números inteiros, com $n > 1$. Então:

$a \equiv b\ (mod\ n)$ se, e somente se, a e b deixam o mesmo resto na

divisão por n.

Prova

($\Rightarrow$) Se $a \equiv b \ (mod\ n)$, então, $a - b = n \cdot k$, onde k é um número inteiro. Fazendo a divisão de a e b por n, temos:

$$a = q_1 \cdot n + r_1, \ onde\ q_1,\ r_1 \in \mathbb{Z},\ com\ 0 \leq r_1 < n, \quad e$$

$$b = q_2 \cdot n + r_2, \ onde\ q_2,\ r_2 \in \mathbb{Z},\ com\ 0 \leq r_2 < n.$$

Suponha que $r_2 \leq r_1$. Neste caso, temos $0 \leq r_1 - r_2 \leq r_1 < n$. Agora, fazemos a diferença:

$$a - b = (q_1 - q_2) \cdot n + (r_1 - r_2)$$

Assim, $0 \leq r_1 - r_2 < n$ é o resto da divisão de $a - b$ por n. Logo, $r_1 - r_2 = 0$, pois, por hipótese, $a - b$ é múltiplo de n.
($\Leftarrow$) Se a e b deixam o mesmo resto na divisão por n, então:

$$a = q_1 \cdot n + r,\ onde\ q_1,\ r \in \mathbb{Z},\ com\ 0 \leq r < n \quad e$$

$$b = q_2 \cdot n + r,\ onde\ q_2,\ r \in \mathbb{Z},\ com\ 0 \leq r < n.$$

Daí, segue que $a - b = (q_1 - q_2) \cdot n$. Portanto, a diferença $a - b$ é um múltiplo de n, o que equivale a dizer que $a \equiv b \ (mod\ n)$.

Quando dois números inteiros, a e b, não são côngruos (ou não são congruentes) módulo n, dizemos que a e b são **incongruentes** (ou **incôngruos**) módulo n.

Propriedades básicas das congruências

Se a, b, c e d são números inteiros quaisquer e n é um inteiro maior do que ou igual a 2, são verdadeiras as seguintes propriedades:
I. $a \equiv a \ (mod\ n)$ (**Reflexividade**)
II. Se $a \equiv b \ (mod\ n)$, então $b \equiv a \ (mod\ n)$ (**Simetria**)
III. Se $a \equiv b \ (mod\ n)$ e $b \equiv c \ (mod\ n)$, então $a \equiv c \ (mod\ n)$ (**Transitividade**)
IV. Se $a \equiv b \ (mod\ n)$ e $c \equiv d \ (mod\ n)$, então $(a + c) \equiv (b + d) \ (mod\ n)$ (**Soma**)
V. Se $a \equiv b \ (mod\ n)$ e $c \equiv d \ (mod\ n)$, então $(a - c) \equiv (b - d) \ (mod\ n)$ (**Diferença**)
VI Se $a \equiv b \ (mod\ n)$ e $c \equiv d \ (mod\ n)$, então $(a \cdot c) \equiv (b \cdot d) \ (mod\ n)$ (**Produto**)
VII. Se $a \equiv b \ (mod\ n)$ e c é um inteiro não negativo, então $a \cdot c \equiv b \cdot c \ (mod\ n)$
VIII. Se $a \equiv b \ (mod\ n)$ e k é um inteiro positivo, então, $a^k \equiv b^k \ (mod\ n)$ (**Potência**)
IX. Se $a + c \equiv b + c \ (mod\ n)$, então $a \equiv b \ (mod\ n)$ (**Cancelamento para a soma**).

Você pode verificar facilmente que as propriedades anteriores são de fato verdadeiras. Por exemplo, para verificar a veracidade da propriedade IV, temos que mostrar que a diferença $(a + c) - (b + d)$ é múltiplo de n. Para isso, basta observar que:

$$(a + c) - (b + d) = (a - b) + (c - d)\ e\ que\ (a - b)\ e\ (c - d)$$

são, por hipótese, ambos múltiplos de n. Logo, temos que $(a + c) - (b + d)$ é um múltiplo de n, como soma de dois múltiplos de n. Portanto, $a + c \equiv b + d \ (mod\ n)$.
Para verificar a veracidade da propriedade VII, temos que mostrar que $a \cdot c - b \cdot d$ é um múltiplo de n. Para isso, basta observar que:

$$a \cdot c - b \cdot d = a \cdot c - b \cdot c + b \cdot c - b \cdot d = (a - b) \cdot c + b \cdot (c - d).$$

Como $(a-b)$ e $(c-d)$ são, por hipótese, ambos múltiplos de n, segue que cada uma das duas parcelas, $(a-b)\cdot c$ e $b\cdot(c-d)$, são múltiplos de n. Assim, $a\cdot c-b\cdot d$ é um múltiplo de n. Portanto, $a\cdot c\equiv b\cdot d\ (mod\ n)$.
Para verificar a propriedade VIII, basta aplicar a propriedade VII usando a congruência $a\equiv b\ (mod\ n)$ k vezes. A propriedade IX, de fácil verificação, é o cancelamento para a soma. Exemplificando, como $15+4\equiv 9+4\ (mod 6)$, segue que $15\equiv 9\ (mod\ 6)$.

▪ **Exemplo 7.3** Ana, Bernardo e Carla arrumam laranjas para vender na feira, colocando 12 laranjas em cada saco. Ana tinha 389 laranjas, Bernardo 188 e Carla 97.

Depois de arrumar todas as laranjas nos sacos, quantas sobraram ao todo? ▪

Solução

Para responder, temos que observar que precisamos considerar, para cada um deles, a quantidade de laranjas módulo 12, pois eles vão colocar em cada saco 12 laranjas. Como

$$389=32\cdot 12+5;\quad 188=15\cdot 12+8\quad e\quad 97=8\cdot 12+1,$$

segue que $389\equiv 5\ (mod\ 12)$; $188\equiv 8\ (mod\ 12)$ e $97\equiv 1\ (mod\ 12)$. Isto é, quando Ana terminou de arrumar as laranjas nos sacos, sobraram 5 laranjas, das laranjas de Bernardo sobraram 5 e das de Carla sobrou 1. Portanto, no final sobraram $5+8+1=14$ laranjas. Mas, $14\equiv 2\ (mod\ 12)$. Isso significa que eles, em conjunto, poderiam completar mais um saco com 12 laranjas e sobrariam apenas 2 laranjas, que é a resposta.

▪ **Exemplo 7.4** Resolva as congruências:

(i) $x+6\equiv 10\ (mod\ 17)$ (ii) $x+3\equiv 8\ (mod\ 9)$. ▪

Solução

(i) Observe que $6+11=17\equiv 0\ (mod\ 17)$. Isto significa que 11 é o inverso aditivo de 6 módulo 17. Assim,

$$x+6\equiv 10\ (mod\ 17)\Longleftrightarrow x+6+11\equiv 10+11\ (mod\ 17)\Longleftrightarrow$$

$$\Longleftrightarrow x+0\equiv 21\ (mod\ 17)\equiv 4\ (mod\ 17).$$

Portanto, $x\equiv 4\ (mod\ 17)$, é a solução da congruência. Observe que $x\equiv 4\ (mod\ 17)\Longleftrightarrow x-4=17k$, com $k\in\mathbb{Z}$. Ou seja, $x=4+17k$, com $k\in\mathbb{Z}$.
(ii) Observe que $3+6=9\equiv 0\ (mod\ 9)$. Isto significa que 6 é o inverso aditivo de 3 módulo 9. Assim,

$$x+3\equiv 8\ (mod\ 9)\Leftrightarrow x+3+6\equiv 8+6\ (mod\ 9)\Leftrightarrow x+0\equiv 14\ (mod\ 9)\equiv 5\ (mod\ 9).$$

Portanto, $x\equiv 5\ (mod\ 9)$, é solução da congruência. Observe que $x\equiv 5\ (mod\ 9)\Longrightarrow x-5=9k$, com $k\in\mathbb{Z}$. Ou seja, $x=5+9k$, com $k\in\mathbb{Z}$.

▪ **Exemplo 7.5** Encontre todos os inteiros n para os quais:

$$n\equiv 7\ (mod\ 19)\ \ e\ \ -100\leq n\leq 100.$$

▪

Solução

Temos que $n\equiv 7\ (mod\ 19)\Leftrightarrow n-7=19\cdot k$, onde k é um número inteiro. Ou seja, $n=7+19\cdot k$. Por outro lado, temos que:

$$-100\leq n=7+19\cdot k\leq 100\Leftrightarrow -107\leq 19\cdot k\leq 107\Leftrightarrow \frac{-107}{19}\leq k\leq\frac{107}{19}.$$

Assim, como k é um número inteiro, segue que:

$$k \in \{-5, -4, -3, -2, -1, 0, 1, 2, 3, 4, 5\}.$$

Portanto, substituindo os possíveis valores de k na expressão de $n = 7 + 19 \cdot k$, concluímos que os valores de n são:

$$-88, -69, -50, -31, -12, 7, 26, 45, 64, 83, 102$$

■ **Exemplo 7.6** Sejam a, b e c números inteiros positivos cujos restos na divisão por 8 são: 3, 5 e 1, respectivamente.

Ache o resto da divisão de $(a+b+c)$ por 8. ■

Solução

Das hipóteses, temos que $a \equiv 3 \ (mod\ 8)$, $b \equiv 5 \ (mod\ 8)$ *e* $c \equiv 1 \ (mod\ 8)$. Somando membro a membro às três congruências, obtemos $(a+b+c) \equiv (3+5+1) \ (mod\ 8)$. Ou seja, $(a+b+c) \equiv 9 \ (mod\ 8)$. Como $9 \equiv 1 \ (mod\ 8)$, segue que $(a+b+c) \equiv 1 \ (mod\ 8)$. Portanto, o resto da divisão de $(a+b+c)$ por 8 é 1.

Pergunta: Nas congruências, vale o cancelamento para o produto? Ou seja, se $a \cdot c \equiv b \cdot c \ (modn)$, então, $a \equiv b \ (mod\ n)$?

Resposta: Não. É fácil obter exemplos onde não se verifica a propriedade. Por exemplo, temos que $3 \cdot 23 \equiv 3 \cdot 8 \ (mod\ 9)$, mas, no entanto 23 não é côngruo a 8 módulo 9, pois $23 - 8 = 15$, que não é divisível por 9.

Conclusão: De uma maneira geral, não podemos aplicar o cancelamento numa situação como $a \cdot c \equiv b \cdot c \ (mod\ n)$, para obter a congruência $a \equiv b \ (mod\ n)$. O resultado correto seria dado pela proposição a seguir:

Proposição 7.3.2 Se $a \cdot c \equiv b \cdot c \ (mod\ n)$, então, $a \equiv b \ (mod \frac{n}{d})$, onde $d = MDC(c,n)$.

Prova

Se $a \cdot c \equiv b \cdot c \ (mod\ n)$, existe um inteiro k tal que $a \cdot c - b \cdot c = k \cdot n$. Agora, seja $d = MDC(c,n)$. Dividindo por d ambos os lados da igualdade $a \cdot c - b \cdot c = k \cdot n$, obtemos $(a-b) \cdot (\frac{c}{d}) = k \cdot (\frac{n}{d})$. Por outro lado, como $d = MDC(c,n)$, existem números inteiros x e y tais que $cx + ny = 1$. Logo, $\frac{c}{d}x + \frac{n}{d}y = 1$. Pelo Corolário 2, do capítulo 5 O MDC, o MMC e as equações diofantinas lineares, segue que $\frac{c}{a}$ e $\frac{n}{d}$ são primos entre si. Como $MDC(\frac{c}{d}, \frac{n}{d}) = 1$, então, $\frac{n}{d}$ divide $a - b$, que é o mesmo que dizer $a \equiv b \ \left(mod\ \frac{n}{d}\right)$, o que conclui a prova.

Corolário 7.3.3 Seja $a \cdot c \equiv b \cdot c \ (mod\ n)$. Se c e n são primos entre si, então, $a \equiv b \ (mod\ n)$. Isto é, nessas hipóteses vale a lei do cancelamento para o produto.

Prova

Se a e n são primos entre si, então, $MDC(n,c) = 1$. Logo, $\frac{n}{MDC(n,c)} = \frac{n}{1} = n$.

■ **Exemplo 7.7** Verifique que $3 \cdot 23 \equiv 3 \cdot 8 \ (mod\ 9)$ implica que $23 \equiv 8 \ (mod\ 3)$. ■

Solução

Aplicando a propriedade anterior para $3 \cdot 23 \equiv 3 \cdot 8 \ (mod\ 9)$, obtemos $23 \cdot 8 \ (mod\ \frac{9}{3})$. Ou seja, $3 \cdot 23 \equiv 3 \times 8 \ (mod\ 9)$ implica que $23 \equiv 8 \ (mod\ 3)$.

A seguir, apresentaremos alguns exemplos com os quais você vai se convencer de que o uso do conceito de congruência facilita a resolução dos problemas.

■ **Exemplo 7.8** Sem efetuar a divisão, encontre o resto da divisão de 4^{100} por 5. ■

Solução

Como $4-(-1)=4+1=5$, podemos dizer que $4 \equiv (-1) \ (mod\ 5)$. Aplicando a propriedade VIII, tomando $k=100$, temos $4^{100} \equiv (-1)^{100} \ (mod\ 5)$. Ou seja, $4^{100} \equiv 1 \ (mod\ 5)$. Portanto, o resto da divisão de 4^{100} por 5 é o mesmo resto da divisão de 1 por 5. Mas, o resto da divisão de 1 por 5 é 1, pois $1 = 0 \times 5 + 1$. Logo, o resto da divisão de 4^{100} por 5 é 1.

■ **Exemplo 7.9** Dado um inteiro qualquer n, podemos afirmar que o número (n^2+1) não é divisível por 3? ■

Solução

Sim. Na divisão de um número inteiro por 3, os possíveis restos são 0, 1 ou 2. Desse modo, acontece uma, e só uma, das seguintes possibilidades:

$$ou \quad n \equiv 0 \ (mod\ 3), \quad ou \quad n \equiv 1 \ (mod\ 3), \quad ou \quad n \equiv 2 \ (mod\ 3).$$

Se $n \equiv 0 \ (mod\ 3)$, então $n^2 \equiv 0 \ (mod\ 3)$, aplicando a propriedade VIII. Daí, segue que $n^2+1 \equiv 1 \ (mod\ 3)$. Portanto, nesse caso, n^2+1 deixa resto 1 quando dividido por 3.
Se $n \equiv 1 \ (mod\ 3)$, então, $n^2+1 \equiv 2 \ (mod\ 3)$. Neste caso, n^2+1 deixa resto 2 quando dividido por 3.
Se $n \equiv 2 \ (mod\ 3)$, então, $n^2 \equiv 2^2 \ (mod\ 3)$, que é o mesmo que $n^2 \equiv 1 \ (mod\ 3)$. Logo, podemos dizer que $n^2+1 \equiv 2 \ (mod\ 3)$. Neste caso, na divisão por 3 o número n^2+1 deixa resto 1. Portanto, para todo número inteiro n, temos que n^2+1 não é divisível por 3.

■ **Exemplo 7.10** Diga, justificando, se o número $30^{99}+61^{100}$ é um número divisível por 31. ■

Solução

Observe que $30 \equiv -1 \ (mod\ 31)$. Portanto, $30^{99} \equiv (-1)^{99} \ (mod\ 31)$. Logo, $30^{99} \equiv -1 \ (mod 31)$. Por outro lado, $61 \equiv -1 \ (mod\ 31)$. Logo, $61^{100} \equiv (-1)^{100} \ (mod\ 31)$, que é o mesmo que $61^{100} \equiv 1 \ (mod\ 31)$. Assim, $30^{99}+61^{100} \equiv -1+1 \ (mod\ 31)$, que é o mesmo que $30^{99}+61^{100} \equiv 0 \ (mod\ 31)$. Portanto, $30^{99}+61^{100}$ é um número divisível por 31.

■ **Exemplo 7.11** A distribuição dos dias do mês num calendário é um exemplo do uso do conceito de congruência. Veja abaixo o calendário do mês de junho do ano de 2022.

Junho-2022

Dom	Seg	Ter	Quart	Quint	Sext	Sáb
			1	2	3	4
5	6	7	8	9	10	11
12	13	14	15	16	17	18
19	20	21	22	23	24	25
26	27	28	29	30		

■

Solução

Observe a quarta coluna (contada da esquerda para direita), a das quartas-feira, ela começa com o 1 e todos os outros números dessa coluna deixam resto 1 quando divididos por 7. A coluna das sextas-feira, começa com 3 e todos os outros números dessa coluna deixam resto 3 quando divididos por 7. Ou seja, a distribuição dos números dos dias no calendário do mês é feita de tal maneira que em cada coluna os números são côngruos entre si módulo 7.

■ **Exemplo 7.12** Resolva a congruência $7 \cdot y \equiv 11\ (mod\ 15)$. ■

Solução

Inicialmente, temos que encontrar y tal que $7 \cdot y \equiv 1(mod\ 15)$. Por verificação direta, multiplicando 7 por $1,\ 2,\ 3,\ 4,\ 5,\ 6,\ 7,\ 8,\ 9,\ 10,\ 11,\ 12,\ 13,\ 14,$ é fácil ver que $7 \cdot 13 = 91 \equiv 1(mod\ 15)$. Portanto, 13 é o inverso multiplicativo de 7 módulo 15. Assim, temos que:

$$7 \cdot x \equiv 11(mod\ 15) \Longleftrightarrow 13 \cdot 7 \cdot x \equiv 7 \cdot 11(mod\ 17) \Longleftrightarrow 1 \cdot x \equiv 77(mod\ 15) \equiv 2(mod\ 15).$$

Portanto, $x \equiv 2(mod\ 15)$ é a solução da congruência. Observe que $x \equiv 2(mod\ 15) \Longleftrightarrow x - 2 = 15 \cdot k,$ onde $k \in \mathbb{Z},$ o que implica $x = 2 + 15 \cdot k,$ onde $k \in \mathbb{Z}.$

■ **Exemplo 7.13** Em quantos zeros termina o número $K = 1^n + 2^n + 3^n + 4^n,$ onde $n \in \mathbb{N}$? ■

Solução

Se $n = 1,$ o número K termina em um zero, pois, neste caso, teremos: $K = 1 + 2 + 3 + 4 = 10.$
Se $n = 2,$ o número K termina em um zeros, pois, neste caso, teremos: $K = 1^2 + 2^2 + 3^2 + 4^2 = 30.$
Se $n \geq 3,$ o número K não termina em zero. Basta observar que, neste caso, 2^n e 4^n são múltiplos de $8,$ enquanto $1^n + 3^n \equiv 2 \quad 4\ (mod\ 8),$ o que implica que a soma não pode terminar em 3 ou mais zeros. É fácil ver que, se $n = 4$ o número K não termina em zero. Portanto, variando n nos números naturais, o número K só pode terminar com 1 zero.

■ **Exemplo 7.14** Distribui-se os números inteiros positivos nas casas de um tabuleiro infinito e pinta-se cada casa do tabuleiro com uma das cores: amarela, azul, branca, verde ou vermelha, de acordo com o seguinte modelo:

1	2	3	4	5	6	7	8	9	10
11	12	13	14	15	16	17	18	19	20
21	22	23	23	25	26	27	28	29	30
31	32	33	34	35	36	37	38	39	40
41	42	43	44	45	46	47	48	49	50
51	52	53	54	55	56	57	58	59	60
61	62	63	64	65	66	67	68	69	70
71	72	73	74	75	76	77	78	79	80
81	82	83	84	85	86	87	88	89	90
91	92	93	94	95	96	97	98	99	100
...	...	...	...	...	...	...	...	...	...

Qual a cor da coluna onde se encontra o número obtido pela multiplicação $42 \cdot 89$? ■

Solução

A ideia é observar que as cores das casas nas colunas do tabuleiro correspondem aos restos da divisão por 5. O número $42 = 5 \cdot 8 + 2$ está numa coluna azul e o número $89 = 5 \cdot 17 + 4$ está numa coluna verde.
De uma maneira geral, sejam $5k+2$ e $5q+4$, com $k,\ q \in \mathbb{N}$, dois números nas colunas azul e verde respectivamente. O produto:

$$(5k+2)\cdot(5q+4) = (5k+2)\cdot 5q + (5k+2)\cdot 4 = 5\cdot(5kq+2q) + 5\cdot k\cdot 4) + 2\cdot 4 =$$

$$= 5\cdot(5kq+2q+4k) + 8 = 5\cdot(5kq+2q+4k) + 5 + 3 = 5m+3,$$

onde $m = 5kq + 2q + 4k$. Logo, o produto dos dois números deixa resto 3 quando dividido por 5 e, assim, está numa casa branca. Portanto, o produto $42 \cdot 86$ é um número de uma coluna branca.
De forma mais ágil poderíamos fazer assim:

$$42 \equiv\ 2(mod\ 5)\ e\ 89 \equiv 4(mod\ 5) \Rightarrow\ 42\cdot 89 \equiv\ 2\cdot 4\ (mod\ 5)\ \equiv\ 3\ (mod\ 5).$$

■ **Exemplo 7.15** Mostre que o número $43^{101} + 23^{101}$ é divisível por 66. ■

Solução

Como $66 = 6 \cdot 11$, segue que um número é divisível por 66 se, e somente se, é divisível simultaneamente por 6 e 11. Agora, $43 \equiv 1\ (mod\ 6)$ e $23 \equiv -1\ (mod\ 6)$. Portanto, usando propriedades básicas das congruências, podemos dizer que: $43^{101} \equiv 1\ (mod\ 6)$ e $23^{101} \equiv -1\ (mod\ 6)$. Somando ambas as congruências, obtemos $43^{101} + 23^{101} \equiv 1 + (-1)\ (mod\ 6)$, que é o mesmo que $43^{101} + 23^{101} \equiv 0\ (mod\ 6)$. Assim, $43^{101} + 23^{101}$ é divisível por 6. Resta mostrar que $43^{101} + 23^{101}$ é divisível por 11. Para isso, observe que $43 \equiv -1\ (mod\ 11)$ e $23 \equiv 1\ (mod\ 11)$. Portanto, podemos dizer que $43^{101} \equiv -1\ (mod\ 11)$ e $23^{101} \equiv 1\ (mod\ 11)$. Logo, $43^{101} + 23^{101} \equiv 0\ (mod\ 11)$, que é o mesmo que dizer que $43^{101} + 23^{101}$ é divisível por 11. Portanto, como $43^{101} + 23^{101}$ é divisível simultaneamente por 6 e por 11, segue que $43^{101} + 23^{101}$ é divisível por 66.

■ **Exemplo 7.16** Diga, justificando, se existe um número natural n para o qual o número (n^2+n+1) seja divisível por 55. ■

Solução

Não existe tal número natural n.

Inicialmente, observe que um número é divisível por 55 se ele o for por 5 (e por 11), pois $55 = 5 \cdot 11$. Por outro lado, dado um número natural n, uma e só uma das afirmações abaixo é verdadeira:

$$ou\ n \equiv 0\ (mod\ 5)\ ou\ n \equiv 1\ (mod\ 5)\ ou$$

$$ou\ n \equiv 2\ (mod\ 5)\ ou\ n \equiv 3(mod 5)\ ou\ n \equiv 4(mod 5).$$

Agora, observe que, se:

$$n \equiv 0\ (mod\ 5) \Longleftrightarrow (n^2+n+1) \equiv 1\ (mod\ 5);$$

$$n \equiv 1\ (mod\ 5) \Longleftrightarrow (n^2+n+1) \equiv 3\ (mod\ 5);$$

$$n \equiv 2\ (mod\ 5) \Longleftrightarrow (n^2+n+1) \equiv 2\ (mod\ 5);$$

$$n \equiv 3\ (mod\ 5) \Longleftrightarrow (n^2+n+1) \equiv 3\ (mod\ 5);$$

$$n \equiv 4\ (mod\ 5) \Longleftrightarrow (n^2+n+1) \equiv 1\ (mod\ 5).$$

Logo, em nenhum dos casos possíveis $(n^2+n+1) \equiv 0\ (mod\ 5)$. Portanto, não existe um número natural n tal que o número (n^2+n+1) seja divisível por 55.

■ **Exemplo 7.17** Ache o dígito das unidades do número natural 3^{100}. ■

Solução

Suponha que a representação decimal de 3^{100} seja $c_n \cdot 10^n + c_{n-1} \cdot 10^{n-1} + \ldots + c_1 \cdot 10 + c_0$, com $c_0, c_1, c_2, \ldots, c_n$ inteiros não negativos, todos menores do que 10. O que queremos encontrar é o valor de c_0. Na linguagem das congruências, queremos encontrar c_0 tal que $3^{100} \equiv c_0\ (mod\ 10)$. Agora, observe que $3^2 \equiv -1\ (mod\ 10)$. Logo, $3^{100} = (3^2)^{50} \equiv (-1)^{50}\ (mod\ 10)$. Assim, podemos escrever $3^{100} \equiv 1\ (mod\ 10)$. Portanto, o dígito das unidades de 3^{100} é 1.

■ **Exemplo 7.18** Mostre que 7 divide o número natural $2222^{5555} + 5555^{2222}$. ■

Solução

É fácil ver que: $2222 \equiv 3\ (mod\ 7)$, $5555 \equiv 4\ (mod\ 7)$ e $3^5 \equiv 5\ (mod\ 7)$. Usamos as propriedades básicas das congruências para escrever:

$$2222^{5555} \equiv 3^{5555}\ (mod\ 7),$$

$$5555^{2222} \equiv 4^{2222}\ (mod\ 7),$$

$$3^{5555} = (3^5)^{1111} \equiv 5^{1111}\ (mod\ 7),$$

$$4^{2222} = (4^2)^{1111} \equiv (-5)^{1111}\ (mod\ 7) \equiv (-5)^{1111}\ (mod\ 7).$$

Logo, $2222^{5555} + 5555^{2222} \equiv 3^{5555} + 4^{2222}\ (mod\ 7) \equiv 5^{1111} - 5^{1111}\ (mod\ 7) \equiv 0\ (mod\ 7)$.
Portanto, 7 divide o número $2222^{5555} + 5555^{2222}$.

■ **Exemplo 7.19** Encontre todos os quadrados módulo 13. ■

Solução

Pelo Algoritmo da Divisão, o resto da divisão de n por 13 varia de 0 a 12.

Como $n^2 \equiv (13-n)^2 \ (mod\ 13)$, só precisamos nos preocupar com os quadrados dos números não negativos de 0 até 6. Desse modo,

$$0^2 \equiv 0 \ (mod\ 13);$$

$$1^2 \equiv 1 \ (mod\ 13);$$

$$2^2 \equiv 4 \ (mod\ 13);$$

$$3^2 \equiv 9 \ (mod\ 13);$$

$$4^2 \equiv 3 \ (mod\ 13);$$

$$5^2 \equiv 12 \ (mod\ 13);$$

$$6^2 \equiv 10 \ (mod\ 13).$$

Portanto, os quadrados módulo 13 são: 0, 1, 3, 4, 9, 10 e 12.

▪ **Exemplo 7.20** Usando o conceito de congruência, demonstre que: um número natural K é divisível por 9 se, e somente se, na sua representação na base 10, a soma de seus dígitos é um número divisível por 9. ▪

Solução

Seja $K = c_n \cdot 10^n + c_{n-1} \cdot 10^{n-1} + \ldots + c_3 \cdot 10^3 + c_2 \cdot 10^2 + c_1 \cdot 10 + c_0$, com $c_n, c_{n-1}, c_{n-2}, \ldots, c_0$ números inteiros não negativos, todos menores do que 10, a representação de K na base 10. Agora observe que: $10 \equiv 1 \ (mod\ 9)$, o que implica $10^i \equiv 1 \ (mod\ 9)$, para $i = 1, 2, 3, \ldots, n$. Logo, $c_i 10^i \equiv c_i \ (mod\ 9)$. Dessa forma, temos que:

$$K = c_n \cdot 10^n + c_{n-1} \cdot 10^{n-1} + \ldots + c_3 \cdot 10^3 + c_2 \cdot 10^2 + c_1 \cdot 10 + c_0 \equiv$$

$$\equiv c_n + c_{n-1} + c_{n-2} + \ldots + c_0 \ (mod\ 9),$$

o que demonstra a afirmação.

▪ **Exemplo 7.21** Para expressar um número qualquer na base 10 podemos usar todos ou alguns dos dez dígitos distintos: $0,1,2,3,4,5,6,7,8,9$. O número 2^{29} se escreva na base 10 usando 9 dígitos distintos.

Sem usar uma calculadora ou um computador, diga qual dos dígitos não é usado para escrever 2^{29} na base 10. ▪

Solução

Sabemos que, um número é divisível por 9 se, e somente se, a soma de seus dígitos é divisível por 9, que é o mesmo que dizer que todo número é congruente módulo 9 à soma de seus dígitos. Seja S a soma dos dígitos de 2^{29}. Assim, $2^{29} \equiv S \ (mod\ 9)$. Observe que:

$$0+1+2+3+4+5+6+7+8+9 = 45 \equiv 0 \ (mod\ 9).$$

Por outro lado, temos que:

$$2^3 = 8 \equiv -1 \ (mod\ 9) \qquad e \qquad 29 = 3 \times 9 + 2.$$

Assim, temos:

$$2^{29} = (2^3)^9 \cdot 2^2 \equiv (mod\ 9) \Longleftrightarrow 2^{29} \equiv (-1)^9 \cdot 4 (mod\ 9) \Longleftrightarrow 2^{29} \equiv -4 (mod\ 9).$$

Logo, de 2^{29} faltam 4 para ser um múltiplo de 9. Portanto, 4 é o dígito não uitilizado quando se escreve 2^{29} na base 10.

Exemplo 7.22 Peça a um amigo para pensar num número natural qualquer bem grande, X, sem deixar você saber qual é;

- Diga para seu amigo mudar a posição dos dígitos desse número para formar um novo número, Y;
- Peça ao seu amigo para diminuir o menor do maior, obtendo um novo número Z;
- Peça ao seu amigo para apagar um dos dígitos de Z e dizer os restantes dos dígitos na ordem que ele quiser;
- Você, prontamente, fala qual o dígito apagado.

Qual é o truque? ■

Solução

Sabemos que o valor de um número está intimamente relacionado com a soma de seus dígitos mod 9. Como X e Y possuem os mesmos dígitos, segue que $X \equiv Y(mod\ 9)$. Isto significa que $Z = |X - Y| \equiv 0\ (mod\ 9)$. Como Z é divisível por 9, então a soma de seus dígitos também é divisível por 9. Assim, quando seu amigo apaga um dos dígitos, você soma todos os restantes e calcula quanto falta para o próximo múltiplo de 9 imediatamente maior do que ou igual a esta soma.
Por exemplo: seu amigo pensou no número $X = 47835921$, inverteu, obtendo o número 12953874. A diferença $Z = X - Y = 34880247$. Se seu amigo apagou o dígito 4 e disse os retantes na seguiunte ordem 7, 3, 2, 8, 0, 8, 4, você soma os dígitos falados por seu amigo: $7+3+2+8+0+8+4 = 32$. O próximo múltiplo de 9 é o número 36. Portanto, o número apagado é $36 - 32 = 4$.
Se a soma dos dígitos falados pelo seu amigo for um múltiplo de 9, sua resposta não será definitiva: você dirá que o número apagado ou é 9 ou é 0.

Exemplo 7.23 (TT-1985) A sequência de números naturais $a_1, a_2, a_3, \dots$, é tal que $a_n = a_{n-1} + S(a_{n-1})$, onde $S(a_{n-1})$ é igual à soma dos dígitos de a_{n-1}. O termo $a_1 = 1$.

Existe algum membro da sequência igual a 123456? ■

Solução
A resposta é não.
É fácil ver que: $a_1 = 1$, $a_2 = 2$ e $a_3 = 1$. Assim, temos que $a_1 \equiv a_3\ (mod\ 3)$ e, necessariamente, temos $S(a_1) \equiv S(a_3)\ (mod\ 3)$, o que implica

$$a_2 = a_1 + S(a_1) \equiv a_3 + S(a_3) = a_4\ (mod\ 3).$$

Logo, a sequência é periódica mod 3. Como $123456 \equiv 0(mod 3)$, segue que o número 123456 não pode ocorrer na sequência dada.

Um **sistema completo de restos módulo** n é um conjunto com n números inteiros de tal forma que dois quaisquer deles não sejam congruentes módulo n. Por exemplo, o conjunto $S = \{1, 2, 3, \dots, n2, n-1\}$ é um sistema completo de resto módulo n.

Exemplo 7.24 Verifique que o conjunto $\{3, 13, 35\}$ é um sistema completo de restos módulo 3. ■

Solução

Basta ver que $3 \equiv 0\ (mod\ 3)$, $13 \equiv 1\ (mod\ 3)$ e $35 \equiv 2\ (mod\ 3)$.

Exemplo 7.25 (APMO-1991) Durante o recreio na escola, n crianças sentam-se em um círculo em volta de seu professor para disputar um jogo. O professor caminha no sentido horário perto das crianças e distribui doces para alguns deles de acordo com a regra a seguir. Ele seleciona uma criança e lhe dá um doce, então ele salta a criança seguinte e dá um doce para a próxima, em seguida, salta duas e dá um doce para a próxima, então ele salta três e dá um doce para próxima, e assim por diante.

Determinar os valores de n para os quais, talvez depois de muitas rodadas, todas as crianças terão recebido pelo menos um dos doces. ■

Solução

Vamos numerar as crianças sucessivamente, no sentido horário, por $1, 2, 3, \ldots, n,$ a partir daquela que o professor inicia a distribuição dos doces.
Agora observe que, de acordo com a distribuição, a sequência dos números das crianças que são contempladas com os doces é: $1, 3, 6, 10, 15, \ldots$. Nosso objetivo é encontrar n tal que os números $1, 3, 6, 10, 15, \ldots$ constituem um sistema completo de restos módulo n. Observe que a sequência (t_m) dos números das crianças contempladas com doces é tal que

$$t_m = \frac{m(m+1)}{2}, \quad para \quad m = 1, 2, 3, 4, 5, \ldots$$

Esses números são conhecidos como **números triangulares**. Assim, o que queremos encontrar são os valores de n para os quais a sequência (t_m), para $m = 1, 2, 3, \ldots, n$, dos números triangulares constitui um sistema completo de restos módulo n.
É fácil ver que se $n = 2, 4, 8$ isso acontece, enquanto para $n = 3, 5, 6, 7$ não acontece. Isso nos leva a desconfiar que n deve ser uma potência de 2. Então para provar nossa suspeita, temos que mostrar que a congruência $\frac{m(m+1)}{2} \equiv a \ (mod\ n)$ admite solução para todos os valores de a se, e somente se, n é uma potência de 2.
Observe que, dizer que $\frac{m(m+1)}{2}$ é congruente a a (módulo n) é equivalente dizer que $\frac{m(m+1)}{2} - a = k \cdot n$, onde k é um número inteiro. Mas, a última igualdade é equivalente a $m(m+1) - 2a = 2n \cdot k$ (multiplicando-se por 2 cada lado da igualdade). Ou seja, temos que:

$$\frac{m(m+1)}{2} \equiv a \ (mod\ n) \Longleftrightarrow m(m+1) \equiv 2a \ (mod\ 2n). \quad (*)$$

Agora, suponha que n não seja uma potência de 2 e seja q um número ímpar dividindo n.
Se $\frac{m(m+1)}{2} \equiv a \ (mod\ n)$ admite solução para todo a, então $m(m+1) \equiv 2a \ (mod\ 2n)$ admite solução para todo a, o que implica que $m(m+1) \equiv 2a \ (mod\ n)$ adimite solução para todo a. Então $m(m+1) \equiv b \ (mod\ q)$ admite solução para todo b. Isto implica que os números $1 \cdot 2,\ 2 \cdot 3,\ 3 \cdot 4, \ldots,\ q \cdot (q+1)$ são dois a dois distintos módulo q. Mas, temos que $(q-1)q \equiv q(q+1)(mod q)$, que é uma contradição.
Portanto, se n não é uma potência de 2, então $m(m+1) \equiv 2a \ (mod\ n)$ não admite solução para todo a.
Agora suponha que $n = 2^k$, com k um número inteiro maior do que ou igual a 1. Considere os números:

$$0 \cdot 1,\ 1 \cdot 2,\ 2 \cdot 3,\ \ldots,\ (2k-1) \cdot 2k.$$

Cada um desses números é par. Agora, basta provar que eles são dois a dois incongruentes módulo 2^{k+1}.
Suponha que $m(m+1) \equiv s(s+1) \ (mod\ 2^{k+1})$, com $0 \leq m,\ s \leq 2^{k-1}$.
Assim, $m^2 - s^2 + m - s \equiv 0 \ (mod\ 2^{k+1})$, que é o mesmo que $(m-s) \cdot (m+s+1) \equiv 0 \ (mod\ 2^{k+1})$. Logo, um dos números $m-s$ e $m+s+1$ é par e o outro é ímpar. Assim, temos que:

$$m - s \equiv 0 \ (mod\ 2^{k+1}) \ ou \ m+s+1 \equiv 0 \ (mod\ 2^{k+1}).$$

A última congruência implica que: $2^{k+1} \leq m+s+1 \leq 2^k - 1 + 2^k - 1 + 1 = 2^{k+1} - 1$. Esta contradição implica que $m \equiv s \ (mod\ 2)$. Portanto $m = s$, o que conclui a prova.

■ **Exemplo 7.26** (TT-1999) Prove que existem infinitos números naturais ímpares para os quais o número natural $2^n + n$ é composto. ■

Solução

Vamos mostrar que para todo n da forma $1+6\cdot k$, com $k\in\mathbb{N}$, o número natural 2^n+n é composto. Como $2^1\equiv 2(mod\ 3)$ e $2^2\equiv 1(mod\ 3)$, segue que $2^m\equiv 2(mod\ 3)$, se m for um número natural ímpar. Seja $n=1+3\cdot(2k)$, com k um número inteiro positivo. Então $2^n=2^{1+3\cdot(2k)}=(2^2)^{3k}\cdot 2\equiv 2(mod\ 3)$. Se $n=6k+1$, segue que:

$$2^n+n=2^{(1+6\cdot k)}+(1+6\cdot k)=2\cdot(2^2)^{3k}+(1+3k)\equiv 2+1(mod\ 3)\equiv 0(mod\ 3).$$

Portanto, para todo número n da forma $6\cdot k+1$, com $k\in\mathbb{N}$, temos que: 2^n+n é divisível por 3, logo, composto.

O **Calendário Gregoriano**, que a maioria das nações do mundo usa hoje em dia como calendário civil, foi adotado a partir da bula do Papa Gregório XIII-Inter gravissimas -de 24 de fevereiro 1582. A motivação era trazer a data da celebração da Páscoa para a época do ano em que tinha sido acordado no primeiro Concílio de Niceia em 325. Assim, o calendário Gregoriano reformou o Calendário Juliano, adotado pelo imperador romano Júlio César, em 46 a. C. Apesar de ter sido uma decisão do Concílio de Trento, em 1563, no sentido de que todos os cristãos deviam celebrar a Páscoa no mesmo dia, demorou quase cinco séculos antes de praticamente todos os cristãos alcançassem esse objetivo. O último país da Europa a adotar o calendário Gregoriano foi a Grécia em 1923. (*Fonte : http : //en.wikipedia.org/wiki/Gregorian_calendar*)

O **Calendário Gregoriano** é baseado no fato de que o ano tem 365 dias e um quarto (aproximadamente o tempo de duração da translação da Terra em volta do Sol). De quatro em quatro anos há um ano bissexto, aquele que contém 366 dias, exceto para os anos divisíveis por 100, a menos que o ano seja também divisível por 400, que, neste caso, serão anos bissextos. Por exemplo, os anos 1700, 1800 e 1900 não foram anos bissextos (múltiplos de 4, mas não de 400), nem tampouco serão os anos 2100 e 2200. Mas, os anos 2000, 2004, 2008 e 2012 foram ano bissextos e os anos 2016, 2020, 2400 são exemplos de anos bissextos.

■ **Exemplo 7.27** Mostre que, de 400 em 400 anos o calendário se repete integralmente. Isto é, todos os dias dos meses de um ano ocorrem 400 anos depois exatamente nos mesmos dias da semana. ■

Solução

O número de dias em 400 anos é igual a: $400\cdot 365+97$ dias, onde 97 é o número de anos bissextos em 400 anos (retira-se dos múltiplos de 4 do período os múltiplos de 100 e acrescenta-se os divisíveis por 400). Assim, $400\cdot 365+97\equiv 1\cdot 1+6\ (mod\ 7)\equiv 0\ (mod\ 7)$. Portanto, 400 anos possui uma quantidade exata do número de semanas. Isto significa que o dia seguinte ao período de 400 anos é exatamente o mesmo dia da semana que o primeiro dia do período.

■ **Exemplo 7.28** Que dia da semana ocorreu a independência do Brasil, em 7 de setembro de 1822? ■

Solução

Associe a cada dia da semana um resto na divisão por 7:
Domingo: 0 - Segunda: 1 - Terça: 2 - Quarta: 3 - Quinta: 4 - Sexta: 5 - Sábado: 6.
Para a solução do problema temos que saber em que dia da semana ocorreu o dia 7 de setembro de algum ano. Assim, 7 de setembro de 2013 ocorreu num sábado, que é associado ao número 6. Seja m o dia da semana de 7 de setembro de 1822. Vamos escrever uma congruência representando o número de dias entre 7 de setembro de 2013 e 7 de setembro de 1822. A quantidade de dias 7 de setembro de 1822 e 7 de setembro de 2013 é dada por $191\cdot 365$. Podemos escrever:

$$\underbrace{6}_{7\ set\ 2013}\ \equiv\ \underbrace{m}_{7\ set\ 1822}\ +\ \underbrace{191\cdot 365}_{quantid.\ de\ anos}\ +\ \underbrace{48}_{quantid.\ de\ anos\ bissext}\quad (mod\ 7)$$

$$\Longleftrightarrow 6\equiv m+2\cdot 1+47(mod 7)\Longleftrightarrow 6\equiv x+2+5\ (mod\ 7)\equiv$$

$$m \equiv 6 \ (mod\ 7).$$

Portanto, 7 de setembro de 1822 ocorreu num sábado.

■ **Exemplo 7.29** (TT-1984) Numa ilha vivem 13 camaleões verdes, 15 marrons e 17 camaleões vermelhos. Se dois camaleões de cores distintas se encontram, ambos, simultaneamente, mudam de cor para a outra cor (por exemplo, se um é verde e o outro é marrom, ambos passam a ser vermelho etc.).
É possível que, depois de vários desses encontros, todos os camaleões da ilha fiquem de uma só cor? Justifique. ■

Solução

Observe que, no ínicio, as quantidades de camaleões satisfazem as congruências:

$$15 \equiv 0 \ (mod\ 3), \ \ 13 \equiv 1 \ (mod\ 3) \ \ e \ \ 17 \equiv 2 \ (mod\ 3).$$

Observe também que, depois de cada encontro as quantidades de camaleões mantêm essas mesmas congruências, não necessariamente na mesma ordem. Ou seja, após cada encontro, a alteração nas duas quantidades de camaleões envolvidas torna o resto da divisão por 3 das quantidades resultantes: uma ou diminui de 1 ou aumenta de 2, enquanto a outra cresce de 2 ou diminui de 1. Isto significa que, em cada estágio no mínimo duas cores continuam presentes. Portanto, para que todos os camaleões ficassem de uma mesma cor, os restos da divisão por 3 das quantidades de camaleões das três cores seriam os mesmos, o que é impossível.

Nota- James Cook $(1728-1779)$, explorador, navegador e cartógrafo inglês, foi quem conseguiu o primeiro contato europeu com a costa leste da Austrália e o Arquipélago do Havaí, bem como fez a primeira circunavegação registrada da Nova Zelândia. James Cook, visitando uma pequena ilha próxima à Nova Zelândia observou a existência de camaleões que mudavam de cor de acordo com suas próprias vontades. (Fonte: *http : //pt.wikipedia.org/wiki/James Cook*).

■ **Exemplo 7.30** Escreve-se numa folha de papel a lista dos números naturais de 1 a 500. Uma jogada permitida é: escolher 2, 3, 4 ou 5 números desta lista, apagá-los, e acrescentar na lista o resto da divisão da soma dos números escolhidos por 11. Depois de vários destas jogadas existem somente dois números na folha. Um deles é 83.

Qual é o outro? Justifique sua resposta. ■

Solução

Observe que, após cada jogada será acrescentada à lista um número menor do que 11. Isto significa que, após cada jogada haverá na lista sempre um número menor do que 11. Assim, no final, quando restarem somente dois números, um deles, por hipótese, é 83, o outro, m, tem de ser menor do que 11. O resto da divisão da soma desses dois últimos números por 11 será o mesmo que o resto da divisão de $1+2+3+\ldots+500$ por 11.
Agora, como $500 = 45 \cdot 11 + 5$, existem 45 cópias dos possíveis restos na divisão por 11: 0, 1, 2, 3, ..., 10 e mais cinco restos adicionais: 1, 2, 3, 4, e 5. Como

$$0+1+2+3+4+5+6+7+8+9+10 = (1+10)+(2+9)+(3+8)+(4+7)+(5+6),$$

podemos escrever

$$0+1+2+3+4+5+6+7+8+9+10 \equiv (0+0+0+0+0+0) \ (mod\ 11).$$

Assim, temos que:

$$1+2+3+\ldots+500 \equiv 0+(1+2+3+4+5) \ (mod\ 11) \equiv$$

$$\equiv 3(mod 11) \equiv m + 83(mod 11) \equiv m + 6 \ (mod \ 11)$$

Portanto, $(m+6) \equiv 3 \ (mod \ 11) \Longrightarrow m = 8$. Portanto, o outro número é 8.

■ **Exemplo 7.31** (OBM-2003) Determine o menor número primo que divide $x^2 + 5x + 23$ para algum inteiro x. ■

Solução

Seja $P(x) = x^2 + 5x + 23$. A tabela a seguir mostra dos valores de $f(x)$ quando x varia nos números inteiros de -7 a 6:

x	-7	-6	-5	-4	-3	-2	-1	0	1	2	3	4	5	6
f(x)	37	29	23	19	17	17	19	23	29	37	47	59	73	29

Observe que, $f(x) = f(-x-5)$, e todos os valores $f(x)$ não são divisíveis por $2, 3, 5, 7, 11, 13$. Os possíveis restos módulo 13 são assumidos por $f(x)$ para quaisquer 13 inteiros consecutivos e o mesmo vale para $11, 7, 5, 3$ e 2. Logo, $f(x)$ não é divisível pelos primeiros seis primos: $2, 3, 5, 7, 11, 13$. Agora, veja que $f(-2) = 17$. Portanto, o menor número primo que divide $x^2 + 5x + 23$ para algum inteiro x é 17.

■ **Exemplo 7.32** Os números F_n da forma $F_n = 2^{2^n} + 1$ são chamados **números de Fermat**.
Mostre que existem infinitos valores de n para os quais $F_n + 2$ não é um número primo. ■

Solução

Vamos mostrar que $F_n + 2$ não é um número primo sempre que n for um número ímpar. Segue então que, como existem infinitos números ímpares, existem infinitos números compostos da forma $F_n + 2$.
Precisamente, vamos mostrar que todo número da forma $F_n + 2$, com n ímpar, é divisível por 7.
De fato, observe que $2^3 \equiv 1 \ (mod \ 7)$ e que se n é um número impar, temos

$$2^n \equiv (-1)^n \ (mod \ 3) \equiv (-1) \ (mod \ 3) \equiv 2 \ (mod \ 3).$$

Logo, $2^{2^n} \equiv 2^2 \ (mod \ 7) = 4 \ (mod \ 7)$. Isto significa que:

$$F_n + 2 = (2^{2^n} + 1) + 2 = \equiv (4+1) + 2 \ (mod \ 7) \equiv 0 \ (mod \ 7),$$

como queríamos provar.

■ **Exemplo 7.33** Encontre o maior número inteiro positivo par que não pode ser escrito como soma de dois números ímpares positivos compostos. ■

Solução

Seja n um número inteiro positivo par. Então n satisfaz uma, e somente uma, das congruências:

$$n \equiv \ 0 \ (mod \ 3); \ \ n \equiv \ 1 \ (mod \ 3) \ \ ou \ \ n \equiv \ 2 \ (mod \ 3).$$

Se $n \equiv 0 \ (mod \ 3)$, segue que $n = 3k$, com $k \in \mathbb{N}$. Nesse caso, podemos escrever $n = (n-9) + 9$. Agora, como $3|n$, segue que $3|(n-9)$. Por outro lado, $(n-9)$ é ímpar, como diferença de um número par e um ímpar. Portanto, $n - 9 > 3$, o que implica $n > 12$.
Se $n \equiv 1 \ (mod \ 3)$, segue que $n = 1 + 3k$, com $k \in \mathbb{N}$. Neste caso, podemos escrever $n = (n-25) + 25$. Agora, $n - 25 = 1 + 3k - 25 = 3(k-8)$. Logo, $n - 25$ é um número ímpar e múltiplo de 3. Portanto, $n - 25 > 3$, o que implica $n > 28$.

Se $n \equiv 2 \ (mod \ 3)$, segue que $n = 2 + 3k$, com $k \in \mathbb{N}$. Neste caso, podemos escrever $n = (n - 35) + 35$. Agora, $n - 35 = 2 + 3k - 35 = 3(k - 11)$. Logo, $n - 35$ é um número ímpar e múltiplo de 3. Portanto, $n - 35 > 3$, o que implica $n > 38$.
Assim, podemos concluir que todo número inteiro par maior do que 38 pode ser escrito como soma de dois números ímpares compostos.
Por outro lado, os únicos compostos ímpares menores do que 38 são: 9, 15, 21, 27, 35. É fácil ver que a soma de dois desses nunca é igual a 38. Portanto, 38 é o maior número inteiro positivo par que não pode ser escrito como soma de dois números ímpares positivos compostos.

Nos dois exemplos a seguir, temos duas interessantes aplicações da noção de congruência. Tratam-se de truques de mágica com cartas de um baralho. O primeiro deles é conhecido como **o truque das cinco cartas de Fitch Cheney**, (William Fitch Cheney, Jr. (1894 – 1974), publicado em 1950). Além de excelentes truques, constituem bons exercícios de memorização, que causa muita sensação e recebem aplausos fartos da assistência.

■ **Exemplo 7.34** Imagine o seguinte cenário: você está sentado numa sala com vários amigos e alguém se oferece para mostrar um truque de cartas. O mágico do grupo pede emprestado um baralho de cartas e solicita que ele seja embaralhado. Enquanto as cartas estão sendo embaralhadas, o mágico está deixando a sala e seu assistente pede a uma das pessoas da sala que retire cinco cartas quaisquer do baralho. O assistente recebe as cinco cartas e as coloca sobre a mesa, quatro com as respectivas faces para cima e uma, a quinta, emborcada, escondida sua face, depois que todos na sala tomaram conhecimento dela. O mágico, que estava fora da sala, entra, olha para as cartas, e diz qual é a carta que está escondida. Seguem-se aplausos!!

Explique o truque. ■

Solução

Como o mágico tem que dizer corretamente qual é a carta escondida, ele, necessariamente, deve possuir uma estratégia para se comunicar com seu assistente. Esta estratégia é estabelecida pela arrumação das cartas pelo assistente e, como veremos, por algumas regras acertadas previamente. Para que possamos entender a estratégia do mágico, vamos examinar mais de perto um baralho.
Um baralho comum tem 52 **cartas**, divididas em **quatro naipes** diferentes, a saber:

- **Copas** - cartas vermelhas, com um desenho que se parece com o desenho de um coração: $\heartsuit$;
- **Espadas** - cartas pretas, com um desenho que se parece com o desenho do ferro duma lança: $\spadesuit$;
- **Ouros** - cartas vermelhas, com um desenho que se parece com o desenho de um losango: $\diamondsuit$;
- **Paus** - cartas pretas, com um desenho que se parece com o desenho de um trevo de três pontas: $\clubsuit$.

Cada naipe possui 13 cartas, uma sequência numerada por: A, 2, 3, 4, 5, 6, 7, 8, 9, 10, J, Q, K, sendo que a carta A é o **ás**, a carta J é o **valete**, Q é a **dama** e K é o **rei**:

$A\,2\,3 \ldots J\,Q\,K$ $\heartsuit\,\heartsuit\,\heartsuit \ldots \heartsuit$	$A\,2\,3 \ldots J\,Q\,K$ $\spadesuit\,\spadesuit\,\spadesuit \ldots \spadesuit$	$A\,2\,3 \ldots J\,Q\,K$ $\diamondsuit\,\diamondsuit\,\diamondsuit \ldots \diamondsuit$	$A\,2\,3 \ldots J\,Q\,K$ $\clubsuit\,\clubsuit\,\clubsuit \ldots \clubsuit$
Copas	Espadas	Ouros	Paus

O mágico e seu assistente convencionam que cada carta, independente do naipe, vai ser associada, de modo único, a um resto na divisão por 13, sendo que o rei terá o número 13. Assim, nessa convenção, os valores associados a cada carta serão:

$$\mathbf{A} = 1;\ \mathbf{2} = 2;\ \mathbf{3} = 3;\ \mathbf{4} = 4;\ \ldots,\ \mathbf{10} = 10;\ \mathbf{J} = 11;\ \mathbf{Q} = 12;\ \mathbf{K} = 13$$

O mágico e seu assistente também usam a convenção de ordenar as cartas dos naipes **pela ordem crescente de seus números** e **na ordem alfabética dos nomes dos naipes**. Desse modo, por naipes, as cartas serão ordenadas de tal modo que:

$$\heartsuit < \spadesuit < \diamondsuit < \clubsuit.$$

Assim, a ordem convencionada para as cartas no baralho será:

$$\heartsuit A < \spadesuit A < \diamondsuit A < \clubsuit A < \heartsuit 1 < \spadesuit 1 < \diamondsuit 1 < \clubsuit 1 < \heartsuit 2 < \ldots < \clubsuit Q < \heartsuit K < \spadesuit K < \diamondsuit K < \clubsuit K$$

Agora, como um baralho comum possui quatro naipes, quando se escolhe aleatoriamente cinco cartas, necessariamente no mínimo duas são do mesmo naipe. A carta escondida tem de ser uma dessas duas.

Questão: Qual das duas cartas do mesmo naipe devemos escolher para esconder?

Por exemplo, suponha qua as cinco cartas escolhidas sejam $6\diamondsuit$, $\clubsuit K$, $8\spadesuit$, $5\heartsuit$, $10\diamondsuit$. Logo, as duas cartas do mesmo naipe são $6\diamondsuit$ e $10\diamondsuit$. Para decidir qual delas devemos esconder, colocamos a sequência dos números associados às cartas em volta de um círculo, veja a figura a seguir.

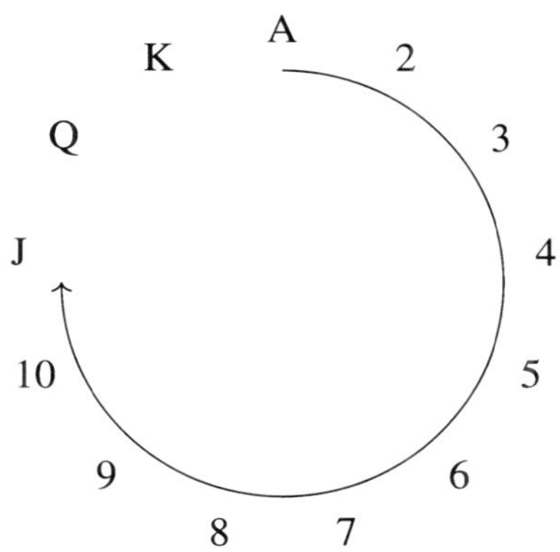

Agora, observe que, ao longo do círculo, temos dois arcos que ligam as duas cartas de mesmo naipe. A carta que ficará com a face visível será a que inicia o arco de menor tamanho que junta as duas cartas. A da outra extremidade, será a carta que ficará escondida. Assim, no exemplo acima, a carta que ficará escondida será a carta $10\diamondsuit$.
Depois que se retiram as duas cartas do mesmo naipe, sobram três cartas. Na lista crescente das cartas, convencionadas como associadas aos restos da divisão por 13, vai existir a primeira, P (a de menor valor), a segunda S (média) e a terceira T (a de maior valor). Essas cartas podem ser colocadas em linha reta de seis modos distintos, que correspondem as possíveis permutações das três cartas:

$$PST, \quad PTS, \quad SPT, \quad STP, \quad TPS, \quad TSP$$

O mágico e seu assistente convencionam o seguinte: para cada uma dessas possibilidades associa-se um número a ser somado pelo mágico para descobrir a carta escondida:

$$PST \longrightarrow \quad soma-se \quad 1$$

$$PTS \longrightarrow \quad soma-se \quad 2$$

$$SPT \longrightarrow \quad soma-se \quad 3$$

$$STP \longrightarrow \quad soma-se \quad 4$$

$$TPS \longrightarrow \quad soma-se \quad 5$$

$$TSP \longrightarrow \quad soma-se \quad 6$$

Finalmente, o assistente arruma as cartas em linha reta colocando primeiro a carta escondida e vizinho à ela a carta do mesmo naipe, seguida das três restantes de tal modo que o número da carta escondida seja igual à soma da carta do mesmo naipe (vizinho à carta escondida) mais o correspondente número da permutação das três restantes.

No exemplo acima, as cinco cartas escolhidas foram $6\diamondsuit$, $K\clubsuit$, $8\spadesuit$, $5\heartsuit$, $10\diamondsuit$, sendo $6\diamondsuit$ e $10\diamondsuit$ as duas do mesmo naipe e o assistente escondeu a carta $10\diamondsuit$. O arranjo que o assistente fará para colocar as cartas na mesa tem que levar em conta que $6+x=10$, onde x é o número a ser escolhido, dependendo da permutação das três cartas restantes. Logo ele faz o seguinte arranjo:

$$\square,\ 6\diamondsuit,\ 8\spadesuit,\ K\clubsuit,\ 5\heartsuit, \quad onde \quad \square \quad representa \quad a \quad carta \quad escondida.$$

Assim, ele escolhe a distribuição das cartas da forma STP, para ser somado 4 à carta 6, dando 10, que é o número da carta escondida.

Vejamos outra situação. Vamos supor que as cinco cartas escolhidas por um expectador fossem: $A\heartsuit$, $8\heartsuit$, $J\heartsuit$, $6\clubsuit$, Assim, o assistente pode escolher para esconder: ou $A\heartsuit$ ou $J\heartsuit$. Imagine que ele escolheu para esconder a carta $A\heartsuit$. Assim, a carta chave será a $J\heartsuit$. O assistente precisa deixar claro para o mágico que ele tem de somar 3 para obter $1\ (mod\ 13)$. Logo, ele tem de arrumar as três cartas restantes na forma SPT para obter o que quer: $11+3=1\ (mod\ 13)$. Portanto, o assistente faz a seguinte arrumação das cartas: , $J\heartsuit$, $8\heartsuit$, $6\clubsuit$, $9\spadesuit$, que permite o mágico dizer qual a carta escondida.

O exemplo seguinte foi adaptado do artigo: **The** 52 **Cycling Cards trick using modular arithmetic**, de Yutaka Nishiyama, Osaka University of Economics, Japão, publicado no International Journal of Pure and Aplied Mathematics, Vol.74, No.1, 2012, $1-10$.

■ **Exemplo 7.35** O mágico entra na sala com um baralho comum de 52 cartas. Coloca o baralho sobre a mesa e pede a um expectador para dividir o baralho em dois montes e mostrar a carta no topo de um dos montes. O mágico, prontamente diz qual é a carta seguinte a esta que o expectador mostrou. Se outro expectador dividir qualquer um dos montes e mostrar a carta no topo deste monte o mágico, prontamente, diz qual é a carta seguinte a ela, para delírio da plateia.

Como o mágico pode realizar o truque? ■

Solução

O segredo do truque é a maneira como mágico arruma as cartas do baralho, aliado a princípios matemáticos que usam a aritmética modular. Para cada carta do baralho, o mágico atribui um valor numérico de 1 a 13, como já vimos no exemplo anterior:

$$\mathbf{A}=1;\ \mathbf{2}=2;\ \mathbf{3}=3;\ \mathbf{4}=4;\ \ldots,\ \mathbf{10}=10;\ \mathbf{J}=11;\ \mathbf{Q}=12;\ \mathbf{K}=13.$$

Existem quatro naipes em duas cores: pretos para espadas e paus, vermelho para copas e ouro. Para fins dos cálculos do mágico, atribui-se aos naipes, os valores numéricos:

$$\mathbf{1}\ para\ espadas,\ \ \mathbf{2}\ para\ copas,\ \ \mathbf{3}\ para\ paus\ e\ \ \mathbf{4}\ para\ ouros.$$

Note que o mágico trabalha alternando as cores dos naipes.
O mágico arruma o baralho da seguinte maneira. Se ele começa com uma carta de número n, cujo naipe tem o número s a ele associado, a próxima carta, que ele coloca embaixo, será a de número m, onde

$$m=n\cdot 2+s\ (mod\ 13).$$

Quando o resultado do cálculo é um múltiplo de 13, o resto será 0, então nesse caso ele toma o resultado como sendo igual a 13. Em seguida, compara este novo número m na tabela a seguir para determinar o naipe. Se o cálculo resultar num valor de 1 a 3, não muda o naipe. Se o valor foi um número de 4 a 6, a carta seguinte será do outro naipe da mesma cor, se foi de 7 a 9, será do naipe anterior na ordenação estabelecida, e se foi de 10 a 13, será do naipe seguinte.

Por exemplo, se o expectador partir o baralho em dois montes e a carta no topo de um dos montes for o 8 de espadas, $8\spadesuit$, dobrando o valor numérico da carta (8) e somando o valor de seu naipe (1, visto que se trata de uma carta de espadas), temos $8\cdot 2+1=17$. Existem apenas 13 valores das cartas, no entanto, se o

Valor da Carta	Naipe
De 1 a 3	Mesmo naipe
De 4 a 6	Mesma cor, mas naipe distinto
De 7 a 9	Naipe anterior
De 10 a 13	Naipe seguinte

Tabela 7.1: Tabela - Correspondência entre os valores e o naipe

valor calculado pelo mágico for maior que 13, então ele substitui esse valor pelo resto da divisão por 13. No exemplo, ele substitui 17 por 4, pois: $17 \equiv 4 \ (mod\ 13)$. O valor de m que encontramos foi 4, que de acordo com a tabela acima indica o outro naipe da mesma cor. Como cartas do naipe espadas ($\spadesuit$) são negras, então o naipe da mesma cor será o paus e a carta será: $4\clubsuit$.

Outro exemplo, suponha que o expectador dividiu o monte em dois e a carta do topo de um dos montes era o 4 de paus: $4\clubsuit$. O valor numérico associado ao naipe paus é 3, portanto, nosso novo número será $4 \cdot 2 + 3 = 11$. Como o 11 está na faixa de 10 a 13, o naipe da próxima carta será ouros ($\diamondsuit$). A próxima carta será, portanto, 11 de ouros: $11\diamondsuit$.

Agora que já entendemos a metodologia pela qual o mágico arruma as cartas no baralho, permitindo determinar a sequência das cartas, precisamos nos convencer de que, seguindo esta metodologia, vamos encontrar todas as 52 cartas. Para ajudar, a tabela a seguir mostra que cada uma das 52 cartas é usada sem repetição. Você pode

	1	2	3	4
	$\spadesuit$	$\heartsuit$	$\clubsuit$	$\diamondsuit$
A	$3\spadesuit$	$4\diamondsuit$	$5\spadesuit$	$6\heartsuit$
2	$5\clubsuit$	$6\diamondsuit$	$7\heartsuit$	$8\clubsuit$
3	$7\diamondsuit$	$8\spadesuit$	$9\heartsuit$	$10\spadesuit$
4	$9\diamondsuit$	$10\clubsuit$	$J\diamondsuit$	$Q\spadesuit$
5	$J\heartsuit$	$Q\clubsuit$	$K\diamondsuit$	$A\diamondsuit$
6	$K\heartsuit$	$A\heartsuit$	$2\clubsuit$	$3\diamondsuit$
7	$2\spadesuit$	$3\heartsuit$	$4\spadesuit$	$5\heartsuit$
8	$4\clubsuit$	$5\diamondsuit$	$6\spadesuit$	$7\clubsuit$
9	$6\clubsuit$	$7\spadesuit$	$8\heartsuit$	$9\clubsuit$
10	$8\diamondsuit$	$9\spadesuit$	$10\diamondsuit$	$J\spadesuit$
J	$10\heartsuit$	$J\clubsuit$	$Q\diamondsuit$	$K\spadesuit$
Q	$Q\heartsuit$	$K\clubsuit$	$A\clubsuit$	$2\diamondsuit$
K	$A\spadesuit$	$2\heartsuit$	$3\clubsuit$	$4\heartsuit$

Tabela 7.2: Tabela-O ciclo das 52 cartas

ler essa tabela como segue. A coluna na lista à esquerda estão as cartas de 1 (que é o ás A) a 13 (que é o rei K) e o cabeçalho no topo mostra cada um dos naipes de espadas ($\spadesuit$) a ouros ($\diamondsuit$), juntamente com seus respectivos valores numéricos de 1 a 4. Para encontrar a carta que deve seguir $A\spadesuit$, olhe para a interseção entre a correspondente linha de $A\spadesuit$ e a coluna, que indica que a carta seguinte deve ser $3\spadesuit$. Por sua vez, ao olhar para a interseção entre a linha 3 e coluna $\spadesuit$ indica que a carta depois dessa deve ser $7\diamondsuit$.

■ **Exemplo 7.36** (MOSP-2005) Escreve-se um número inteiro em cada vértice de um cubo. Uma **transição legal do cubo** consiste em escolher qualquer vértice do cubo e somar o número inscrito nele com o inteiro inscrito num vértice adjacente a ele (ou seja, escolher um vértice com algum valor x escrito nele, e outro vértice adjacente com um valor y escrito nele e substituir y por $x+y$).
Provar que existe uma sequência finita de transições legais de determinado cubo tais que se consegue que os oito inteiros escritos nos vértices sejam o mesmo módulo 2005. ■

Solução

Olhe para todos os inteiros escritos nos vértices módulo 2005. Substitua todos eles pelos correspondentes restos na divisão por 2005. Se todos os restos são iguais, não precisamos de qualquer transição legal. Caso contrário, existem dois vértices cujos números neles inscritos têm os respectivos restos na divisão por 2005 como sendo os números M e K, onde $1 \leq K < M \leq 2005$. Trabalhando com módulo 2005, executando uma super transição, podemos substituir M por $M-K$, pois $1 \leq (M-K) \leq 2005$. Como $K \geq 1$, repetindo o processo, isto sempre reduz os restos de no mínimo 8, o que leva a um estágio no qual todos os restos serão os mesmos.

■ **Exemplo 7.37** (RMC-2008) Um número inteiro positivo, na sua expansão na base 10, possui 2008 dígitos iguais a 1, 2008 dígitos iguais a 4 e todos os restantes de seus dígitos igual a 0.

Mostre que este número não é um quadrado perfeito. ■

Solução

Seja n o número inteiro dado e $S(n)$ a soma dos dígitos de n. Assim, temos

$$S(n) = 2008 \cdot 1 + 2008 \cdot 4 + 0 = 5 \cdot 2008 \equiv 2 \cdot 1 \ (mod\ 3) = 2 \ (mod\ 3).$$

Agora, observe que, para todo número inteiro positivo, $3|(n-S(n))$. Ou seja, $n - S(n) = 3k$, com $k \in \mathbb{N}$, que é o mesmo que dizer $n = S(n) + 3k \equiv 2 \ (mod\ 3)$. Como todo quadrado perfeito ou é côngruo a $0 \ (mod\ 3)$ ou é côngruo a $1 \ (mod\ 3)$, segue que n não é um quadrado perfeito.

7.4 Congruências Lineares

Uma congruência linear é uma equação da forma $ax \equiv b \ (mod\ n)$, onde a, b, $n \in \mathbb{Z}$, com $n > 1$. Uma solução de uma equação desse tipo é um inteiro x_0 para o qual $ax_0 \equiv b(mod n)$.

Agora, observe que $ax \equiv b \ (mod\ n)$ se, e somente se, n divide $ax - b$. Ou seja,

$$ax \equiv b \ (mod\ n) \Longleftrightarrow ax - b = ny, \ para\ algum\ y \in \mathbb{Z}.$$

Desse modo, o problema de encontrar todas as soluções de uma congruência linear $ax \equiv b \ (mod\ n)$ é idêntico ao de obter todas as soluções da equação diofantina $ax - ny = b$.

Na prática, tratamos como iguais duas soluções quaisquer da congruência $ax \equiv b \ (mod\ n)$ que são côngruas módulo n, mesmo que elas não sejam iguais no sentido tradicional. Por exemplo, $x = 2$ e $x = 7$ satisfazem a congruência linear $4 \cdot x \equiv 3 \ (mod\ 5)$. Como $2 \equiv 7 \ (mod\ 5)$, tratamos 2 e 7 como a mesma solução da congruência linear $4 \cdot x \equiv 3 \ (mod\ 5)$. Ou seja, quando falamos do número de soluções da congruência linear $a \cdot x \equiv b \ (mod\ n)$, estaremos contando somente aquelas que são **incongruentes módulo** n.

Pergunta: Quando a congruência linear $ax \equiv b \ (mod\ n)$ admite solução? Se sim, quantas são as soluções incongruentes módulo n?

A resposta é dada pelo teorema seguinte.

Teorema 7.4.1 A congruência linear $ax \equiv b \ (mod\ n)$ admite solução se, e somente se, d divide b, onde $d = MDC(a,n)$. Além disso, se d divide b, então, a congruência admite d soluções mutuamente incongruentes módulo n.

Prova

Observe que a congruência linear dada é equivalente à equação diofantina $ax+ny=b$. Vimos no capítulo 5 que a equação diofantina admite solução se, e somente se, $d=MDC(a,n)$ divide b. Além disso, as soluções da equação diofantina são da forma: $x=x_0+\frac{n}{d}\cdot t$ e $y=y_0-\frac{n}{d}\cdot t$, com t um número inteiro.
Agora, dentre os inteiros x satisfazendo $x=x_0+\frac{n}{d}\cdot t$, considere aqueles para os quais t assume os valores seguintes $t=1,\ 2,\ 3,\ldots,\ d-1$. Ou seja, considere os d inteiros:

$$x_0,\ x_0+\frac{n}{d},\ x_0+\frac{2n}{d},\ x_0+\frac{3n}{d},\ \ldots,\ x_0+\frac{(d-1)n}{d}.$$

Para concluirmos a prova, vamos mostrar que esses inteiros são dois a dois incongruentes módulo n e qualquer inteiro x, que é solução da congruência dada, é congruente a algum dos inteiros acima.
De fato, se $x'=x_0+\frac{n}{d}\cdot i$ e $x''=x_0+\frac{n}{d}\cdot j$ com $i,\ j\in\{1,\ 2,\ 3,\ldots,\ d-1\}$, digamos $i>j$ e $x'\equiv x''(mod\ n)$, segue que $|x'-x''|=|i-j|\frac{n}{d}<n$. Logo, $|x'-x''|$ nunca é múltiplo de n.
Agora, resta mostrar que qualquer outra solução da congruência linear dada, $x=x_0+\frac{n}{d}\cdot t$, é congruente a algum dos d inteiros listados acima. Para isso, utilizamos o Algoritmo da Divisão, dividindo t por d: $t=qd+r$, onde $0\leq r<d$. Assim, podemos escrever:

$$x=x_0+\frac{n}{d}\cdot t=x_0+\frac{n}{d}\cdot(qd+r)=x_0+nq+\frac{n}{d}\cdot r,$$

onde $x_0+\frac{n}{d}\cdot r$ sendo um dos d números acima, o que conclui a prova.

Exemplo 7.38 Encontre a quantidade de soluções inteiras positivas da equação $3x+5y=1008$. ■

Solução

Como $MDC(3,5)=1$ a equação admite solução. Observe que, como $1=3\cdot2+5\cdot(-1)$, segue que $3\cdot 2016+5\cdot(-1008)=1008$. Assim, $x_0=2016$ e $y_0=-1008$ é uma solução particular da equação dada. A solução geral da equação dada é:

$$x=2016+5t\ \ e\ \ y=-1008-3t,\ \ com\ \ t\in\mathbb{Z}.$$

Como queremos as soluções positivas: $x=2016+5t>0$ e $y=-1008-3t>0$. Ou seja, $5t>-2016$ e $3t<1008$, que é o mesmo que dizer $t\geq-404$ e $t\leq-336$. Logo, existem 67 possíveis valores para $t\in\mathbb{Z}$, de -404 a -335, inclusive. Para cada um destes valores de t, temos uma solução positiva, x e y da equação dada. As soluções são $x=1,\ 6,\ 11,\ldots,\ 331$ e $y=3,\ 8,\ 13,\ldots,\ 201$.

Exemplo 7.39 Encontre todas as soluções da congruência linear $6x\equiv21\ (mod\ 51)$. ■

Solução

As soluções da congruência linear $6x\equiv21\ (mod\ 51)$ podem ser obtidas através da equação diofantina $6x-51y=21$, que admite solução, pois $MDC(6,51)=3$ divide 21. O teorema anterior garante a existência de 3 soluções incongruentes módulo 21. Por outro lado, uma solução particular da equação diofantina seria $x_0=-56$ e $y_0=-7$. Ou seja, as soluções da congruência linear $6x\equiv21\ (mod\ 51)$ são:

$$x=-53+\frac{51}{3}\cdot t=46+17t\ (mod\ 51),\ \ com\ \ t=0,\ 1,\ 2.$$

Assim, as soluções da congruência linear dada são: $x\equiv46\ (mod\ 51)$, $x\equiv12\ (mod\ 51)$ e $x\equiv29\ (mod\ 51)$.

Exemplo 7.40 (Rússia-1998) Diga, justificando, se existem dois números naturais, M e K, ambos com 5 dígitos, tais que todos os dígitos de M são pares, todos os dígitos de N são ímpares, cada dígito de 0 a 9 aparece um única vez na expressão decimal de M e K, e que M divide K. ■

■

Solução

A resposta é não. Suponha o contrário, isto é, que os números M e K existem. Pelas hipóteses, M e K possuem 5 dígitos e podemos escrever:

$$M \equiv (0+2+4+6+8)\ (mod\ 9) \equiv 2\ (mod\ 9)$$

$$K \equiv (1+3+5+7+9)\ (mod\ 9) \equiv 7\ (mod\ 9)$$

Agora, observe que, como $MDC(7,9)=1$, temos que existem $x,y \in \mathbb{Z}$ tais que $7x+9y=1$, o que implica $7x \equiv 1\ (mod\ 9)$. Neste caso, $x \equiv 4\ (mod\ 9)$. Seja $a = \frac{M}{K} \equiv 2 \cdot 4\ (mod\ 9) \equiv 8\ (mod\ 9)$. Isto significa que $a \geq 8$. Por outro lado, $K \geq 13579$, o que implica $M = a \cdot K \geq 8 \cdot (13579) > 99999$, uma contradição, pois M tem 5 dígitos. Portanto, os números M e K não existem.

■ **Exemplo 7.41** A medida de um dado ângulo é $\dfrac{180^\circ}{n}$, onde n é um número inteiro positivo que não é divisível por 3.

Prove que o ângulo dado pode ser trisseccionado usando somente uma régua (sem marcação) e um compasso.

■

Solução

Como n não é divisível por 3, então $MDC(3,n)=1$. Isto significa que existem números inteiros x e y para os quais $3x+ny=1$. $(*)$

Observe que, nosso propósito é construir um ângulo cuja medida seja

$$\frac{1}{3} \cdot \frac{180^0}{n} = \frac{60^\circ}{n}.$$

Assim, multiplicamos cada membro da equação $(*)$ por $\frac{60^\circ}{n}$, obtemos

$$\frac{180^\circ}{n} \cdot x + 60^\circ \cdot y = \frac{60^\circ}{n} \quad (**)$$

Como é fácil ver que um ângulo medindo 60° é construível com uma régua (sem marcação) e um compasso, o ângulo medindo $\frac{180^\circ}{n}$ é dado e os números x, y existem, segue que o ângulo medindo $\frac{60^\circ}{n}$ pode ser construído, o que conclui a prova.

■ **Exemplo 7.42** Mostre que inverso multplicativo de $a\ (mod\ n)$ não existe se $MDC(a,n) > 1$. ■

Solução

Quando o inverso multplicativo de $a\ (mod\ n)$ existe, temos que a congruência linear $ax \equiv 1\ (mod\ n)$ admite solução. Isto significa dizer que existe um número inteiro t para o qual $a \cdot x - 1 = n \cdot t$. Seja $d = MDC(a,n)$. Temos que d divide a e d divide n. Logo, d divide $ax - nt = 1$. Assim, d divide 1. Portanto, $d=1$. Conclusão: o inverso multplicativo de $a\ (mod\ n)$ existe se $MDC(a,n)=1$. Portanto, se $MDC(a,n) > 1$, então o inverso multplicativo de $a\ (mod\ n)$ não existe.

■ **Exemplo 7.43** Quais são os restos módulo 15 que possuem inverso multiplicativo? ■

Solução

Os restos possíveis módulo 15 são 0, 1, 2, 3, 4, 5, 6, 7, 8, 9, 10, 11, 12, 13, 14. Desses números x, os que têm $MDC(x,15) > 1$ são os que são múltiplos de 3 ou 5. Portanto, os restos módulo 15 que são inversíveis são:

$$1,\ 2,\ 4,\ 7,\ 8,\ 11,\ 13\ e$$

$$1^{-1}=1,\ 2^{-1}=8,\ 4^{-1}=4,\ 7^{-1}=13,\ 8^{-1}=2,\ 11^{-1}=11,\ 13^{-1}=7.$$

■ **Exemplo 7.44** Mostre que um inteiro não nulo não pode ter mais um inverso módulo n. ■

Solução

Suponha que o inteiro não nulo a tenha dois inversos multiplicativo módulo n. Isto significa que existem $x, y \in \mathbb{Z}$ tais que $ax \equiv 1\ (mod\ n)$ e $ay \equiv 1\ (mod\ n)$. Queremos mostrar que $x = y$.
Da hipótese, temos que $ax \equiv ay\ (mod\ n)$. Como a tem inverso módulo n, segue que $MDC(a,n) = 1$. Mas, isto implica que podemos usar a Lei do Cancelamento para concluir: $ax \equiv ay\ (mod\ n) \Longrightarrow x \equiv y\ (mod\ n)$, o que conclui a prova.

■ **Exemplo 7.45** Um professor de Matemática propôs uma lista com 30 problemas, onde por cada problema resolvido corretamente o estudante recebe 12 pontos, serão diminuídos 7 pontos por cada um resolvido erradamente e por cada solução em branco se atribui 0 ponto.

Se um estudante alcançou um total de 209 pontos, quantas soluções corretas ele fez? ■

Vamos apresentar a seguir duas soluções do problema.

Solução 1

Sejam x a quantidade de questões resolvidas corretamente e y a quantidade de questões com soluções erradas. Assim, temos a seguinte equação diofantina:

$$12x - 7y = 209 \qquad (*)$$

Como $12 \cdot 3 - 7 \cdot 5 = 1$, multiplicando cada membro da igualdade por 209, obtemos: $12 \cdot (3 \cdot 209) - 7 \cdot (5 \cdot 209) = 209$, que é o mesmo que:

$$12 \cdot 627 - 7 \cdot 1045 = 209.$$

Logo, $x = 627\ \ e\ \ y = 1045$ são soluções particulares da equação diofantina $(*)$. Como a solução geral da equação diofantina dada é:

$$x = 627 - 7t \qquad y = 1045 - 12t, \quad onde \quad t \in \mathbb{Z}.$$

Pelas hipóteses do problema, temos que $0 \leq (x+y) \leq 30$, o que implica $0 \leq (1642 - 19t) \leq 30$. Assim, temos:

$$(x+y) \leq 30 \Longrightarrow 19t \geq 1672 - 30 = 1642 \Longrightarrow t \geq 87.$$

Do mesmo modo, temos:
$(x+y) \geq 0 \Longrightarrow (1672 - 19 \geq 0 \Longrightarrow t \leq 88$. Logo, $87 \leq t \leq 88$.
Se $t = 87$, então $x = 627 - 7 \cdot 88 = 627 - 616 = 11$ e $y = 1045 - 12 \cdot 88 = 1045 - 1056 < 0$, que não satisfaz ao problema.
Se $t = 87$, temos $x = 627 - 7 \cdot 87 = 627 - 609 = 18$ e $y = 1045 - 12 \cdot 87 = 1045 - 1044 = 1$. Portanto, o estudante fez 18 soluções corretas.

Solução2

A equação diofantina $12x - 7y = 209$, pode ser reescrita como $12x - 7y + 19y - 19y = 209$, que é o mesmo que $12x + 12y - 19y = 209$. Ou seja, $12(x+y) = 19y + 209$, que é equivalente a $12(x+y) = 19(y+11)$, pois $209 = 19 \cdot 11$. Como $MDC(12,19) = 1$, temos que 19 divide $(x+y)$ e 12 divide $(y+11)$. Como, em ordem crescente, o primeiro múltiplo de 19 depois de 19 é maior do que 30, então $x+y = 19$. Por outro lado, como o estudante fez pontos positivos, $x > y$ e, na ordem crescente, o primeiro múltiplo de 12 maior do que 12 é 24, se $y + 11 = 24$, teríamos $y = 13$ e, consequentemente $x = 6$, que é impossível. Logo, $y + 11 = 12$, que nos leva ao valor $y = 1$ e, consequentemente $x + y = 19 \Longrightarrow x + 1 = 19 \Longrightarrow x = 18$.

7.5 Resumo

Neste capítulo, estudamos as Congruências, ideia genial de Gauss para o estudo geral da divisibilidade no conjunto dos números inteiros.

7.6 Conjunto de Problemas VII

Problema 7.1 Resolva as seguintes congruências lineares
(i) $10x \equiv 5 \ (mod\ 12)$. (ii) $131x \equiv 21 \ (mod\ 77)$. ∎

Problema 7.2 Qual é o resto da divisão de 19^{385} por 31? ∎

Problema 7.3 Encontre o resto da divisão de:
(i) $15+25+35+\ldots+1005$ por 4. (ii) $1!+2!+3!+\ldots+100!$ por 15. ∎

Problema 7.4 Encontre todos os inteiros n para os quais: $100 \leq n \leq 200$, e $3n \equiv 7 \ (mod\ 19)$. ∎

Problema 7.5 Ache um sistema completo de restos módulo 11 composto de múltiplos de 7. ∎

Problema 7.6 Encontre uma congruência linear que tem como solução 0, 1, 2, 3, 4, 5, 6. ∎

Problema 7.7 Encontre o resto da divisão por 4 da soma dos 505 números inteiros positivos seguintes: $3+7+11+15+\ldots+2019$. ∎

Problema 7.8 O resto da divisão de dois números naturais por 18 são 13 e 16, respectivamente.
(i) Qual é o resto da divisão da soma desses dois números por 18?
(ii) Qual é o resto da divisão da soma desses dois números por 9? ∎

Problema 7.9 Diga, justificando, se 11 divide o número inteiro $21^{100} - 12^{100}$. ∎

Sugestão - Observe que $21 \equiv -1 \ (mod\ 11)$ e $12 \equiv 1 \ (mod\ 11)$.

Problema 7.10 Dois estudantes, A e B, disputam o jogo seguinte, onde jogam alternadamente. Um movimento consiste em retirar de um monte de 2014 caroços de feijão 1, 2, 3 ou 4 caroços. O jogador A começa. Aquele que retira o último caroço perde.

Quem vence: o jogador A ou o jogador B? Qual a estratégia para vencer? ∎

Sugestão: Na sua primeira jogada o jogador A remove 3 caroços, restando um número de caroços côngruo a 1 módulo 5. Depois disso, sempre que o jogador B remover m caroços, o jogador A remove $5-m$ caroços. Assim, depois do primeiro, em cada movimento do jogador A ele deixa no monte um total de caroços que é igual a 5 menos que o total anterior que ele encontrou. Além disso, depois de cada movimento do jogador A o total de caroços no monte é sempre côngruo a 1 módulo 5. Com essa estratégia, o jogador A deixará no final para o jogador B um único caroço.

Problema 7.11 Se no problema anterior, aquele que retira o último caroço vence, quem é o ganhador: o jogador A ou o jogador B? Qual é a estratégia para vencer? ∎

Problema 7.12 (AHSME - 1992) Qual é o número de elementos do maior subconjunto, S, de $\{1, 2, 3, \ldots, 50\}$ que possui a propriedade de que a soma de dois elementos quaisquer não seja divisível por 7? ■

Problema 7.13 (TT-1987) É possível escrever o número 1986 como soma de 6 quadrados de números ímpares? ■

Sugestão - Se a é um número ímpar, então $a^2 \equiv 1 \ (mod\ 8)$ e $1986 \equiv 2 \ (mod\ 8)$.

Problema 7.14 (Mahaviracarya, 850d.C.) Existem 63 pilhas iguais de frutas e mais 7 frutas. Todas as frutas foram divididas exatamente entre 23 viajantes.

Qual era o número de frutas em cada pilha? ■

Problema 7.15 (Bachet, 1621) Um grupo de 41 pessoas, entre homens, mulheres e crianças, almoçaram numa estalagem. A conta foi de $R\$40,00$. Cada homem pagou $R\$4,00$, cada mulher $R\$3,00$ e cada grupo de três crianças pagou $R\$1,00$. Quantos homens, mulheres e crianças foram almoçar na estalagem?

■

Problema 7.16 Escrevem-se no quadro-negro os números inteiros de 1 a 15. Você escolhe quaisquer dois destes números, apaga-os, e junta à lista a soma deles. Depois de quatorze operações deste tipo, resta somente um número sobre o quadro-negro.

Em cada operação realizada, é possível fazer escolhas de modo que o número final seja 105? ■

Problema 7.17 Mostre que o dígito das unidades de qualquer número de Fermat, F_n, é igual a 7. ■

Sugestão - Observe que, quando n é um número natural maior do que 1, tem-se $2^n = 4k$, com $k \in \mathbb{N}$. Mostre que $2^n + 1 \equiv 2 (mod\ 5)$ e use o fato de que F_n é ímpar, para todo $n \in \mathbb{N}$.

Problema 7.18 Seja $S = \{1, 2, 3, \ldots, 24, 25\}$. É possível dividir o conjunto S em dois ou mais subconjuntos disjuntos de tal maneira que o produto dos números de cada subconjunto seja o mesmo. Justifique sua resposta. ■

Problema 7.19 Usando congruências, identifique em que dia da semana que você nasceu. ■

Problema 7.20 Usando congruências, identifique em que dia da semana vai ocorrer o dia 7 de setembro de 2074. ■

Problema 7.21 A bilheteria de um teatro vende uma entrada para adulto por $R\$18,00$ e por $R\$7,50$ uma entrada para criança. Numa noite, o total apurado foi de $R\$900,00$.

Supondo que compareceram mais adultos que crianças, quantas pessoas foram ao teatro naquela noite? ■

Problema 7.22 Sejam $x = a$ e $y = b$ soluções inteiras da equação diofantina $17x + 6y = 13$. Qual é o valor do menor inteiro positivo para $a - b$? ■

Sugestão - Como $17a + 6y = 13 \iff 17(a-b) + 23b = 13$, considere a última igualdade módulo 23.

Problema 7.23 Qual é o dígito das unidades do número $17^{103} + 5$? ■

Problema 7.24 Seja $P = p_1^2 + p_2^2 + p_3^2$, com P, p_1, p_2, p_3 números primos. Prove que um dos primos p_1, p_2, p_3 é igual a 3. ■

Sugestão - O menor número primo é 2, o que implica que P é no mínimo 12. Se nenhum dos números p_1, p_2, p_3 é igual a 3, segue que cada um deles deixa resto 1 ou 2 quando dividido por 3, que é equivalente a dizer que cada um deles é congruente a 1 ou -1 módulo 3. Assim, temos: $P = p_1^2 + p_2^2 + p_3^2 \equiv 1 + 1 + 1 = 0 \ (mod 3)$, que é uma contradição com o fato de que P é primo e no mínimo 12.

Problema 7.25 Encontre a quantidade de sequências de números inteiros:

$$a_1,\ a_2,\ a_3,\ a_4,\ a_5,\ a_6,\ a_7,\ a_8,\ a_9,\ a_{10}$$

com a propriedade:
$a_{n+2} = a_{n+1} + a_n, \ \ para \ \ n = 1,\ 2,\ 3,\ 4,\ 5,\ 6,\ 7,\ 8, \ \ e \ \ a_{10} = 2014.$ ■

Sugestão - Encontre a expressão de a_{10} em termos de a_1 e a_2 e resolva a equação diofantina resultante.

Problema 7.26 Sejam p um número primo e m, n números inteiros para os quais $2^p + 3^p = m^n$. Prove que $n = 1$. ■

Sugestão - Se $p = 2$, verifique que $n = 1$. Se $p > 2$, segue que p é ímpar. Logo, $2^p + 3^p = (2+3)\cdot(2^{p-1} - 2^{p-2}\cdot 3 + 2^{p-2}\cdot 3^2 + \ldots + 3^{p-1})$. Como $2^p + 3^p$ é um múltiplo de 5, segue que m também é múltiplo de 5. Por outro lado, se $n > 1$, segue que 25 divide m^n, o que acarreta que o número $\frac{2^p+3^p}{2+3}$ é divisível por 5. Como $(-1)^k \cdot 2^{p-1}3^k \equiv 2^{p-1}(mod\ 5)$, para todo k, segue que $\frac{2^p+3^p}{2+3}$ é um número inteiro congruente a $p\cdot 2^{p-1}$ módulo 5. Mas, $p\cdot 2^{p-1}$ é divisível por 5 se, e somente se, $p = 5$. Além disso, $2^5 + 3^5 = 235$, implicando que $n = 1$.

Problema 7.27 Em cada casa do tabuleiro de xadrez há um número de grãos de trigo indicado como na figura a seguir.

2^{63}	2^{62}	2^{61}	2^{60}	2^{59}	2^{58}	2^{57}	2^{56}
...	...	...	...	...	...	...	...
...	...	...	...	...	...	...	...
...	...	...	...	...	...	...	...
...	...	...	...	...	...	2^{25}	2^{24}
2^{16}	2^{17}	2^{18}	2^{19}	2^{20}	2^{21}	2^{22}	2^{23}
2^{15}	2^{14}	2^{13}	2^{12}	2^{11}	2^{10}	2^{9}	2^{8}
2^{0}	2^{1}	2^{2}	2^{3}	2^{4}	2^{5}	2^{6}	2^{7}

O cavalo começa a se movimentar no tabuleiro, de acordo com as regras usuais do xadrez, a partir de uma casa qualquer. Quando ele atinge uma casa, come todos os grãos nela existentes, mas não come os grãos da casa inicial. Quando ele deixa uma casa, colocamos a mesma quantidade de grãos que nela existiam. Depois de um certo tempo, o cavalo retorna a casa inicial e come os grãos que nela existiam.

Prove que o número de grãos que o cavalo comeu durante sua viagem é divisível por 3. ∎

Sugestão: Use congruência módulo 3, substituindo cada número escrito numa casa pelo resto da divisão desse número por 3.

Problema 7.28 Prove que o número $30^{239}+239^{30}$ não é um número primo. ∎

Sugestão - Verifique que o número dado é divisível por 31.

Problema 7.29 Encontre o maior inteiro n para o qual temos que $3^{512}-1$ é divisível por 2^n. ∎

Sugestão - Escreva $3^{512}-1=(3^{256}+1)\cdot(3^{128}-1)\ldots(3+1)\cdot(3-1)$ e verifique que $3^{2^k}+1\equiv 2\ (mod\ 4)$, para um número natural k, e observe que cada fator $3^{2^k}+1$ possui exatamente um fator 2. (A resposta é 11).

8. Teorema Chinês de Restos

8.1 Introdução

Neste capítulo, estudaremos a solução de sistemas de congruências lineares, baseado no que ficou conhecido como Teorema Chinês de Restos. Também conheceremos as ideias revolucionárias de Fermat, usadas hoje em dia para permitir o comércio eletrônico confiável.

Para que você tenha sucesso nos estudos:

- Tente entender tudo que está sendo explicado no texto.
- Estude com caneta e papel do seu lado. Leia com atenção.
- Se for preciso, leia várias vezes uma linha ou um parágrafo.
- Seja paciente e procure ter certeza que você entendeu o que (e por que) está fazendo.

8.2 Objetivos

Após estudar este capítulo, espera-se que o estudante possa:

- Resolver sistemas de congruências lineares, sob as condições do Teorema Chinês de Restos;
- Aplicar corretamente o Teorema de Fermat.
- Aplicar corretamente os conceitos e técnicas do capítulo para resolver problemas práticos.

8.3 O Teorema Chinês de Restos

Problemas antigos da astronomia, ligados aos movimentos periódicos dos corpos celestes, deram origem ao hoje conhecido como Teorema Chinês de Restos. O nome veio do fato dos problemas terem sido originários dos antigos matemáticos chineses. Há registros de problemas relacionados ao tema proposto no século terceiro depois de Cristo.

No capítulo anterior estudamos como resolver uma congruência linear, $ax \equiv b \ (mod \ n)$, quando ela admite solução.

Pergunta: É possível encontrar solução para um sistema de congruências lineares como o seguinte?

$$\begin{cases} x & \equiv & 2\ (mod\ 3) \\ x & \equiv & 4\ (mod\ 7)? \end{cases}$$

Resposta: A solução são valores de x para os quais ambas as congruências se verificam. Na tabela a seguir, variamos x e encontramos os respectivos valores de $x\ (mod\ 3)$ e $x\ (mod\ 7)$.

x	1	2	3	4	5	6	7	8	9	10	11	12	13	14	...
$mod3$	1	2	0	1	2	0	1	2	0	1	2	0	1	2	...
$mod7$	1	2	3	4	5	6	0	1	2	3	[illegible]	5	6	0	...

Olhando a tabela, é fácil ver que $x = 11$ satisfaz a ambas as congruências dadas, pois $11 \equiv 2\ (mod\ 3)$ e $11 \equiv 4\ (mod\ 7)$.

É possível saber se existem outras soluções?

Na resposta acima, usamos uma tabela para encontrar a solução do sistema mas, se os números forem grandes, seria difícil encontrar mais soluções.

Outra ideia para resolver o sistema de congruências lineares seria encontrar a solução de uma das congruências e substituir na outra, tal qual se faz no ensino básico, quando resolvemos sistemas lineares. Vejamos como seria no caso do sistema de congruências acima.

Temos que: $x \equiv 2\ (mod\ 3) \Longleftrightarrow x = 2 + 3t$, com $t \in \mathbb{Z}$. Substituindo esse valor na segunda congruência, obtemos:

$$2 + 3t \equiv 4\ (mod\ 7) \Longleftrightarrow 5 + 2 + 3t \equiv 5 + 4\ (mod\ 7) \Longleftrightarrow 3t \equiv 2\ (mod\ 7) \Longleftrightarrow$$

$$\Longleftrightarrow 5 \times 3t \equiv 5 \times 2\ (mod\ 7) \Longleftrightarrow t \equiv 3\ (mod\ 7) \Longleftrightarrow t = 3 + 7k, \quad k \in \mathbb{Z}.$$

Agora, substituindo o valor de t na solução da primeira congruência, obtemos $x = 2 + 3t = 2 + 3(3 + 7k) = 11 + 21k$, onde $k \in \mathbb{Z}$.

Mesmo no caso acima, se forem muitas congruências, o caminho se torna muito longo. No caso geral, para um número finito de congruências e para quaisquer números, quando o módulo das variáveis são relativamente primos, resolvemos o problema usando o **Teorema Chinês de Restos**, que trataremos a seguir.

Teorema 8.3.1 (O Teorema Chinês de Restos) Sejam n_1, n_2, $n_3, \ldots$, n_k números inteiros positivos dois a dois relativamente primos, isto é, $MDC(n_i, n_j) = 1$, para $i \neq j$. Nessas condições, dados a_1, $a_2, \ldots$, a_k inteiros positivos, O sistema de congruências lineares

$$\begin{cases} x & \equiv & a_1\ (mod\ n_1) \\ x & \equiv & a_2\ (mod\ n_2) \\ x & \equiv & a_3\ (mod\ n_3) \\ \cdots & \cdots & \cdots \\ x & \equiv & a_k\ (mod\ n_k \end{cases}$$

admite uma solução simultânea, que é única módulo n, onde $n = n_1 \cdot n_2 \cdot n_3 \cdots n_k$.

Prova

Seja $n = n_1 \cdot n_2 \cdot n_3 \cdots n_k$. Para cada $r = 1, 2, 3, \ldots, k$, seja $N_r = \frac{n}{n_r} = n_1 \cdot n_2 \cdot n_3 \cdots n_{r-1} \cdot n_{r+1} \cdots n_k$. Isto é, N_r é o produto de todos os n_i, exceto o n_r. Como $MDC(n_i, n_j) = 1$, a congruência

$$N_r x \equiv 1 \ (mod\ n_r)$$

admite uma única solução módulo n, que chamaremos de x_r, pois $MDC(N_r, n_r) = 1$ o qual divide 1. Desse modo, $N_r \cdot x_r \equiv 1 \ (mod\ n)$ e podemos afirmar que a solução do sistema será:

$$\overline{x} = a_1 \cdot N_1 \cdot x_1 + a_2 \cdot N_2 \cdot x_2 + \ldots + a_k \cdot N_k \cdot x_k$$

De fato, basta observar que:

1. $N_i \equiv 0 \ (mod\ n_r)$, para $i \neq r$, pois, nesse caso, n_r divide N_i. Logo, temos que:

$$\overline{x} = a_1 \cdot N_1 \cdot x_1 + a_2 \cdot N_2 \cdot x_2 + \ldots + a_k \cdot N_k \cdot x_k \equiv a_r \cdot N_r \cdot x_r \ (mod\ n_r).$$

2. Como escolhemos x_r satisfazendo $N_r x \equiv 1 \ (mod\ n_r)$, necessariamente, temos:

$$\overline{x} = a_r N_r x_r \ (mod\ n_r) \equiv a_r \ (mod\ n_r).$$

Resta-nos mostrar que a solução é única módulo $n = n_1 \cdot n_2 \cdot n_3 \cdots n_k$. Suponha que exista outra solução x. Isto é,

$$\overline{x} = a_r \ (mod\ n_r) \equiv x' \ (mod\ n_r),$$

para $r = 1, 2, 3, \ldots, k$. Assim, n_r divide $\overline{x} - x'$, para cada valor de r. Como $MDC(n_i, n_j) = 1$, temos, obrigatoriamente, que $n = n_1 \cdot n_2 \cdot n_3 \cdots n_k$ divide $\overline{x} - x'$. Portanto, $\overline{x} \equiv x' \ (mod\ n)$, o que conclui a prova do Teorema Chinês de Restos.

■ **Exemplo 8.1** Encontre um inteiro positivo n que deixa restos 2, 3 e 2 quando dividido por 3, 5 e 7, respectivamente. ■

Solução

Usando o Teorema Chinês de Restos, temos que resolver o seguinte sistema de congruências lineares:

$$\begin{cases} x \equiv 2(mod\ 3) \\ x \equiv 3(mod\ 5) \\ x \equiv 2(mod\ 7) \end{cases}$$

Na notação do Teorema Chinês de Restos, temos:
$a_1 = 2, \ a_2 = 3, \ a_3 = 2;$
$n_1 = 3, \ n_2 = 5, \ n_3 = 7;$
$n = 3 \cdot 5 \cdot 7 = 105;$
$N_1 = 5 \cdot 7 = 35, \ N_2 = 3 \cdot 7 = 21, \ N_3 = 3 \cdot 5 = 15.$
As congruências $N_1 x_1 \equiv 1(mod\ 3)$, $N_2 x_2 \equiv 1(mod\ 5)$ e $N_3 x_3 \equiv 1(mod\ 7)$, são:
$35x_1 \equiv 1(mod\ 3)$, que é o mesmo que $2x_1 \equiv 1(mod\ 3)$, cuja solução é $x_1 \equiv 2(mod\ 3)$;
$21x_2 \equiv 1(mod\ 5)$, que é o mesmo que $x_2 \equiv 1(mod\ 5)$;
$15x_3 \equiv 1(mod\ 7)$, que é o mesmo que $x_3 \equiv 1(mod\ 7)$.
Portanto, a solução do sistema é dada por:

$$\overline{x} \equiv 233(mod\ 105) \equiv 23(mod\ 105).$$

■ **Exemplo 8.2** (Antigo problema Chinês) Uma senhora transportava um cesto de ovos. Assustada por um cavalo que galopava perto dela, deixa cair o cesto e todos os ovos se partem. Quando lhe perguntaram quantos ovos tivera o cesto, respondeu dizendo que é muito fraca em aritmética, mas lembra-se de ter contado os ovos de dois em dois, de três em três, de quatro em quatro e de cinco em cinco, e tivera sobra de 1, 2, 3, e 4 ovos, respectivamente.

Ache a menor quantidade de ovos que o cesto inicialmente poderia ter. ■

Solução

Seja x a quantidade de ovos que estavam inicialmente no cesto. Podemos escrever:
$x \equiv 1(mod\ 2)$, $x \equiv 2(mod\ 3)$, $x \equiv 3(mod\ 4)$, $x \equiv 4(mod\ 5)$.
Na notação do Teorema Chinês de Restos, temos:

$$a_1 = 1,\ a_2 = 2,\ a_3 = 3,\ a_4 = 4; \quad n_1 = 2,\ n_2 = 3,\ n_3 = 4,\ n_4 = 5.$$

Observe que não podemos aplicar diretamente o Teorema Chinês de Restos, pois $MDC(n_1, n_2) = MDC(2,4) \neq 1$. Para resolver o problema, inicialmente, trabalhamos somente com as congruências lineares que satisfazem ao Teorema Chinês de Restos:

$$\begin{cases} x & \equiv 1 \quad (mod\ 2) \\ x & \equiv 2 \quad (mod\ 3) \\ x & \equiv 4 \quad (mod\ 5) \end{cases}$$

Agora, na notação do Teorema Chinês de Restos o sistema acima tem os seguintes dados:
$a_1 = 1,\ a_2 = 2,\ a_3 = 4;$ quad $n_1 = 2,\ n_2 = 3,\ n_3 = 5;$
$n = 2 \cdot 3 \cdot 5 = 30,\ N_1 = 3 \cdot 5 = 15,\ N_2 = 2 \cdot 5 = 10,\ N_3 = 2 \cdot 3 = 6.$
As congruências $N_1x_1 \equiv 1(mod\ 2)$, $N_2x_2 \equiv 1(mod\ 3)$ e $N_3x_3 \equiv 1(mod\ 5)$, são:
$15x_1 \equiv 1(mod\ 2)$, que é o mesmo que $1x_1 \equiv 1(mod2)$, cuja solução é $x_1 \equiv 1(mod\ 12)$, $10x_2 \equiv 1(mod\ 3)$, que é o mesmo que $x_2 \equiv 1(mod3)$, cuja solução é $x_2 \equiv 1(mod\ 3)$ e $6x_3 \equiv 1(mod\ 5)$, que é o mesmo que $x_3 \equiv 1(mod\ 5)$, cuja solução é $x_3 \equiv 1(mod\ 7)$.
Portanto, a solução do sistema é dada por $\bar{x} \equiv 59(mod\ 30) \equiv 29(mod\ 30)$. Ou seja, $\bar{x} = (29+30) \cdot k$, onde k é um número inteiro. Agora, substituímos o valor de $\bar{x}$ na congruência $x \equiv 3(mod\ 4)$. Assim, $29 + 30k \equiv 3(mod\ 4)$, que é o mesmo que $1 + 2 \cdot k \equiv 3(mod\ 4)$, ou ainda $3 + 1 + 2k \equiv 3 + 3(mod\ 4)$, que nos leva para $2k \equiv 2\ (mod\ 4)$, que é equivalente a dizer $2k - 2 = 4 \cdot t$, onde t é um número inteiro. Ou seja, $2(k-1) = 4 \cdot t$. Logo, k tem de ser um número ímpar: $k = 2t + 1$, onde t é um número inteiro. Logo, $\bar{x} = 29 + 30(2t+1) = 59 + 60 \cdot t$. Portanto, o número mínimo de ovos que a cesta inicialmente poderia conter é 59.

■ **Exemplo 8.3** (Putnam-1955) Diga, justificando, se existem 1.000.000 de números inteiros consecutivos, cada um deles tendo o quadrado de um número primo como um divisor. ■

Solução

A resposta é sim.

Sejam $p_1, p_2, \ldots, p_s$ números primos distintos. Pelo Teorema Chinês de Restos, o sistema de congruências lineares

$$\begin{cases} n & \equiv & -1 & (mod\ p_1^2) \\ n & \equiv & -2 & (mod\ p_2^2) \\ n & \equiv & -3 & (mod\ p_3^2) \\ \cdots & \cdots & \cdots\cdots & \\ n & \equiv & -s & (mod\ p_s^2) \end{cases}$$

admite uma solução $\overline{m}$. Neste caso, cada um dos s inteiros consecutivos $\overline{m}+1$, $\overline{m}+2$, $\overline{m}+3$, $\ldots$, $\overline{m}+s$ é divisível por p_1^2, p_2^2, $p_3^2, \ldots$, p_s^2, respectivamente.
Agora, basta tomar $s = 1.000.000$ para garantir a existência de $1.000.000$ de números inteiros consecutivos, tendo cada um deles o quadrado de um número primo como um divisor.

Exemplo 8.4 Encontre o menor inteiro positivo n para o qual $3^3|n$ e $5^3|(n-1)$. ■

Solução

Em termos de congruências, as hipóteses podem ser traduzidas como

$$\begin{cases} n & \equiv & 0 \ \ (mod\ 3^3) \\ n+1 & \equiv & 0 \ \ (mod\ 5^3) \end{cases}$$

Ou ainda:

$$\begin{cases} n & \equiv & 0 & (mod\ 27) \\ n & \equiv & -1 & (mod\ 125) \end{cases}$$

Como $MDC(27,125) = 1$, podemos aplicar o Teorema Chinês de Restos. Assim, nas hipóteses do Teorema Chinês de Restos, temos

$$n = n_1 \cdot n_2 = 27 \cdot 125 = 3375; \ \ a_1 = 0; \ \ a_2 = 124, \ \ N_1 = 125, \ \ N_2 = 27$$

Como $a_1 = 0$, precisamos somente calcular o valor de x_2, onde x_2 é tal que $N_2 \cdot x_2 \equiv 1\ (mod\ n_2)$.
Como $N_2 \cdot x_2 \equiv\ 1\ (mod\ N_2) = 27 \cdot x_2 \equiv\ 1\ (mod\ 125) \Longleftrightarrow 27 \cdot x_2 - 125y = 1$, para encontrar o valor de x_2, basta resolver a equação diofantina. Para isso, vamos usar várias vezes o Algoritmo da Divisão:

$$125 = 27 \cdot 4 + 17; \quad 27 = 17 \cdot 1 + 10, \quad 17 = 10 \cdot 1 + 7; \quad 10 = 1 \cdot 7 + 3; \quad 7 = 3 \cdot 2 + 1.$$

Agora, isolando o valor do resto 1 da última igualdade e substituindo os restos nas igualdades seguintes obtemos:

$$1 = 7 + 3 \cdot (-2) = 7 + [10 + 7 \cdot (-1)] \cdot (-2) = 3 \cdot 7 + 10 \cdot (-2) =$$

$$= 3 \cdot [17 + 10 \cdot (-5)] + 10 \cdot (-2) = 17 \cdot 3 + 10 \cdot (-5) =$$

$$= 17 \cdot 3 + [27 + 17 \cdot (-1)] \cdot (-5) = 17 \cdot 8 + 27 \cdot (-5) =$$

$$= [125 \cdot (-1) + 27 \cdot 4] \cdot (-8) + 27 \cdot (-1) = 27 \cdot (-37) + 125 \cdot 8.$$

Assim, $x_2 = -37 \equiv 88\ (mod\ 125)$. Logo, a solução do sistema de congruências lineares é igual a

$$\begin{aligned} \overline{x} &\equiv a_1 N_1 x_1 + a_2 \cdot N_2 \cdot x_2\ (mod\ n) = 0 + (-1) \cdot 27 \cdot 88\ (mod\ 3375) \\ &\equiv 999\ (mod\ 3375). \end{aligned}$$

Assim, $\overline{x} = 999 + 3375 \cdot t$, onde $t \in \mathbb{Z}$. Portanto, o menor inteiro positivo n para o qual $3^3|n$ e $5^3|(n+1)$ é 999.

8.4 O Pequeno Teorema de Fermat

O mais famoso teorema de Fermat é conhecido como o **Último Teorema de Fermat** [1]
Contam os historiadores que, em 1637, Fermat afirmou que tinha uma prova para a proposição que ficou conhecida com o **Último Teorema de Fermat**. Ele escreveu sua afirmação nas margens de uma cópia do livro de Diofanto, Arithmeticae, uma versão feita por Claude Gaspar Bachet $(1581-1683)$. Ele afirmou: Tenho uma prova maravilhosa para esta proposição, mas a margem é muito pequena para cabê-la. Muitos matemáticos tentaram, sem sucesso, uma prova: Euler, Gauss, Dirichlet, Legendre, Lamé, Kummer, Dedekind etc.
Numa carta para Bernard Frenicle de Bessy (16051675), datada de 18 de outubro de 1640, Pierre de Fermat $(1601-1665)$ deu sua versão do que hoje conhecemos como **Pequeno Teorema de Fermat**. Ele descobriu algo surpreendente e que foi usado para a criação do **Sistema RSA**, já comentado no capítulo 5.
Em setembro de 1994, o matemático Andrew Wiles, de Princeton, e seu estudante Richard Taylor concluíram uma prova usando fatos sobre curvas elípticas, que está muito acima do nível dessas nossas notas de aula. Portanto, nessas notas de aula não trataremos do Último Teorema de Fermat. Estudaremos, em vez dele, o que ficou conhecido como **Pequeno Teorema de Fermat**.

Seguindo as ideias de Fermat, se você calcular as potências de 2 em uma calculadora comum e verificar o respectivo resto na divisão por 7, este resto têm um padrão: começando com 2^0, após 6 cálculos consecutivos o resto volta e ser 1, veja a tabela a seguir:

Potências *de* 2	2^0	2^1	2^2	2^3	2^4	2^5	2^6	2^7	2^8
Visor da calculadora	1	2	4	8	16	32	64	128	256
Resto da Divisão *por* 7	1	2	4	1	2	4	1	2	3

Fermat, com os recursos que dispunha na época, viu que este padrão se mantinha se ele substituísse 7 por qualquer número primo e 2 por um número convenientemente escolhido, mais precisamente, enunciou o seguinte:

[1] **Pierre de Fermat** -$(1601-1665)$ foi um matemático e cientista francês. Seu pai, Dominique de Fermat, era um rico mercador de peles e lhe propiciou uma educação privilegiada, inicialmente no mosteiro franciscano de Grandselve e depois na Universidade de Toulouse. Ingressou no serviço público em 1631. Em 1652 ele foi promovido para Juiz Supremo na Corte Criminal Soberana do Parlamento de Toulouse, todavia esta promoção se deu em ocorrência da chegada da praga, peste negra, que levou a vida de grande parte da população da Europa. Neste mesmo ano Fermat também adoeceu e chegou-se a afirmar que ele havia morrido, entretanto ele se recuperou e permaneceu vivo por mais de uma década. Sua morte, de fato, deu-se a 12 de Janeiro de 1665, em Castres, na França. Em razão de seu cargo, Fermat não podia ter muitos amigos para não ser acusado de favoritismo em seus julgamentos, também em razão da tumultuada fase do Absolutismo real na França de então, com o Cardeal Richelieu sendo primeiro-ministro. Ao se investigar a produção matemática de Fermat, percebe-se facilmente a característica amadora predominante em seus trabalhos. Na verdade, com pouquíssimas exceções, ele não publicou nada em vida e nem fez qualquer exposição sistemática de suas descobertas e de seus métodos, tinha as questões da matemática mais como desafios a serem resolvidos.
Considerado o Príncipe dos Amadores, Pierre de Fermat nunca teve formalmente a matemática como a principal atividade de sua vida. Jurista e magistrado por profissão, dedicava à Matemática apenas suas horas de lazer e, mesmo assim, foi considerado por Pascal o maior matemático de seu tempo. Contudo, seu grande gênio matemático perpassou várias gerações, fazendo com que várias mentes se debruçassem com respeito sob o seu legado, que era composto por contribuições nas mais diversas áreas das matemáticas, as principais: cálculo geométrico e infinitesimal; teoria dos números; e teoria da probabilidade. Entre os estudiosos com os quais mantinha contato postal, estão: Sir Kenelm Digby, John Wallis, Nicholas Hensius, além de Blaise Pascal, Assendi, Roberval, Beaugrand e o padre Marin Mersenne.
O interesse desperto em Fermat pela Matemática, possivelmente, deu-se com a leitura de uma tradução latina, feita por Claude Gaspar Bachet de Méziriac, de Aritmética de Diophante, um texto sobrevivente da famosa Biblioteca de Alexandria, queimada pelos árabes no ano 646 d.C., e que compilava cerca de dois mil anos de conhecimentos matemáticos.
A matemática do século XVII estava ainda se recuperando da Idade das Trevas, portanto, não é de se admirar o caráter amador dos trabalhos de Fermat. No entanto, se ele era um amador, então era o melhor deles, devido à precisão e à importância de seus estudos, que, diga-se ainda, estavam sendo realizados longe de Paris, o único centro que abrigava grandes matemáticos, mas até então ainda não prestigiados estudiosos da Matemática, como Pascal, Gassendi, Mersenne, entre outros.
O padre Marin Mersenne teve um papel importante na história da matemática francesa do século XVII. Naquela época não existiam revistas científicas e ele teve um papel importante na divulgação das novas descobertas que se faziam por toda a Europa. Mersenne era o centro da divulgação científica, correspondendo-se com os maiores cientistas seus contemporâneos, como Descartes, Galileu, Fermat, Pascal e Torricelli. Mersenne organizava também encontros entre estes cientistas e viajava com frequência pela Europa para se encontrar com alguns deles. Este círculo alargado de cientistas europeus é por vezes designado por Academia de Mersenne, uma precursora da Académie des Sciences, fundada poucos anos após seu falecimento . Em suas viagens pela França e por países estrangeiros, acabou conhecendo Fermat e trocando com ele várias correspondências. Mersenne foi uma das poucas amizades de Fermat. No entanto, mesmo com a insistência do padre Mersenne, Fermat não publicou nada. (*Fonte : http : //pt.wikipedia.org/wiki/Pierre_de_Fermat*)

Teorema 8.4.1 (Pequeno Teorema de Fermat) Se p é um número primo e a é um inteiro que não é divisível por p, então:

$$a^{p-1} \equiv 1 \ (mod\ p).$$

Prova

Consideremos os primeiros $p-1$ múltiplos inteiros positivos de a:

$$a,\ 2a,\ 3a,\ 4a,\ldots,\ (p-2)a,\ (p-1)a.$$

Inicialmente, vamos provar que nenhum desses múltiplos de a é côngruo a qualquer outro módulo p, nem é congruente a zero módulo p. Para isso, vamos supor que existem números inteiros r e s, com $1 \leq r < s \leq p-1$ satisfazendo:

$$ra \equiv as \ (mod\ p).$$

Como $MDC(p,a) = 1$, podemos cancelar a na congruência acima e obter:

$$r \equiv s \ (mod\ p),$$

com $1 \leq r < s \leq p-1$, que é uma contradição. Como os restos não nulos possíveis na divisão por p são $1,\ 2,\ 3,\ldots,\ p-1$, os números $a,\ 2a,\ 3a,\ 4a,\ldots,\ (p-2)a,\ (p-1)a$ tem de ser congruentes, em alguma ordem, a: $1,\ 2,\ 3,\ldots,\ p-1$. Agora, multiplicando membro a membro essas congruências, obtemos:

$$a \cdot 2a \cdot 3a \cdot 4 \ldots (p-2)a \cdot (p-1) \cdot a \equiv\ 1 \cdot 2 \cdot 3 \ldots (p-2) \cdot (p-1) \ (mod\ p),$$

que é o mesmo que escrever:

$$a^{p-1} \cdot 1 \cdot 2 \cdot 3 \ldots (p-2) \cdot (p-1) \equiv 1 \cdot 2 \cdot 3 \ldots (p-2) \cdot (p-1) \ (mod\ p).$$

Ou seja, $a^{p-1}.(p-1)! \equiv (p-1)! \ (mod\ p)$. Agora, observe que p não divide $(p-1)!$, pois no desenvolvimento de $(p-1)!$ o número p não comparece. Portanto, na última congruência, podemos cancelar $(p-1)!$, obtendo $a^{p-1} \equiv 1 \ (mod\ p)$, como queríamos.

Exemplo 8.5 Use o Pequeno Teorema de Fermat para verificar que 17 divide $(11^{104}+1)$. ■

Solução

Observe que 17 é um número primo e 11 não divide 17. Assim, pelo Pequeno Teorema de Fermat, $11^{16} \equiv 1 \ (mod\ 17)$. Por outro lado, pelo Algoritmo da Divisão, temos que: $104 = 16 \cdot 6 + 8$. Assim, podemos escrever:

$$11^{104} = (11^{16})^6 \cdot 11^8 \equiv (1)^6 \cdot 11^8 \ (mod\ 17) \equiv 11^8 \ (mod\ 17).$$

Agora, observe que: $11^2 = 121 \equiv 2 \ (mod\ 17)$ e $11^8 = (11^2)^4 \equiv 2^4 \ (mod\ 17) \equiv -1 \ (mod\ 17)$. Portanto, podemos afirmar que $11^{104} \equiv 11^8 \ (mod\ 17) \equiv -1 \ (mod\ 17)$, que é o mesmo que afirmar que 17 divide $(11^{104}+1)$.

Exemplo 8.6 Prove que, se n é um número natural par, então o número (13^n+6) é divisível por 7. ■

Solução

Se n é par, então $n = 2k$, onde $k \in \mathbb{N}$. Assim, temos que:

$$13 \equiv -1 \ (mod\ 7) \Longrightarrow 13^2 \equiv (-1)^2 \ (mod\ 7) \Longrightarrow 13^n = 13^{2k} \equiv 1^k \ (mod\ 7) \Longleftrightarrow$$

$$\Longleftrightarrow 13^n \equiv -6 \ (mod\ 7) \Longleftrightarrow 13^n + 6 \equiv 0 \ (mod\ 7) \Longleftrightarrow 7|(13^n + 6).$$

■ **Exemplo 8.7** Encontre o resto da divisão do número 3^{600} por 5. ■

Solução

Pelo Pequeno Teorema de Fermat, podemos escrever $3^4 \equiv 1 \ (mod\ 5)$. Assim, temos que:

$$3^{600} = (3^4)^{150} \equiv (1)^{150} \ (mod\ 5) \equiv 1 \ (mod\ 5).$$

Portanto, o resto da divisão de 3^{600} por 5 é 1.

■ **Exemplo 8.8** Encontre o resto da divisão do número $147^{157} + 157^{147} + 1$ por 19. ■

Solução

Observe que $157 = 8 \cdot 18 + 13$ e $147 = 8 \cdot 18 + 3$. Assim, temos que:

$$147^{157} + 157^{147} + 1 = (147^{18})^8 \cdot 147^3 + (157^{18})^8 \cdot 157^{13}$$

Agora, pelo Pequeno Teorema de Fermat, temos: $147^{18} \equiv 1 \ (mod\ 19)$ e $157^{18} \equiv 1 \ (mod\ 19)$. Logo, podemos escrever:

$$147^{157} + 157^{147} + 1 \equiv 147^3 + 157^{13} + 1 \ (mod\ 19) \equiv 14^{13} + 5^{13} + 1 \equiv 4 \ (mod\ 19).$$

Portanto, o resto da divisão de $147^{157} + 157^{147} + 1$ por 19 é 4.

■ **Exemplo 8.9** Existe algum inteiro positivo c menor do que 40, para o qual 41 divide $2^c - 1$? ■

Solução

Vamos supor que exista tal inteiro positivo. Pelo Princípio da Boa Ordem ou Princípio da Boa Ordenação, existe o menor desses números. Chamemos d o menor inteiro positivo para o qual 41 divide $2^d - 1$. Isto é, $2^d = 1 + 41t$, onde t é um número inteiro. Pelo Algoritmo da Divisão, temos que:

$$40 = qd + r, \ com\ 0 \leq r < d.$$

Agora, podemos escrever $2^{qd} = (1+41t)^q$ e, aplicando o Binômio de Newton, podemos desenvolver $(1+41t)^q$ e verificar que $2^{qd} = (1+41t)^q = 41m + 1$, onde m é um número inteiro. Mas, como $2^{40} = 2^{qd+r} = 1 + 41k$, temos $1 + 41k = 2^{qd} \cdot 2^r = (1 + 41m) \cdot 2^r$. Usando o Algoritmo da Divisão, podemos concluir que $2^r = 41 \cdot v + s$, com $0 \leq s < 41$. Daí segue que:

$$1 + 41k = 2^{qd} \cdot 2^r = (1 + 41m) \cdot (41v + s) = 41 \cdot b + s,$$

o que implica $s = 1$. Portanto, $2^r = 41 \cdot v + s = 41 \cdot v + 1$ e $2^r - 1$ é divisível por 41. Mas, $0 \leq r < d$ e d é o menor inteiro positivo com esta propriedade. Contradição. Portanto, $r = 0$ e d divide 40. Então o número inteiro d tem de pertencer ao conjunto $\{1,\ 2,\ 4,\ 5,\ 8,\ 10,\ 20,\ 40\}$. Verificando esses valores, temos $2^1 - 1 = 1$, que não é divisível por 41;

$2^2 - 1 = 3$, que não é divisível por 41;
$2^4 - 1 = 15$, que não é divisível por 41;
$2^5 - 1 = 31$, que não é divisível por 41;
$2^8 - 1 = 255$, que não é divisível por 41;
$2^{10} - 1 = 1023$, que não é divisível por 41;
$2^{20} - 1 = 1048575 = 41 \cdot 25575$, que é, portanto, divisível por 41;
$2^{40} \equiv 1 \ (mod\ 41)$.
Deste modo, 20 é o menor número tal que $2^{20} - 1$ é divisível por 41.

Observação: O Pequeno Teorema de Fermat nos garante que: se $p = 41$, então $2^{40} - 1$ é divisível por 41. O exemplo anterior nos mostra que é possível que algum divisor d de $p-1$ tenha também esta propriedade: $2^d - 1$ é divisível por 41.

O Pequeno Teorema de Fermat pode ser enunciado de uma forma mais compacta, eliminando-se a condição de que o número primo p não divida a:

Corolário 8.4.2 Se p é um número primo, então $a^p \equiv a \ (mod\ p)$, para todo número inteiro a.

Prova

De fato, se p divide a, então temos que $a = pk$, com k inteiro. Assim, $a^p = (pk)^p$ é um múltiplo de p, logo $a^p \equiv 0 \ (mod\ p)$. Agora, se p não divide a, segue, pelo Pequeno Teorema de Fermat, que $a^{p-1} \equiv 1 \ (mod\ p)$. Multiplicando cada membro da congruência por a, obtemos $a^p \equiv a \ (mod\ p)$.

Exemplo 8.10 Encontre o resto da divisão de 3^{102} por 101.

Solução

Pelo Corolário do Pequeno Teorema de Fermat, temos que $3^{101} \equiv 3 \ (mod\ 101)$. Por outro lado, $3^{102}0 = 3^{101} \cdot 3 \equiv 3 \cdot 3 \equiv 9 \ (mod\ 101)$. Portanto, o resto da divisão de 3^{102} por 101 é 9.

Exemplo 8.11 Mostre que o número $2^{55} + 1$ é divisível por 11.

Solução

Temos que $2^5 = 32 \equiv -1 \ (mod\ 11)$. Por outro lado, pelo Pequeno Teorema de Fermat, temos que $2^{10} \equiv 1 \ (mod\ 11)$. Logo, podemos escrever que:

$$2^{55} = (2^{10})^5 \cdot 2^5 \equiv (1)^5 \cdot (-1) \ (mod\ 11) = (-1) \ (mod\ 11) \Longleftrightarrow 2^{55} + 1 \equiv 0 \ (mod\ 11) \Longleftrightarrow 11 | 2^{55} + 1,$$

como queríamos provar.

Exemplo 8.12 Seja p um número primo, com $p \equiv 3 \ (mod\ 4)$ e $p | (a^2 + b^2)$, para $a, b \in \mathbb{Z}$.
Prove que $p | a$ e $p | b$.

Solução

Vamos resolver o problema por contradição (redução ao absurdo). Para isso, suponhamos que p não divide a. Nesse caso, obrigatoriamente, temos que p não divide b, pois, caso contrário, como $p | (a^2 + b^2)$, teríamos que p divide a. Logo, $MDC(a,p)=1$ e $MDC(b,p)=1$. Assim,

$$p|(a^2+b^2) \Longleftrightarrow a^2+b^2 \equiv 0\ (mod\ p) \Longrightarrow b^2 \equiv (-a)^2\ (mod\ p).$$

Pelas considerações acima, podemos aplicar o Pequeno Teorema de Fermat. Assim, temos que

$$(a^{p-2}b)^2 = (a^{p-2})^2 \cdot b^2 \equiv\ (a^{p-2})^2(a^2)\ (mod\ p) =$$

$$-(a^{p-2+1})^2\ (mod\ p) = -(a^{p-1})^2\ (mod\ p) \equiv\ (-1)\ (mod\ p).$$

Por outro lado, temos

$$(a^{p-2}b)^{p-1} = [(a^{p-2}b)^2]^{\frac{p-1}{2}} \equiv (-1)^{\frac{p-1}{2}}\ (mod\ p) \equiv (-1)\ (mod\ p).$$

(Observe que $p \equiv 3\ (mod\ 4) \Longleftrightarrow p = 3+4k \Longrightarrow \frac{p-1}{2} = \frac{3+4k-1}{2} = 2k+1$, que é um número ímpar). Como $MDC(a^{p-2},p)=1$, pelo Pequeno Teorema de Fermat, temos que $(a^{p-2}b)^{p-1} \equiv\ 1\ (mod p)$. Como $p \neq 2$, que é uma contradição. Portanto, $p|a$ e $p|b$.

■ **Exemplo 8.13** Seja n um número inteiro positivo maior do que ou igual a 2 que **não** é um número primo.

Diga, justificando, se existe um número inteiro positivo a, relativamente primo com n, para o qual n divide $a^{n-1}-1$. ■

Solução

A resposta é sim, existe.
Tome $n = 3\cdot 11 \cdot 17 = 561$ e seja a um número inteiro positivo e relativamente primo com n.
Como $MDC(a,n)=1$, segue que $MDC(a,3)=1$. Logo, pelo teorema de Fermat, segue que $a^2 \equiv 1\ (mod\ 3)$.
Assim, podemos escrever:

$$(a^2)^{280} \equiv 1^{280}\ (mod\ 3) \Leftrightarrow a^{560} \equiv 1\ (mod\ 3). \qquad (*)$$

Do mesmo modo, como $MDC(a,n)=1$, segue que $MDC(a,11)=1$. Logo, usando o Teorema de Fermat, podemos escrever: $a^{10} \equiv 1\ (mod\ 11)$. Assim, podemos escrever:

$$(a^{10})^{56} \equiv 1^{56}\ (mod\ 11) \Leftrightarrow a^{560} \equiv 1\ (mod\ 11). \qquad (**)$$

De modo análogo, como $MDC(a,n)=1$, segue que $MDC(a,17)=1$. Logo, usando o Teorema de Fermat, podemos escrever: $a^{16} \equiv 1\ (mod\ 17)$. Assim, podemos escrever:

$$(a^{16})^{35} \equiv 1^{35}\ (mod\ 17) \Leftrightarrow a^{560} \equiv 1\ (mod\ 17). \qquad (***)$$

Portanto, como 3, 11 e 17 são números primos, de $(*)$, $(**)$ e $(***)$, concluímos que 561 divide $a^{560}-1$.

8.5 O Teorema de Wilson

Em 1770, Eduard Waring $(1734-1798)$, matemático inglês, afirmou em seu livro Medidationes algebraicae, que um de seus estudantes, John Wilson $(1741-1793)$, conjecturou que, se p é um número inteiro primo, então p divide $(p-1)!+1$. Mas, Wilson não conseguiu provar. O resultado foi provado por Legendre, em 1771, que provou também a recíproca.

Teorema 8.5.1 (Wilson) Se p é um número primo, então $(p-1)! \equiv (-1)\ (mod\ p)$

Prova

Se $p=2$, teremos $(2-1)!=1\equiv(-1)\ (mod\ 2)$.
Se $p=3$, teremos $(3-1)!=2!=2\equiv(-1)\ (mod\ 3)$.
Assim, nos casos em que $p=2$ ou $p=3$ a afirmação é óbvia. Suponha que p seja um primo qualquer maior do que 3. Suponha que $a\in\{1,\ 2,\ 3,\ \ldots,\ p-2,\ p-1\}$. Considere a congruência linear

$$ax\equiv 1\ (mod\ p).$$

Como $MDC(a,p)=1$, pois p é primo e $1\leq a\leq p-1$, a congruência admite uma única solução módulo p. Assim, existe um único inteiro b, com $1\leq b\leq p-1$, satisfazendo

$$ab\equiv 1\ (mod\ p)\qquad(*)$$

Ou seja, existe o inverso de a módulo p. Como p é primo, temos que $a=b$, se e somente se, $a=1$ ou $a=p-1$. Para verificarmos este fato, basta observar que:

$$a^2\equiv 1\ (mod\ p)\Longleftrightarrow a^2-1\equiv 0\ (mod\ p)\Longleftrightarrow (a-1)\cdot(a+1)\equiv 0\ (mod\ p).$$

Portanto, ou $a-1\equiv 0\ (mod\ p)$ ou $a+1\equiv 0\ (mod\ p)$, que é equivalente a dizer: ou $a\equiv 1\ (mod\ p)$ ou $a\equiv p-1\ (mod\ p)$. Para cada a pertencente ao subconjunto $\{2,\ 3,\ 4,\ldots,\ (p-2)\}$, existe b, seu inverso módulo p, com a distinto de b. Deste modo, existem $\frac{p-3}{2}$ congruência do tipo $(*)$. Multiplicando membro a membro todas elas, obtemos:

$$2\cdot 3\cdot 4\cdots(p-3)\cdot(p-2)\equiv 1\ (mod\ p)$$

Ou ainda, $(p-2)!\equiv 1\ (mod\ p)$. Agora, multiplicando $(p-1)$ em cada lado, obtemos: $(p-1).(p-)!\equiv (p-1).1\ (mod\ p)\equiv -1\ (mod\ p)$. Portanto $(p-1)!=-1(mod\ p)$, como queríamos.

Exemplo 8.14 Encontre o resto da divisão de $11!$ por 13. ■

Solução

Pelo teorema de Wilson, temos que $12!\equiv -1\ (mod\ 13)$. Por outro lado, $12!=12\cdot 11!$. Assim, $12\cdot 11!\equiv (-1)\ (mod\ 13)$. Mas, temos que: $12\equiv(-1)\ (mod 13)$, o que implica

$$12\cdot 11!\equiv(-1)\ (mod\ 13)\Longleftrightarrow(-1)11!\equiv(-1)\ (mod\ 13)\equiv 11!\equiv 1\ (mod\ 13).$$

Portanto, o resto da divisão de $11!$ por 13 é 1.

Exemplo 8.15 Prove que a recíproca do Teorema de Wilson é verdadeira. Isto é, se $(n-1)!\equiv(-1)\ (mod\ n)$, então n tem de ser um número primo. ■

Solução

Se n não é primo, então n possui um divisor d, com $1<d<n$. Logo, $d\leq(n-1)$. Isto implica que d ocorre como um dos fatores de $(n-1)!$. Assim, $d|(n-1)!$. Como, por hipótese, n divide $(n-1)!+1$, segue que d divide $(n-1)!+1$, o que implica que d divide 1, o que é impossível, pois $d>1$.

Exemplo 8.16 Seja p um número primo ímpar. Prove que:

$$1^2\cdot 3^2\cdot 5^2\cdot 7^2\cdots(p-2)^2\equiv(-1)^{\frac{p+1}{2}}\ (mod\ p).$$

■

■

Solução

Pelo teorema de Wilson, temos:

$$1 \cdot 2 \cdot 3 \cdot 4 \cdot 5 \cdot 6 \cdot 7 \cdots (p-1) \equiv (-1)\ (mod\ p) \quad (*).$$

Assim, temos que

$$1 \equiv -(p-1)\ (mod\ p)$$

$$3 \equiv -(p-3)\ (mod\ p)$$

$$\cdots\ \cdots\ \cdots\cdots$$

$$(p-2) \equiv -[p-(p-2)]\ (mod\ p).$$

Logo, podemos concluir que:

$$[1 \cdot 3 \cdot 5 \cdot \cdots \cdot (p-2)] \equiv [(-1)^{\frac{p-1}{2}} \cdot (2 \cdot 4 \cdot 6 \cdot \cdots \cdot (p-1))]\ (mod\ p).\ (**)$$

Multiplicando $(*) \times (**)$, obtemos:

$$[1 \cdot 2 \cdot 3 \cdots (p-1)] \cdot [1 \cdot 3 \cdot \cdots \cdot (p-2)] \equiv (-1) \cdot [(-1)^{\frac{p-1}{2}} \cdot (2 \cdot 4 \cdots (p-1))]\ (mod\ p)$$

$$\Longleftrightarrow [1^2 \cdot 3^2 \cdot 5^2 \cdot 7^2 \cdots (p-2)^2][2 \cdot 4 \cdot \cdots \cdot (p-1)] \equiv$$

$$\equiv (-1) \cdot [(-1)^{\frac{p-1}{2}} \cdot [2 \cdot 4 \cdots (p-1)]\ (mod\ p).$$

Cancelando em ambos os lados o termo $[2 \cdot 4 \cdots (p-1)]$, obtemos o que queríamos, completando a prova.

■ **Exemplo 8.17** (Irish Mathematical Olympiad - 1996) Para cada inteiro positivo n, encontre: $MDC(n!+1,(n+1)!)$. ■

Solução

Vamos dividir em dois casos:
Caso 1: $(n+1)$ é um número composto. **caso 2**: $(n+1)$ é um número primo.
Se $(n+1)$ é composto. Nesse caso, todo divisor primo de $(n+1)!$ que for menor do que n vai dividir $n!$. Mas, esse divisor não vai dividir $n!+1$. Portanto, neste caso, temos $MDC(n!+1,(n+1)!) = 1$.
Se $(n+1)$ é primo. Usando os mesmos argumentos do caso anterior, podemos ver que $MDC(n!+1,(n+1)!)$ será uma potência de $(n+1)$. Aplicando o teorema de Wilson para o número primo $(n+1)$, temos $n! = [(n+1)-1]! \equiv (-1)(mod(n+1))$, o que significa que:
$n+1$ divide $n!+1$. Por outro lado, $(n+1)^2$ não divide $(n+1)!$ e, portanto, $MDC(n!+1,(n+1)!) = n+1$.

8.6 Resumo

Neste capítulo, estudamos as ideias de Fermat, que são usadas hoje em dia para tornar o comércio eletrônico confiável, e vimos témbéma a solução de sistemas de congruências lineares, que se aplica a muitas situações do dia a dia.

8.7 Conjunto de Problemas VIII

Problema 8.1 Quando um professor divide os estudantes de sua sala em grupcs de 5 alunos, sobram 4. Se ele divide-os em grupos de 8 alunos, sobram 6. Se ele divide-os em grupos de 9, sobram 8.

Qual é o menor número de estudantes na sala do professor? (A resposta é 134). ■

Problema 8.2 Seja p um número primo ímpar. Prove que:

$$2^2 \cdot 4^2 \cdot 6^2 \cdot 82 \cdots (p-1)^2 \equiv (-1)^{\frac{p+1}{2}} \ (mod\ p).$$

■

Problema 8.3 Usando o Pequeno Teorema de Fermat, prove que: 18^{12} deixa resto 1 quando dividido por 7. ■

Problema 8.4 Mostre que: (i) 7 divide $1941^{1963} + 1963^{1991}$. (ii) 39 divide $53^{103} + 103^{53}$. ■

Problema 8.5 Ache o menor inteiro positivo n para o qual o número $2^{n-1} - 1$ é divisível por 41. ■

Problema 8.6 Resolva o sistema de congruências lineares:

$$\begin{cases} x \equiv 0 \ (mod\ 2) \\ x \equiv 2 \ (mod\ 3) \\ x \equiv 1 \ (mod\ 5) \end{cases}$$

■

Problema 8.7 Encontre o menor inteiro positivo n para o qual:

$$\begin{cases} n \equiv 2 \ (mod\ 3) \\ n \equiv 3 \ (mod\ 5) \\ n \equiv 4 \ (mod\ 7) \end{cases}$$

■

Problema 8.8 Seja p um número primo maior do que ou igual a 7. Prove que o número natural $\underbrace{111\cdots11}_{p-1 \text{ dígitos } 1s}$ é divisivel por p.
■

Sugestão - Observe que $\underbrace{111\cdots11}_{p-1\ \ 1s} = \frac{10^{p-1}-1}{9}$. Agora, como $MDC(10,p) = 1$, aplique o Pequeno Teorema de Fermat.

Problema 8.9 Mostre que $1^{241} + 2^{241} + 3^{241} + 4^{241}$ é divisível por 5, mas $1^{240} + 2^{240} + 3^{240} + 4^{240}$ não é. ■

Problema 8.10 Para quais dos seguintes valores de a e n, temos $a^{n-1} \equiv 1 \ (mod\ n)$?
(i) $n = 9$; $a = 1, 2, 3, 4, 5, 6, 7, 8$ (ii) $n = 6$; $a = 1, 2, 3, 4, 5$ ∎

Problema 8.11 Prove que $a^{n-1} \equiv 0 \ (mod\ n)$ se, e somente se, $n = p^s$ e $a = kp^t$, onde $s, t \in \mathbb{N}$. ∎

Sugestão - Observe que $p^{n-1} = p^s \cdot p^{n-1-s}$

Problema 8.12 Se p é um número primo tal que $p \equiv 3 \ (mod\ 4)$, mostre que:

$$[(\frac{p-1}{2})!]^2 \equiv 1 \ (mod\ p).$$

∎

Problema 8.13 Um bando de 19 piratas roubam uma sacola com moedas de ouro. Quando eles tentaram dividir a fortuna em partes iguais, sobraram 3 moedas. Na discussão sobre quem ficava com as três moedas que sobraram, um pirata foi morto. A seguir, na divisão das moedas em partes iguais entre os sobreviventes, sobraram 10 moedas. Novamente, surgiu uma disputa pela posse das dez moedas que sobraram e um pirata foi morto. Agora, o total das moedas foi distribuído, igualmente, entre os sobreviventes sem sobrar qualquer moeda.

Qual é o menor número de moedas que a sacola poderia conter? ∎

Sugestão - Use o teorema Chinês de Restos.

Problema 8.14 Qual é o resto da divisão de 19^{385} por 31? ∎

Problema 8.15 Encontre o menor inteiro a maior do que 2 tal que 2 divide a, 3 divide $a+1$, 4 divide $a+2$, 5 divide $a+3$ e 6 divide $a+4$. ∎

Problema 8.16 Numa ilha tropical, 5 homens e um macaco passam o dia todo recolhendo coco. À noite, quando todos dormem, um dos homens levanta-se e, sem avisar aos outros, resolve tomar sua parte. Para isso, divide os cocos em cinco pilhas iguais, restando um coco, que ele dá ao macaco. Depois de esconder a sua parte, colocar os cocos restantes numa só pilha, vai dormir. Cada um dos homens levanta-se, sem avisar aos outros, e procede da mesma maneira, sendo que, toda vez que fazem a divisão da pilha em cinco partes iguais, sobra um coco, que é dado ao macaco. Na manhã seguinte, todos os homens levantam-se e dividem os cocos que restaram em cinco partes iguais, tendo sobrado, também, um coco, que é dado ao macaco.

Ache o número mínimo de cocos que poderia ter na pilha original. ∎

Sugestão - Seja n a quantidade de cocos que cada homem recebeu na divisão da manhã seguinte, onde a pilha era formada por $5n+1$ cocos. O quinto homem que acessou a pilha na noite anterior pegou $\frac{5n+1}{4}$ cocos. Quantos cocos tinha na pilha quando o quinto homem interveio?

Problema 8.17 (Martin Gardner[a]) O mágico senta-se numa cadeira, de costas voltadas para a audiência. Alguém pensa num número natural qualquer não superior a 105. Divide o número por 3 e diz o resto da divisão ao mágico. Em seguida, divide o número, inicialmente pensado, por 5 e fala o resto da divisão ao mágico. E, finalmente, divide o número pensado por 7 e diz o resto. O mágico, conhecendo apenas os três restos, advinha o número pensado.

Qual é o truque? ∎

[a]**Martin Gardner**-(1914 – 2010), americano, foi um escritor de matemática recreacional, literatura de divulgação científica e matemática, mas com interesses que englobavam micromágica (prestidigitação), ilusionismo, literatura em especial os trabalhos de Lewis Carroll e G. K. Chesterton, filosofia, ceticismo científico, e religião. Ele escreveu a coluna "Mathematical Games", para a revista Scientific American, de 1956 a 1981, a coluna "Notes of a Fringe-Watcher", para a revista Skeptical Inquirer, de 1983 a 2002 e publicou mais de 100 livros. (Fonte: *http://pt.wikipedia.org/wiki/Martin_Gardner*).

Sugestão - Observe que 3, 5 e 7 são dois a dois primos entre si. Use o Teorema Chinês de Restos.

Problema 8.18 (Chiu-shao[a]) Três fazendeiros cultivavam juntos todo o seu arroz e o dividiam igualmente entre si no tempo da colheita. Certo ano, cada um deles foi a um mercado diferente vender seu arroz. Cada um destes mercados só comprava arroz em múltiplos de um peso padrão, que diferia em cada um dos mercados. O primeiro fazendeiro vendeu o seu arroz em um mercado onde o peso padrão era 87 kg. Ele vendeu tudo o que podia e voltou para casa com 18 kg. O segundo fazendeiro vendeu todo o arroz que podia ser vendido em um mercado cujo peso padrão era 170 kg e voltou para casa com 58 kg. O terceiro fazendeiro vendeu todo o arroz que podia em um mercado cujo peso era de 143 kg e voltou (ao mesmo tempo em que os outros dois) com 40 kg.

Qual a quantidade mínima de arroz que eles podiam ter cultivado, no total? ∎

[a]**Chiu-shao** (1202 – 1261), chinês, nome literário Tao-ku, tem sido descrito por George Sarton como "um dos maiores matemáticos de sua raça, da sua época e certamente de todos os tempos. Um gênio da matemática e realizado em poesia, tiro com arco, esgrima, equitação, música e arquitetura. Fonte : *http://www.encyclopedia.com/topic/Chin_Chiu-shao.aspx*

Sugestão - Use o Teorema Chinês de Restos.

9. A Função de Euler

9.1 Introdução

Neste capítulo, estudaremos a **Função de Euler** que determina a quantidade de números naturais relativamente primos com um número natural n e menores do que n. Em seguida, veremos como usar a função de Euler para generalizar o Pequeno Teorema de Fermat, estudado no capítulo anterior.

Para que você tenha sucesso nos estudos:

- Tente entender tudo que está sendo explicado no texto.
- Estude com caneta e papel do seu lado.
- Leia com atenção e anote tudo que julge importante.
- Faça notas sobre os assuntos com suas próprias palavras.
- Aprenda o vocabulário técnico dos assuntos do capítulo.
- Se for preciso, leia várias vezes uma linha ou um parágrafo.
- Seja paciente e procure ter certeza que você entendeu o que está sendo explicado.
- Resolva os problemas, que consolidarão seu aprendizado.
- Discuta com o professor e com os colegas sobre suas dúvidas.

9.2 Objetivos

Espera-se que ao término deste capítulo o estudante seja capaz de:

- Calcular os valores da **função de Euler** em um número inteiro positivo, conhecida sua decomposição em fatores primos;
- Usar o Teorema de Euler em problemas do tipo: encontrar o resto da divisão de um número inteiro por outro, sem efetuar a divisão;
- Calcular o resto da divisão de dois números inteiros usando a função de Euler.

9.3 A Função de Euler

Dado um número natural n é importante saber a quantidade de números naturais menores do que n e relativamente primos com n. Essa curiosidade nos remete à definição da chamada **função de Euler**:

$$\varphi : \mathbb{N} \longrightarrow \mathbb{N}, \quad tal \quad que:$$

$\varphi(n)$= a quantidade de números naturais $k \leq n$, tais que k e n são números primos entre si.

A seguir, temos exemplos do cálculo de $\varphi(n)$, para alguns valores particulares de n.

■ **Exemplo 9.1** Verifique que:

(i) $\varphi(1) = 1$ (ii) $\varphi(8) = 4$ (iii) $\varphi(11) = 10$ ■

Solução

(i) O único número natural $k \leq 1$ relativamente primo com 1 é o próprio 1. Portanto, $\varphi(1) = 1$.
(ii) Os números naturais menores do que 8 são: 1, 2, 3, 4, 5, 6, 7. Desses, 1, 3, 5, 7 são os que são relativamente primos com 8. Portanto, $\varphi(8) = 4$.
(iii) Os números naturais menores do que 11 são: 1, 2, 3, 4, 5, 6, 7, 8, 9, 10 e como 11 é um número primo, todos eles são relativamente primos com 11. Portanto, $\varphi(11) = 10$.

O método usado no exemplo anterior não se mostra prático se o número n, para o qual se quer calcular $\varphi(n)$, for muito grande. Para superar essa dificuldade, precisamos de resultados de caráter mais geral, que funcione de modo mais simples para qualquer que seja o valor de n. No que se segue, apresentamos resultados gerais que facilitarão o cálculo de $\varphi(n)$, para qualquer número natural n.

■ **Exemplo 9.2** Verifique que: $\varphi(n) \geq 2$, para todo número natural $n \geq 3$. ■

Solução

O único número natural relativamente primo com 2 e menor do que 2 é o 1. Isso nos diz que $\varphi(2) = 1$.
Para $n \geq 3$, temos que $(n-1) \geq 2$. Como dois números consecutivos são sempre primos entre si, segue que, para $n \geq 3$, os números inteiros n e $n-1$ são relativamente primos e o mesmo acontece com 1 e n, o que nos permite concluir: $\varphi(n) \geq 2$.

A seguir veremos algumas proposições de caráter mais geral.

Proposição 9.3.1 Dado um número natural n, então: $\varphi(n) = n-1$ se, e somente se, n é um número primo.

Prova

Suponha que $\varphi(n) = n-1$. Isso significa que todos os $n-1$ números naturais menores do que n são relativamente primos com n. Logo, n não pode ser decomposto num produto de fatores primos menores do que n. Ou seja, n é um número primo.
Reciprocamente, supondo n primo, então todos os números naturais menores do que n são relativamente primos com n. Mas, os números naturais menores do que n são precisamente $1, 2, 3, 4, \ldots, n-1$. Portanto, $\varphi(n) = n-1$.

Pergunta: Existe uma expressão que permita calcular $\varphi(n)$, onde n é a potência de um número primo?

Resposta: Tal fórmula existe e é dada pelo seguinte:

Proposição 9.3.2 Se $n = p^r$, onde p é um número primo e $r \in \mathbb{N}$, com $n \geq 1$, então $\varphi(n) = p^{r-1}(p-1)$.

Prova

Como p é um número primo, então todos os números inteiros positivos menores do que ou iguais a $n = p^r$ que não são relativamente primos com n são aqueles que têm alguma potência de p como fator, a saber: os p^{r-1} números $1 \cdot p,\ 2 \cdot p,\ 3 \cdot p, \ldots, (p^r - 1) \cdot p = p^r$. Portanto, todos os outros números inteiros variando de 1 a p^r são relativamente primos com n, o que nos dá $\varphi(n) = p^r - p^{r-1}$. Isto é, $\varphi(n) = p^{r-1} \cdot (p-1)$.

Corolário 9.3.3 Sejam r, s números inteiros maiores do que ou iguais a 1 e p um número primo. Então temos que:

$$\varphi(p^r).\varphi(p^s) < \varphi(p^{r+s}).$$

Prova

Pela proposição 10.3.2, temos:

$$\varphi(p^r).\varphi(p^s) = p^{r-1}(p-1) \cdot p^{s-1}(p-1) =$$

$$= p^{r+s-2}(p-1)^2 = p^{r+s-1}(\frac{p-1}{p}) \cdot (p-1).$$

Mas, $\frac{p-1}{p} < 1$. Logo, $\varphi(p^r) \cdot \varphi(p^s) < p^{r+s-1} \cdot (p-1) = \varphi(p^{r+s})$.

Exemplo 9.3 Mostre que:
(i) $\varphi(19) = 18$; (ii)$\varphi(125) = 100$ (iii) $\varphi(81) = 54$. ■

Solução

(i) Como 19 é um número primo, então $\varphi(19) = 19 - 1 = 18$.
(ii) Observe que $125 = 5^3$. Logo, $\varphi(125) = \varphi(5^3) = 5^2 \cdot (5-1) = 25 \cdot 4 = 100$.
(iii) Temos que $81 = 3^4$. Logo, $\varphi(81) = \varphi(3^4) = 3^3 \cdot (3-1) = 27 \cdot 2 = 54$.
Continuando com o mesmo tipo de curiosidade de antes, poderíamos indagar:

Pergunta: Existe uma fórmula para $\varphi(n)$, em função dos fatores primos da decomposição de n?

Resposta: Sim, existe. Apresentaremos a expressão a seguir. Mas, antes de apresentarmos, há um caminho a percorrer que começa com o seguinte resultado:

Lema 9.3.4 Dado um número natural $n > 1$, todo sistema completo de restos módulo n está em correspondência biunívoca com o conjunto $S_0 = \{0,\ 1,\ 2,\ \ldots,\ (n-1)\}$.
Nota: Por isso, o conjunto $S_0 = \{0,\ 1,\ 2,\ \ldots,\ (n-1)\}$ é chamado **um sistema fundamental completo de restos módulo** n.

Prova

No Capítulo 7, chamamos um conjunto com n números naturais, $S = \{x_1,\ x_2,\ \ldots,\ x_n\}$, de um **sistema completo de restos módulo** n, se dois quaisquer de seus elementos não são congruentes módulo n, isto é, x_i não é congruente a x_j módulo n, se $i \neq j$. Pelo Algoritmo da Divisão, para cada j, com $1 \leq j \leq n$, existem inteiros q_j e r_j tais que:

$$x_j = q_j \cdot n + r_j,\ onde\ 0 \leq r_j < n.$$

Como $x_j - x_i = (q_j - q_i) \cdot n + (r_j - r_i)$, se fosse $r_j = r_i$, teríamos $x_j - x_i = (q_j - q_i) \cdot n$. Isto é, $x_j \equiv x_i (mod\ n)$, o que é contrário à hipótese. Logo, a função que a cada x_j associa o resto r_j da divisão de x_j por n, define uma correspondência biunívoca entre os conjuntos S e S_0, pois S possui n elementos e a cada elemento de S é associado a um único elemento de S_0, que possui, também, n elementos.

O próximo passo é estabelecer o seguinte:

Teorema 9.3.5 Se m e n são números inteiros positivos primos entre si, então temos:

$$\varphi(m\cdot n)=\varphi(m)\cdot\varphi(n).$$

Neste caso, dizemos que a **função φ é multiplicativa**.

Prova1

Sejam: $\mathscr{M}$=a coleção dos inteiros positivos menores do que m e relativamente primos com m, $\mathscr{N}$=a coleção dos inteiros positivos menores do que n e relativamente primos com n e $\mathscr{P}$=a coleção dos inteiros positivos menores do que mn e relativamente primos com $m\cdot n$.
Considere a função

$$F:\mathscr{M}\times\mathscr{N}\longrightarrow\mathscr{P}$$

tal que $F(r,s)=t$, onde t é a única solução módulo $m\cdot n$, do sistema de congruências

$$(*)\begin{cases} x & \equiv & r & (mod\ m)\\ x & \equiv & s & (mod\ n)\end{cases}$$

dada pelo Teorema Chinês de Restos. Como $t\equiv r\ (mod\ m)$, $t\equiv s\ (mod\ n)$, $MCD(r,m)=1$, $MDC(s,n)=1$ e $MDC(t,n)=1$, temos que $MDC(t,mn)=1$ (Proposição 5.3.1 do capítulo 5), pois m e n são primos entre si. Isso mostra que F está bem definida e é injetiva.
Vamos mostrar que F é sobrejetiva. De fato, dado $t\in P$, sejam r,s tais que $t\equiv s\ (mod\ m)$ e $t\equiv s\ (mod\ n)$. Isso diz que t é solução do sistema $(*)$, pois $MDC(t,mn)=1$, o que implica $MDC(t,m)=1$ e $MDC(t,n)=1$. Logo, $MDC(r,m)=MDC(t,m)=1$. O que implica $r\in M$. Analogamente, $MDC(s,n)=MDC(t,n)=1$, o que implica $s\in N$. Portanto, a função F, acima definida, é sobre.
Conclusão: como F é injetiva e sobre, segue que F é uma bijeção. Portanto, temos $\varphi(m\cdot n)=\varphi(m)\cdot\varphi(n)$.

Prova2

Seja z um número inteiro, com $0\leq z<mn$. A divisão de z por n pode ser expressa como:

$$z=n\cdot q+r,\quad onde\quad 0\leq r<n.$$

Sendo $0\leq r<n$, segue que $0\leq q\leq m-1$. De fato, se fosse $q>m-1$, teríamos $z\geq m$ e teríamos $z=n\cdot q+r\geq m\cdot n+r\geq m\cdot n$. Ou seja, $z\geq m\cdot n$, o que é uma contradição. O fato crucial para nossa prova é que, para cada $0\leq r<n$, o conjunto com m elementos

$$S_r=\{r,\ n+r,\ 2n+r,\ 3n+r,\ldots,\ (m-1)\cdot n+r\}$$

é um sistema completo de restos módulo m quando m e n são números primos entre si, que é o nosso caso. Para tanto, sejam $k\cdot n+r$ e $j\cdot n+r$ dois elementos de S_r. Se tivéssemos

$$k\cdot n+r\equiv j\cdot n+r\ (mod\ m),$$

a lei do cancelamento implicaria que $k\cdot n\equiv j\cdot n\ (mod\ m)$. Como m e n são primos entre si, então n pode ser cancelado e obteríamos $k\equiv j\ (mod\ m)$. Mas, k e j estão entre 0 e $m-1$, logo $k=j$, o que nos dá

$k \cdot n + r = j \cdot n + r$. A conclusão é que dois elementos distintos quaisquer de S_r não são congruentes módulo m. Como S_r possui m elementos, segue que o mesmo é um sistema completo de restos módulo m.
No capítulo 5, Proposição 5.3.1, vimos que, se $b = q \cdot a + r$, com $0 \leq r < a$, então $MDC(a,b) = MDC(a,r)$. Desse modo, se $0 \leq z < mn$ é um número relativamente primo com $m \cdot n$ e como m e n são primos entre si, então z é também relativamente primo com m e com n. Como $z = q \cdot m + r$, onde $0 \leq r < m$ e $z = k \cdot n + s$, onde $0 \leq s < n$, então z é relativamente primo com r e s, de acordo com o que vimos no capítulo 5.
Observando isso, sejam:
A={números naturais relativamente primos com $m\cdot$ n e menores do que $m \cdot n$}
B={números naturais relativamente primos com m e menores do que m}
C={números naturais relativamente primos com n e menores do que n}.
Veja que A possui $\varphi(m \cdot n)$ elementos, B possui $\varphi(m)$ elementos e C tem $\varphi(n)$ elementos. Dado $z \in A$, então $z = qm + r$, onde $0 \leq r < m$. Como $z \in S_r$, existe s, com $0 \leq s < n$ tal que $z = kn + s$. Como $MDC(z,m) = 1$, segue que $MDC(r,m) = 1$. Logo, $r \in B$. Analogamente, concluímos que $s \in C$. Agora, definimos a função

$$f : A \longrightarrow B \times C, \quad onde \quad f(z) = (r,s).$$

Mostraremos que f é uma bijeção.
Como o resto e o quociente obtidos pelo Algoritmo da Divisão são únicos, segue que f é uma função injetiva. Por outro lado, dado $(r,s) \in B \times C$, como S_r é um sistema completo de restos módulo m, escolha $z \in S_r$ tal que $z = k \cdot n + s$ e como z é um elemento de S_r, segue que $z = q \cdot m + r$. Como $MDC(r,m) = 1$ e $MDC(s,n) = 1$, então $MDC(z, M \cdot n) = 1$, pois m e n são primos entre si. Isso nos diz que $z \in A$, $f(z) = (r,s)$ e logo f é sobrejetiva. Como A possui $\varphi(m \cdot n)$ elementos, B possui $\varphi(m)$ elementos e C tem $\varphi(n)$ elementos, então $B \times C$ possui $\varphi(m) \cdot \varphi(n)$ elementos. Portanto, $\varphi(m \cdot n) = \varphi(m) \cdot \varphi(n)$.

Corolário 9.3.6 Se $m_1, m_2, m_3, \ldots, m_n$ são números inteiros positivos, dois a dois primos entre si, então temos que:

$$\varphi(m_1 \cdot m_2 \cdot m_3 \cdots m_n) = \varphi(m_1) \cdot \varphi(m_2) \cdot \varphi(m_3) \cdots \varphi(m_n)$$

Prova

A demonstração é por indução sobre o número n de fatores.
Para $n = 1$, o primeiro e o segundo membros da expressão são iguais a $\varphi(m_1)$.
Suponha que a expressão válida para $n = k$. Isto é:

$$\varphi(m_1 \cdot m_2 \cdot m_3 \cdots m_k) = \varphi(m_1) \cdot \varphi(m_2)\varphi(m_3) \cdots \varphi(m_k).$$

Mostraremos que ela é válida para $n = k+1$. Tomemos $m_1, m_2, m_3, \cdots, m_k, m_{k+1}$ números inteiros positivos, dois a dois primos entre si. Isto é $MDC(m_i, m_j) = 1$, se $i \neq j$. Desse modo, chamando $a = m_1 \cdot m_2 \cdot m_3 \cdots m_k$, temos

$$MDC(a, m_{k+1}) = MDC(m_1, m_2, m_3, \cdots, m_k, m_{k+1}) = 1,$$

pois cada fator primo de m_j, para cada $1 \leq j \leq k$, é diferente de cada fator primo de m_{k+1}.
Como a e m_{k+1} são primos entre si, pelo Teorema 9.3.5, temos:

$$\begin{aligned}
\varphi(m_1 \cdot m_2 \cdot m_3 \cdots m_k \cdot m_{k+1}) &= \varphi(am_{k+1}) \\
&= \varphi(a) \cdot \varphi(m_{k+1}) \\
&= \varphi(m_1 \cdot m_2 \cdot m_3 \cdots m_k) \cdot \varphi(m_{k+1}) \\
&= \varphi(m_1) \cdot \varphi(m_2) \cdot \varphi(m_3) \cdots \varphi(m_k) \cdot \varphi(m_{k+1})
\end{aligned}$$

Isso garante que a fórmula proposta é válida para $n = k+1$. Portanto, ela é válida para todo número natural n.

Uma propriedade interessante da função de Euler, φ, é dada no seguinte:

Corolário 9.3.7 Para todo número natural $n > 2$, temos que $\varphi(n)$ é um número par.

Prova

Se n contém um fator primo p, com $p \geq 3$ na sua decomposição e seja p^r a maior potência de p nesta decomposição. Então podemos escrever $n = p^r \cdot b$, onde p e b são primos entre si. Pelo Teorema 9.3.5, segue-se que

$$\varphi(n) = \varphi(p^r) \cdot \varphi(b) = p^{r-1} \cdot (p-1) \cdot \varphi(b).$$

Como $p \geq 3$ é um número primo, em particular $p-1$ é um número par. Logo, $\varphi(n)$ é par.
Por outro lado, se $n > 2$ não contém fator primo ímpar na sua decomposição em fatores primos, então $n = 2^k$, onde k é um inteiro positivo, donde $\varphi(n) = \varphi(2^k) = 2^{k-1} \cdot (2-1) = 2^{k-1}$. Como $k > 1$, segue que $\varphi(n)$ é par.

OBSERVAÇÃO 1

Para m e n números primos entre si, o fato de $\varphi(m \cdot n) = \varphi(m) \cdot \varphi(n)$, conforme assegura o Teorema 9.3.5, não significa que os números relativamente primos com $m \cdot n$ sejam obtidos como produto dos números relativamente primos com m com os números relativamente primos com n. O que existe é uma correspondência biunívoca entre esses conjuntos, conforme ficou evidenciado na prova do referido teorema. A título de ilustrar essa observação vejamos o exemplo a seguir.

Exemplo 9.4 Sejam $m = 6$ e $n = 5$, números primos entre si. Logo, $\varphi(30) = \varphi(6 \cdot 5) = \varphi(6) \cdot \varphi(5) = 2 \cdot 4 = 8$. Note que o conjunto dos números inteiros positivos menores do que 6 e do que 5, que são relativamente primos com 6 e 5, respectivamente, são $\{1, 5\}$ e $\{1, 2, 3, 4\}$. Enquanto que o conjunto dos números inteiros positivos menores do que 30 e relativamente primos com 30 é $\{1, 7, 11, 13, 17, 19, 23, 29\}$. Observe que nenhum número deste último conjunto, exceto o 1, é produto de dois números dos outros dois conjuntos anteriores. ■

O teorema anterior, juntamente com seu corolário, simplifica bastante o cálculo de $\varphi(n)$. Por exemplo, para calcular $\varphi(420)$ poderíamos fazer uso do Teorema 9.3.5 calculando:

$$\varphi(420) = \varphi(7 \cdot 60) = \varphi(7) \cdot \varphi(60).$$

Mas, o uso do corolário anterior facilita ainda mais, pois $420 = 2^2 \cdot 3 \cdot 5 \cdot 7$ e como $2^2 = 4$, 3, 5 e 7 são dois a dois primos entre si, podemos escrever $\varphi(420) = \varphi(2^2) \cdot \varphi(3) \cdot \varphi(5) \cdot \varphi(7) = 2 \cdot 2 \cdot 4 \cdot 6 = 96$.

Uma aplicação direta do corolário anterior demonstra o seguinte:

Teorema 9.3.8 Seja $n = p_1^{r_1} \cdot p_2^{r_2} \ldots p_k^{r_k}$ a decomposição de n em fatores primos. Então

$$\varphi(n) = p_1^{r_1} \cdot p_2^{r_2} \cdots p_k^{r_k} \cdot (p_1 - 1) \cdot (p_2 - 1) \ldots (p_k - 1),$$

ou equivalentemente:

$$\varphi(n) = n(1 - 1/p_1) \ldots (1 - 1/p_k)$$

Prova

Como $p_1, p_2, \ldots, p_k$ são números primos distintos, então eles são dois a dois primos entre si. Logo, também quaisquer de suas potências são duas a duas primas entre si. Em particular, $p_i^{r_i}$ e $p_j^{r_j}$, para $i \neq j$, são primos entre si. Usando o corolário do Teorema 9.3.2, podemos escrever

$$\varphi(n) = \varphi(p_1^{r_1} \cdot p_2^{r_2} \ldots p_k^{r_k}) = \varphi(p_1^{r_1}) \cdot \varphi(p_2^{r_2}) \ldots \varphi(p_k^{r_k})$$

Mas, a Proposição 9.3.2 nos diz que, se p é primo, então $\varphi(p^r) = p^{r-1}(p-1)$. Logo, para cada $j = 1, 2, \ldots, k$, temos que:

$$\varphi(p_j^{r_j}) = p_{r_j}^{r_j - 1} \cdot (p_j - 1).$$

Desse modo, temos que:

$$\begin{aligned} \varphi(n) &= \varphi(p_1^{r_1}) \cdot \varphi(p_2^{r_2}) \cdots \varphi(p_k^{r_k}) = \\ &= p_{r_1}^{r_1-1} \cdot (p_1 - 1) \cdot p_{r_2}^{r_2-1} \cdot (p_2 - 1) \cdots p_{r_k}^{r_k-1} \cdot (p_k - 1) = \\ &= p_1^{r_1} \cdot p_2^{r_2} \cdots p_k^{r_k} \cdot (p_1 - 1) \cdot (p_2 - 1) \cdots (p_k - 1) \end{aligned}$$

■ **Exemplo 9.5** Calcule $\varphi(360)$. ■

Solução

Observe que a decomposição de 360 em fatores primos é: $360 = 2^3 \cdot 3^2 \cdot 5$. Como 2^3, 3^2 e 5 são números relativamente primos, temos que:

$$\varphi(360) = \varphi(2^3) \cdot \varphi(3^2) \cdot \varphi(5) = (2^3 - 2^2) \cdot (3^2 - 3) \cdot (5 - 1) = 4 \cdot 6 \cdot 4 = 96.$$

O Teorema a seguir garante que a recíproca do Teorema 9.3.5 também é verdadeira.

Teorema 9.3.9 Se m e n são números naturais que não são primos entre si, então temos que

$$\varphi(m \cdot n) \neq \varphi(m) \cdot \varphi(n).$$

Na realidade, nesse caso, $\varphi(m) \cdot \varphi(n) < \varphi(m \cdot n)$.

Prova

Como $MDC(m,n) > 1$, então m e n possuem fatores primos em comum. Sejam $p_1, p_2, \ldots, p_t$ esses fatores primos comuns. Assim, podemos escrever:

$$m = p_1^{r_1} \cdot p_2^{r_2} \cdots p_t^{r_t} \cdot a \quad e \quad n = p_1^{s_1} \cdot p_2^{s_2} \cdots p_t^{s_t} \cdot b,$$

onde $MDC(a,b) = 1$ e nem a nem b possui qualquer fator primo p_j, com $j = 1, 2, 3, \ldots, t$.

■ **Exemplo 9.6** Se $m = 2^2 \cdot 3^2 \cdot 5 \cdot 91$ e $n = 2^2 \cdot 3 \cdot 5^2 \cdot 11^2$, tem-se:

$$t = 3,\ p_1 = 2,\ p_2 = 3,\ p_3 = 5,\ r_1 = 3,\ r_2 = 2,\ r_3 = 1,\ a = 91,\ s_1 = 2,$$

$$s_2 = 1,\ s_3 = 2,\ b = 11^2.$$

Como, nesse caso, temos:

$$\varphi(m \cdot n) = \varphi(p_1^{r_1+s_1} \cdot p_2^{r_2+s_2} \cdots p_t^{r_t+s_t}) \cdot \varphi(a) \cdot \varphi(b)),$$

pelo Teorema 9.3.5, temos que

$$\varphi(p_1^{r_1+s_1}) \cdot \varphi(p_2^{r_2+s_2}) \cdots \varphi(p_t^{r_t+s_t}) \cdot \varphi(a) \cdot \varphi(b) =$$

$$= [\varphi(p_1^{r_1}) \cdot \varphi(p_2^{r_2}) \cdots \varphi(p_k^{r_k})] \cdot [\varphi(p_1^{s_1})\varphi(p_1^{s_1}) \cdots \varphi(p_1^{s_t})].$$

Pelo corolário da Proposição 9.3.2, para cada $j = 1,\ 2,\ 3,\ \ldots,\ t,$ temos:

$$\varphi(p_j^{r_j}) \cdot \varphi(p_j^{s_j}) < \varphi(p_j^{r_j+s_j})$$

Ao realizarmos a multiplicação de $\varphi(m)$ por $\varphi(n)$, aparecem os pares $\varphi(p_j^{r_j}) \cdot \varphi(p_j^{s_j})$ e ao calcular $\varphi(m \cdot n)$, aparecem os fatores $\varphi(p_j^{r_j+s_j})$ Portanto, como $\varphi(a)$ e $\varphi(b)$ aparecem em ambas as expressões de $\varphi(m \cdot n)$ e $\varphi(m).\varphi(n)$, segue que $\varphi(m) \cdot \varphi(n) < \varphi(m \cdot n)$. ■

Corolário 9.3.10 Se m e n são inteiros positivos, então temos que:

$\varphi(m \cdot n) = \varphi(m) \cdot \varphi(n)$ se, somente se, it m e n são primos entre si

.

Prova

Suponha que existam m e n inteiros positivos com $\varphi(m \cdot n) = \varphi(m) \cdot \varphi(n)$. Então a igualdade não pode acontecer se m e n não são primos entre si, pois, pelo Teorema 9.3.9, teríamos $\varphi(m) \cdot \varphi(n) < \varphi(m \cdot n)$, contrariando a hipótese da igualdade.
Por outro lado, se m e n são primos entre si, pelo Teorema 9.3.5, $\varphi(m \cdot n) = \varphi(m) \cdot \varphi(n)$.

Os resultados anteriores estabelecem propriedades multiplicativas da função φ sob certas condições.

Pergunta: A função de Euler, φ, admite propriedades aditivas?

Resposta: A resposta é não. Apesar do fato de que um número inteiro poder ser escrito como soma de dois outros inteiros de várias maneiras diferentes, contrariamente ao fato de ele ser decomposto em fatores primos de modo único não se espera que a função φ tenha propriedades aditivas. Vejamos o exemplo que se segue para nos convencer.

■ **Exemplo 9.7** Sabemos que $\varphi(9) = \varphi(3^2) = 3 \cdot (3-1) = 6$, enquanto que $9 = 7+2$, nos leva

$$\varphi(7) + \varphi(2) = 6 + 1 = 7 > \varphi(7+2) = \varphi(9) = 6.$$

Por outro lado, sabendo que $9 = 6+3$ e $\varphi(9) = \varphi(6+3) = 6$, enquanto temos $\varphi(6) + \varphi(3) = 4 < \varphi(6+3) = 6$.
Ainda de outro modo, escrevendo $9 = 5+4$, temos que $\varphi(9) = \varphi(5+4) = 6 = \varphi(5) + \varphi(4)$. ■

Observação 2: De uma maneira geral, podemos afirmar que: se p é um número primo, então para qualquer decomposição aditiva $a+b$ de p tem-se $\varphi(a)+\varphi(b) < \varphi(a+b) = \varphi(p)$.
De fato, como $\varphi(p) = p-1$, $\varphi(a) \leq (a-1)$, $\varphi(b) \leq (b-1)$, então temos: $\varphi(a)+\varphi(b) \leq (a-1)+(b-1) < a+b-1 = n-1 = \varphi(n)$. Isto é, temos que: $\varphi(a)+\varphi(b) < \varphi(n) = \varphi(a+b)$.

Exemplo 9.8 Se escrevemos em ordem crescente todos os inteiros positivos que são relativamente primos com 105, qual é o 1000−ésimo termo?

Solução

A quantidade de inteiros positivos menores do que 105 e relativamente primos com $105 = 3\times 5\times 7$ é dada pela função de Euler

$$\varphi(105) = 105\left(1-\frac{1}{3}\right)\cdot\left(1-\frac{1}{5}\right)\cdot\left(1-\frac{1}{7}\right) = 48.$$

Sejam $a_1, a_2, \dots, a_{48}$ a relação dos inteiros positivos **menores do que** 105 e relativamente primos com 105. A nossa lista de inteiros positivos e relativamente primos com 105 começa com

$$1,\ 2,\ 4,\ 8,\ 11,\ 13,\ 16,\ 17,\ 19,\ 22,\ 23,\dots.$$

Observe que, se a é um inteiro, segue que $MDC(105+a, 105) = MDC(a, 105)$. Assim, se a é relativamente primo com 105, então $105-a$ é relativamente primo com 105. Assim podemos concluir que:

$$a_{48} = 105-1 = 104,\ a_{47} = 105-2 = 103,\ a_{46} = 105-4 = 101,$$

$$a_{45} = 105-8 = 97,\ a_{44} = 105-11 = 94,\ a_{43} = 105-13 = 92,$$

$$a_{42} = 105-16 = 89,\ a_{41} = 105-17 = 84,\ a_{40} = 105-19 = 86,\ \dots$$

Por outro lado, $1000 = 20\cdot 48+40$, que implica que o 1000−ésimo termo será igual a

$$105\cdot 20+40 = 105\cdot 20+a_{40} = 2100+86 = 2186.$$

9.4 O Teorema de Euler

O Pequeno Teorema de Fermat, estudado no capítulo 7, afirma que, se p é um número primo que não divide um inteiro a, então $a^{p-1} \equiv 1\ (mod\ p)$. Euler [1] observou que $p-1$ é exatamente igual a $\varphi(p)$, pois p é primo. Além disso, conseguiu uma generalização do Teorema de Fermat. Antes de precisar essa generalização,

[1]**Leonard Euler** nasceu em 15 de Abril de 1707, em Basil, na Suíça. Foi sem dúvida o maior matemático do século dezoito. Com 886 trabalhos publicados, a maioria deles no final de sua vida, quando já estava completamente cego, Euler foi tão importante não apenas para a matemática, mas também à física, engenharia e astronomia, que termos como: Número de Euler, Números Eulerianos, Fórmula de Euler, significam coisas diferentes de acordo com o contexto. Seu pai era um padre calvinista que nutria esperanças de que seu filho o precedesse no clericato. Ele ensinou a Euler a matemática. Quando seu filho entrou na Universidade de Basel, estudou Teologia e a língua Hebraica, e assistia a uma aula de uma hora por semana com Johannes Bernoulli. Ele fez amizade com Daniel e Nicolaus Bernoulli, e recebeu seu primeiro mestrado aos dezessete anos. Os Bernoullis, então, tiveram de persuadir seu pai a deixá-lo continuar com a carreira acadêmica. Aos dezenove anos, Euler recebeu menção honrosa por uma solução que enunciou a um problema posto pela academia de Paris. Mais tarde, ele ganhou o primeiro prêmio nesta mesma competição doze vezes. Os Bernoullis conseguiram para Euler uma posição de pesquisa na Academia de São Petersburgo, na Rússia, mas em Medicina, sob o reinado de Catarina I. Porém, ela morreu logo após, e um regime de condições caóticas se seguiu, com Euler passando à seção de matemática da Academia. Euler quis por muito tempo retornar à Europa, mas os constantes nascimentos de seus filhos o impediram. Porém, este foi um período extremamente produtivo para ele - era perigoso falar ou até mesmo sair às ruas, portanto Euler concentrou seus esforços na pesquisa e desenvolveu hábitos que manteve pelo resto de sua vida. Euler também escreveu livros didáticos para escolas russas, supervisionou o departamento de geografia do governo e ajudou a revisar o sistema de pesos e medidas. Ele permaneceu na Rússia até 1740, quando aceitou o convite de Frederico, O Grande, para entrar na academia de Berlin, onde passou os próximos 24 anos. Euler,

vamos necessitar do seguinte resultado:

Lema 9.4.1 Sejam x, m e k inteiros positivos, com k e m números primos entre si. Seja r um inteiro tal que

$$x \equiv r(mod\ m) \quad e \quad x \equiv r(mod\ k), \text{ então temos que: } x \equiv r(mod\ m \cdot k).$$

Prova

Pela hipótese, existem inteiros p e q tais que $x = q \cdot m + r$ e $x = p \cdot k + r$. Logo, $q \cdot m + r = p \cdot k + r$, donde $q \cdot m = p \cdot k$. Como m e k são primos entre si, essa igualdade só pode acontecer se p e q são do tipo, $q = q \cdot m$ e $p = p \cdot k$. Desse modo, $x = q \cdot m \cdot k + r$. Ou seja, $x \equiv r\ (mod\ m \cdot k)$.

Teorema 9.4.2 (Euler) Sejam n e a inteiros positivos primos entre si. Então temos que: $a^{\varphi(n)} \equiv 1(mod\ n)$.

Prova

Tomemos inicialmente $a = p^r$, com r um número inteiro positivo, p um número primo e não divisor de a. Pelo Pequeno Teorema de Fermat, temos:

$$a^{p-1} \equiv 1(mod\ p).$$

De acordo com a propriedade básica VIII das congruências, capítulo 7, segue que $(a^{p-1})^{p^{r-1}} \equiv 1(mod\ p)$. Ou seja $(a^{(p-1)})^{p^{r-1}} \equiv 1(mod\ p)$. Desse modo, existe um inteiro m tal que $(a^{(p-1)})^{p^{r-1}} - 1 = m \cdot p$. Ou ainda, $a^{p^r - p^{r-1}} - 1 = mp$. Multiplicando ambos os membros desta última igualdade por $a^{p^{r-1}}$, obtemos:

$$a^{p^r} - a^{p^{r-1}} = m \cdot p^r \Longleftrightarrow a^{p^r} \equiv a^{p^{r-1}}(mod\ p^r).$$

Como p^r e a^{p^r} são números primos entre si, pois p e a o são, então $a^{p^r - p^{r-1}} \equiv 1(mod\ p)$, que é o mesmo que escrever $a^{\varphi(n)} \equiv 1(mod\ n)$.

Para o caso geral, suponha que existe um inteiro positivo n tal que $a^{\varphi(n)}$ não seja congruente a 1 módulo n. Seja n_0 o menor inteiro com esta propriedade. Pelo caso anterior, n_0 não pode ser escrito como uma potência

porém, não era tão sofisticado quanto os outros membros da corte de Frederico e estes anos não foram totalmente agradáveis para ele. Porém, ele viveu relativamente bem e manteve uma casa em Berlin assim como uma fazenda. A situação na Rússia melhorou muito durante este período, e, em 1766, Catarina, A Grande, o trouxe de volta a São Petersburgo. Ela deu a ele (e a seus 18 dependentes) uma casa mobiliada, e até mesmo um cozinheiro próprio. Em 1735, Euler perdeu a visão de um de seus olhos, e, logo após seu retorno à Rússia, a visão em seu outro olho começou a deteriorar. Euler sempre teve uma memória excepcional, e era capaz de fazer enormes cálculos de cabeça, logo ele se preparou para sua futura cegueira aprendendo a escrever fórmulas em uma tábua e ditar matemática a seus filhos ou secretária. Ele foi cego pelos últimos 17 anos de sua vida, e durante este tempo sua produtividade somente aumentou. Ele permaneceu são e alerta até o fim da sua vida, quando morreu de um derrame aos 76 anos. O trabalho ativo de Euler provocou uma tremenda demanda da academia de São Petersburgo, que continuou publicando seus trabalhos por mais de 30 anos após sua morte. A memória de Euler era lendária, assim como seus poderes de concentração. Chamado de "Análise Encarnada", ele era capaz de recitar toda a Eneida de cor, e nunca foi atrapalhado por interrupções ou distrações, de modo que muito de seu trabalho foi realizado tendo suas crianças à sua volta. Ele era capaz de realizar cálculos prodigiosos de cabeça, uma necessidade depois que ele ficou cego. Seu matemático contemporâneo, Condorcet, conta uma história onde dois dos estudantes de Euler estavam calculando independentemente uma complicada série infinita, e chegaram a uma discussão depois de somarem dezessete termos, por uma diferença na qüinquagésima casa decimal. Euler resolveu a disputa fazendo a soma de cabeça. As funções e fórmulas de Euler são muito comuns na matemática. Duas das mais famosas são: $e^{ix} = cos(x) + i \cdot sen(x)$, e $V - A + F = 2$ para qualquer poliedro simples com V vértices, A arestas e F faces. (FONTE: http://www.exatas.com/matematica/euler.html)

de um número primo. Logo, podemos escrever $n_0 = m \cdot k$, com m, k números inteiros maiores do que 1 e primos entre si. Como $1 < m < n_0$, pela escolha de n_0, tem-se

$$a^{\varphi(m)} \equiv 1(mod\ m) \quad e \quad a^{\varphi(k)} \equiv 1(mod\ n).$$

Pela propriedade básica VIII, das congruências, capítulo 7, podemos escrever:

$$a^{\varphi(m)\cdot\varphi(k)} = (a^{\varphi(m)})^{\varphi(k)} \equiv 1(mod\ m) \quad \text{e} \quad a^{\varphi(m)\cdot\varphi(k)} = (a^{\varphi(k)})^{\varphi(m)} \equiv 1(mod\ k).$$

Mas, $\varphi(m).\varphi(k) = \varphi(mk) = \varphi(n_0)$. Logo, as igualdades anteriores podem ser escritas como

$$a^{\varphi(n_0)} \equiv 1(mod\ m) \quad \text{e} \quad a^{\varphi(n_0)} \equiv 1(mod\ n).$$

Como m e k são números primos entre si, pelo Lema 9.5.2, segue que $a^{\varphi(n_0)} \equiv 1(mod\ m \cdot k) \equiv 1(mod\ n_0)$, em contradição com a hipótese inicial.

A seguir, mostraremos exemplos do uso do Teorema de Euler.

■ **Exemplo 9.9** Encontre o resto da divisão do número 39^{3602} por 14. ■

Solução

O número ao qual 39^{3602} é congruente módulo 14 é o resto solicitado. Ora, 39 e 14 são primos entre si e temos que:

$$\varphi(14) = \varphi(2 \cdot 7) = \varphi(2) \cdot \varphi(7) = 1 \cdot 6 = 6$$

e temos que $3602 = 6 \cdot 600 + 2$. Pelo Teorema de Euler, temos que:

$$(39)^{\varphi(14)} = 39^6(mod\ 14) \ e \ 39^{3602} = 39^{6\cdot600+2} = (39^6)^{600} \cdot 39^2 \equiv 1 \cdot 39^2(mod\ 14).$$

Como $39 \equiv 11(mod\ 14)$, segue que $39^2 \equiv 11^2(mod\ 14) = 121(mod\ 14) \equiv 9(mod\ 14)$. Portanto, 9 é o resto solicitado.

Analisando tudo que já estudamos acima, cabe a seguinte pergunta:

Pergunta: Sendo $n > 2$ um número natural, a equação $\varphi(n) = k$, com k um número natural par, sempre admite solução?

Resposta: Não. Por exemplo, para $k = 14$ a equação $\varphi(n) = 14$ **não** admite solução. De fato, na decomposição de n em seus fatores primos deve comparecer 7^r, para $r \geq 2$, pois $\varphi(n) = 14 = 2 \cdot 7$. Desse modo,

$$\varphi(n) \geq (7-1) \cdot 7^{r-1} = 6 \cdot 7^{r-1} \geq 6 \cdot 7 = 42.$$

Portanto, a equação $\varphi(m) = 14$ não admite solução.

O exemplo a seguir ilustra uma aplicação interessante do Teorema de Euler.

■ **Exemplo 9.10** Se a e n são números naturais primos entre si, então: $x = ba^{\varphi(n)-1}$ é a única solução módulo n da congruência linear $a \cdot x \equiv b(mod\ n)$. ■

Solução

De fato, $a \cdot x = a \cdot (ba^{\varphi(n)-1}) = b \cdot a^{\varphi(n)}$. Mas, $a^{\varphi(n)} \equiv 1(mod n)$, pelo Teorema de Euler. Logo, temos que: $b \cdot a^{\varphi(n)} \equiv b\ (mod\ n)$, donde ocorre o afirmado.
Agora suponha x e x' são duas soluções da equação dada módulo n. Isto é, temos:

$$a \cdot x \equiv b\ (mod\ n) \quad e \quad a \cdot x' \equiv b\ (mod\ n).$$

Logo, $a \cdot x \equiv ax'(mod\ n)$, donde $x \equiv x'(mod\ n)$, pois $MDC(a,n) = 1$.

■ **Exemplo 9.11** Encontre todas as soluções módulo 35 da congruência linear

$$6 \cdot x \equiv 13 \pmod{35}.$$

■

Solução

Como 6 e 35 são primos entre si, pelo exemplo anterior, temos:

$$x = 13 \cdot 6^{\varphi(35)-1} = 13 \cdot 6^{23} = 13 \cdot 6^{20} \cdot 6^3 =$$

$$= 13 \cdot (6^2)^{10} \cdot 6^3 \equiv 13 \cdot 1 \cdot 6\ (mod\ 35) = 78\ (mod\ 35) \equiv 8\ (mod\ 35).$$

Logo, $x \equiv 8(mod\ 35)$ é a única solução da equação dada.

■ **Exemplo 9.12** Mostre que 52 e 1 são os únicos números inteiros r, de 1 a 52, para os quais não existem outros números a_r tal que $r \cdot a_r \equiv 1(mod\ 53)$. ■

Solução

Observe que $52 \equiv -1(mod\ 53) \Longrightarrow 52 \cdot 52 \equiv 1(mod\ 53)$ e que $1 \cdot 1 \equiv 1(mod\ 53)$. Por outro lado, se $a^2 \equiv 1(mod\ 53)$, então temos:

$$a^2 - 1 \equiv 0(\mod 53) \Longleftrightarrow (a-1) \cdot (a+1) \equiv 0(\mod 53).$$

Como 53 é um número primo, temos, necessariamente, que:

$$(a-1) \equiv 0(mod\ 53) \quad ou \quad (a+1) \equiv 0(mod\ 53),$$

que é equivalente a dizer que $a \equiv 1(mod\ 53)$ ou $a \equiv -1(mod\ 53$. Como $MDC(r,53) = 1$, para todo r, com $1 \leq r \leq 52$, existem inteiros a_r e b_r para os quais $r \cdot a_r + b_r \cdot 53 = 1$, o que implica que $r \cdot a_r \equiv 1(mod\ 53)$. Mas, $r \neq a_r$, a menos que $r = 1$ ou $r = 52$. Portanto, 52 e 1 são os únicos números inteiros r de 1 a 52 para os quais não existem outros números a_r tal que $ra_r \equiv 1(mod\ 53)$.

■ **Exemplo 9.13** Encontre todos os inteiros positivos para os quais $\varphi(n) = 2$. ■

Solução

Seja $n = p_1^{r_1} p_2^{r_2} \dots p_k^{r_k}$ a decomposição de n em fatores primos, com $p_1 < p_2 \dots < p_k$. Assim, temos que:

$$\varphi(n) = 2 = p_1^{r_1} \cdot p_2^{r_2} \cdots p_k^{r_k} \cdot (p_1 - 1) \cdot (p_2 - 1) \cdots (p_k - 1).$$

Se $p_1 = 2$. Neste caso, se $r_1 - 1 = 0$, então $r_1 = 1, p_2 = 3$ e $r_2 = 1$. Portanto, $n = 6$.
Se $r_1 - 1 = 1$, segue que n não possui outros divisores primos. Logo, $n = 4$
Se $p_1 = 3$. Neste caso, temos: $r_2 - 1 = 0$ e $n = 3$.
Portanto, a coleção dos inteiros positivos para os quais $\varphi(n) = 2$ é $\{3,4,6\}$.

■ **Exemplo 9.14** Encontre todos os números naturais para os quais $\varphi(n)$ divide n. ■

Solução

Se $n = 1$, temos $\varphi(1) = 1$, e, neste caso, ocorre que $\varphi(1)$ divide 1.
Se $n = 2^r$, temos que $\varphi(n) = \varphi(2^r) = 2^{r-1}$, que neste caso satisfaz ao problema.

Se $n = 2^r \cdot 3^s$, temos que:

$$\varphi(n) = \varphi(2^r \cdot 3^s) = 2^{r-1} \cdot 3^{s-1} \cdot (3-1) = 2^r \cdot 3^{s-1}4,$$

que verifica a condição: $\varphi(n)$ divide n.
Se na decomposição em fatores primos de n comparece algum primo diferente de 2 e 3, é fácil ver, usando a expressão $n = p_1^{r_1} \cdot p_2^{r_2} \cdots p_k^{r_k}$, da decomposição de n em fatores primos, com $p_1 < p_2 \ldots < p_k$, e que

$$\varphi(n) = p_1^{r_1} \cdot p_2^{r_2} \ldots p_k^{r_k}(p_1 - 1)(p_2 - 1) \ldots (p_k - 1)$$

que não se verifica a condição de $\varphi(n)$ divide n. Portanto, os únicos números naturais n para os quais $\varphi(n)$ divide n são: $1,\ 2^r,\ 2^r \cdot 3^s$.

■ **Exemplo 9.15** Prove que, para todo inteiro positivo diferente de 2 e 6, temos que:

$$\varphi(n) \geq \sqrt{n}.$$

■

Solução

Vamos dividir o problema em cinco casos:
Caso 1: Se $n = 2^m$, onde m é um número inteiro, com $m \geq 2$. Neste caso, temos

$$\varphi(n) = \varphi(2^m) = 2^m - 2^{m-1} = 2^{m-1} \geq \sqrt{2^m} = \sqrt{n}.$$

Caso 2: Se $n = p^m$, com p um número primo ímpar, onde m é um número inteiro, com $m \geq 2$. Neste caso, temos

$$\varphi(n) = \varphi(p^m) = p^{m-1}(p-1) \geq \sqrt{p^m} = \sqrt{n}$$

Caso 3: Se n ou é um número ímpar ou um múltiplo de 4. Nesse caso, seja $n = p_1^{r_1} \cdot p_2^{r_2} \ldots p_k^{r_k}$ a decomposição de n em fatores primos. Assim, temos que:

$$\varphi(n) = \varphi(p_1^{r_1})\varphi(p_2^{r_2}) \ldots \varphi(p_k^{r_k}) \geq \sqrt{p_1^{r_1}\sqrt{p_2^{r_2} \cdots \sqrt{p_k^{r_k}}}} = \sqrt{n}$$

Caso 4: Se $n = 2t$, com t um número natural ímpar diferente de 1 e 3. Como $MDC(2,t) = 1$, segue que $\varphi(n) = \varphi(2) \cdot \varphi(t) = \varphi(t)$. Se t possui um divisor primo maior do que ou igual a 5, segue que $\varphi(n) = \varphi(t) \geq \sqrt{2t} = \sqrt{n}$.
Caso 5: Se $n = 2 \times 3^i$, com i um número natural maior do que ou igual a 2. Se $i = 2$, temos que:

$$\varphi(n) = \varphi(2 \times 3^2) = \varphi(18) = 6 > \sqrt{18}.$$

Para $i \geq 3$, temos que:

$$\varphi(n) = \varphi(2 \cdot 3^i) = \varphi(2) \cdot \varphi(3^i) = 3^{i-1} \cdot (3-1) = 2 \cdot 3^{i-1} \geq \sqrt{2 \cdot \sqrt{3^i}} = \sqrt{n}.$$

■ **Exemplo 9.16** Encontre os últimos 8 dígitos da expansão binária do número 27^{1986}. ■

Solução

O número, r, formado pelos últimos 8 dígitos de 27^{1986}, é tal que $27^{1986} \equiv r \pmod{256}$. Agora, observe que $\varphi(2^8) = \varphi(256) = 2^7 \cdot (2-1) = 128$. Como $1986 = 128 \cdot 15 + 66$, pelo Teorema de Euler, temos que:

$$27^{1986} = (27^{128})^{15} \cdot 27^{66} = (27^{\varphi(256)})^{15} \equiv 1. \cdot 27^{66} \pmod{256}$$

Observe que: $27^2 = 729 \equiv (-39) \pmod{256}$. Logo, temos que:

$$27^{66} = (27^2)^{33} \equiv (-39)^{32} \cdot (-39) \equiv (39^2)^{16} \cdot (-39) \pmod{256} \equiv$$

$$\equiv (241)^{16} \cdot (-39) \pmod{256} \equiv (-15)^{16} \cdot (-39) \pmod{256} \equiv$$

$$\equiv (225)^8 \cdot (-39) \pmod{256} \equiv (-31^2)^8 \cdot (-39) \pmod{256} \equiv$$

$$(-63)^4 \cdot (-39) \pmod{256} \equiv (129)^2 \cdot (-39) \pmod{256}$$

$$\equiv (-39) \pmod{256} \equiv 257 \pmod{256}$$

Assim, $27^{1986} \equiv 217 \pmod{256}$. Para obter a resposta basta expandir 256 na base 2, que é

$$217 = 1 \cdot 2^7 + 1 \cdot 2^6 + 0 \cdot 2^5 + 1 \cdot 2^4 + 1 \cdot 2^3 + 0 \cdot 2^2 + 0 \cdot 2^1 + 1 = 11011001_2.$$

Portanto, os últimos 8 dígitos da expansão binária do número 27^{1986} são 11011001.

9.5 A Conjectura de Goldbach

Existe uma conjectura devida a Goldbach [2] que afirma que:

(Conjectura de Goldbach) Todo número inteiro par maior do que 2 pode ser escrito como soma de dois números primos.

Exemplo 9.17 Supondo verdadeira a conjectura de Goldbach, podemos concluir que:
Dado um número natural par n, existem números primos r e s para os quais $\varphi(r) + \varphi(s) = n$. ■

Solução

De fato, se n é par então $n+2$ é par. Sejam, portanto, r e s números primos tais que $r+s = n+2$. Mas, $\varphi(r) = r-1$ e $\varphi(s) = s-1$. Logo, temos $\varphi(r)+\varphi(s) = (r+s)-2 = (n+2)-2 = n$. Isto é, $\varphi(r)+\varphi(s) = n$.

[2]**Conjectura de Goldbach**-A conjectura de Goldbach, foi proposta pelo matemático prussiano Christian Goldbach (1690 – 17640, é um dos problemas não resolvidos da Matemática, mais precisamente da Teoria dos Números. Em 7 de junho de 1742, o matemático prussiano Christian Goldbach escreveu uma carta a Leonhard Euler, onde ele propôs à seguinte conjectura: Todo inteiro par maior que 2 pode ser escrito como a soma de 3 números primos. Ele considerava o número 1 como sendo um número primo, que uma convenção posterior (e presente até hoje) abandonou. Euler, se interessou pelo problema, respondeu que a conjectura era equivalente à outra: Todo inteiro par maior que 2 pode ser escrito como a soma de 2 números primos. Por exemplo: $4 = 2+2$; $6 = 3+3$; $8 = 5+3$; $10 = 3+7 = 5+5$; $12 = 5+7$, $24 = 17+7$; $36 = 31+5$; $102 = 97+5$ etc. Euler adicionou, ainda, que estava absolutamente certo sobre isso, porém não era capaz de prová-lo. A versão de Euler é a mais conhecida e divulgada atualmente, também a mais aceita, por ser mais simples e abrangente. Outra conjectura foi feita por Olivier Ramaré em 1995: todo número par é a soma de até 6 números primos. Verificações por computador já confirmaram a conjectura de Goldbach para muitos números. No entanto, a efetiva demonstração matemática ainda não ocorreu. Para valores pequenos de n, a conjectura de Goldbach pode ser testada diretamente (método conhecido jocosamente pelos matemáticos como força bruta e ignorância). (FONTE: *http://pt.wikipedia.org/wiki/Conjectura_de_Goldbach*)

Exemplo 9.18 Se a conjectura de Goldbach é verdadeira, podemos concluir que:

Cada número ímpar maior do que 7 é a soma de três números ímpares. ∎

Solução

De fato, se n é um número inteiro ímpar maior do que 7, então $n-3$ é um número inteiro par (igual a diferença de dois números impares) maior do que 4, pois $n > 7 \Rightarrow n-3 > 7-3 = 4$). Logo, pela conjectura de Goldbach, n é a soma de dois números primos, cada um deles sendo ímpar: $n-3 = p_1 + p_2 \Rightarrow n = 3 + p_1 + p_2$, onde p_1 e p_2 são números primos ímpares.

Exemplo 9.19 A conjectura de Goldbach é equivalente à conjectura:

Todo número inteiro maior do que 4 é a soma de três números primos. ∎

Solução

Suponha que a conjectura de Goldbach seja verdadeira.
Da conjectura de Goldbach podemos concluir que para um número natural $n > 1$, temos que, como $2n$ e um número inteiro par e $2n > 2$, segue que $2n = p+q$, onde p e q são números primos. Logo, $2(n+1) = 2n+2 = p+q+2$. Isto significa que qualquer número par maior do que 4 se escreve como soma de três números primos.
Suponha que todo número inteiro maior do que 4 seja a soma de três números primos.
Se para um número inteiro $n > 2$ temos $2n = p+q+r$, onde p, q, r são números primos, então no mínimo um dos números primos tem de ser par, pois a soma de três números ímpares é um número ímpar e, no caso, $2n$ é um número par. Assim, como o único primo par é o 2, segue que no mínimo um desses três primos tem de ser o 2. Suponha que $r = 2$. Nesse caso, temos $2n = p+q+r = p+q+2 \Rightarrow 2n-2 = p+q \Rightarrow 2(n-2) = p+q$, com $n-1 > 1$, o que implica na conjectura de Goldbach.

9.6 Resumo

Neste capítulo, introduzimos a função φ de Euler, que nos permite encontrar a quantidade de números positivos, relativamente primos com um inteiro n, e menores do que n. Isso nos permitiu, entre outras coisas, estabelecer um teorema, devido a Euler, o qual generaliza o Pequeno Teorema de Fermat, estudado no capítulo 7.

9.7 Conjunto de Problemas IX

Problema 9.1 Calcule $\varphi(n)$ para os seguintes valores de n:
(i) $n = 694.575$ (ii) $n = 1.308.736$ (iii) $n = 2017$. ■

Problema 9.2 Faça uma tabela dos valores de $\varphi(n)$ para $n \leq 36$. ■

Problema 9.3 Quantos e quais são os números inteiros positivos relativamente primos com 39 e menores do que 39? ■

Problema 9.4 Diga, justificando, se $\varphi(24) = \varphi(4) \cdot \varphi(6)$. ■

Problema 9.5 Se p é um número primo, encontre a expressão de $\varphi(p^3)$ em termos de p. ■

Problema 9.6 Para que valores de n, com $n \leq 12$, temos $\varphi(2n) = \varphi(n)$? ■

Problema 9.7 Encontre um número inteiro positvo r para o qual:

(i) $3^{58} \equiv r(mod\ 7)$ (ii) $4^{122} \equiv r(mod\ 13)$ (iii) $3^{58} \equiv r(mod\ 11)$ ■

Problema 9.8 Se m é o menor inteiro positivo para o qual $a^m \equiv 1(mod\ n)$, mostre que, se $a^t \equiv 1(mod\ n)$, então m divide t. ■

Sugestão: Na divisão de t por m, temos $t = q \cdot m + r$, com $0 \leq r < m$. Assim, $a^t = (a^m)^q \cdot a^r \equiv a^r\ (mod\ n)$. Logo, $a^r \equiv 1(mod\ n)$. Agora, use o fato de que m é o menor inteiro positivo para o qual $a^m \equiv 1(mod\ n)$, para concluir que $r = 0$.

Problema 9.9 Mostre que a função de Euler φ não é uma função crescente. No entanto, verifique que a restrição de φ ao conjunto dos números primos é crescente. ■

Problema 9.10 Encontre o algarismo das unidades do número $3^{10.007}$. ■

Problema 9.11 Usando o Teorema de Euler, prove que o número $2222^{5555} + 5555^{2222}$ é divisível por 7. ■

Problema 9.12 Seja n um número natural maior do que 1.
Calcule a soma $1 + \varphi(11) + \varphi(11^2) + \varphi(11^3) + \ldots + \varphi(11^n)$.

Qual é a resposta se substituirmos 11 por um número primo p qualquer? ■

Problema 9.13 Se p e $p+2$ são dois números primos, chamados **primos gêmeos**, mostre que $\varphi(p+2) = \varphi(p)+2$. ∎

Problema 9.14 Encontre todos os inteiros positivos n para os quais $\varphi(n)$ é ímpar. ∎

Problema 9.15 Para todo número inteiro par $1 \leq n \leq 12$, encontre dois valores de x para os quais $\varphi(x) = n$.

(Observe que, nesse capítulo, mostramos que a equação $\varphi(x) = 14$ não admite solução. Portanto, é fácil ver, $n = 14$ é o menor valor de n par para o qual a equação $\varphi(x) = n$ não admite solução). ∎

Problema 9.16 Sejam p, q, r números primos. Encontre uma expressão para os valores de $\varphi(p \cdot q \cdot r)$ e de $\varphi(p^2 \cdot q^3 \cdot r)$ em termos de p, q, r. ∎

Problema 9.17 Encontre todos inteiros positivos n para os quais:

(i) $\varphi(n) = 4$ (ii) $\varphi(n) = 12$. ∎

Problema 9.18 Encontre os dois últimos dois dígitos do número natural $2^{222} - 1$, quando escrito na base decimal. ∎

Problema 9.19 (IMO-1964) (i) Encontre todos os inteiros positivos n para os quais $2^n - 1$ é divisível por 7.
(ii) Prove que não existe inteiro positivo n para o qual $2^n + 1$ seja divisível por 7. ∎

Sugestão: (i) Observe que $2^{3k} \equiv 1(mod\ 7)$, com $k \in \mathbb{Z}$. Se $n = 3k+1$, com $k \in \mathbb{Z}$, temos $2^n \equiv 2(mod\ 7)$. Finalmente, se $n = 3k+2$, com $k \in \mathbb{Z}$, temos que $2^{3k+2} \equiv 4(mod\ 7)$.
(ii) Siga o mesmo raciocínio do caso anterior.

Problema 9.20 Mostre que, para todo número inteiro n maior do que ou igual a 1, temos $\varphi(n^2) = n\varphi(n)$. ∎

Problema 9.21 Encontre $\varphi(2^{2k+1}))$, onde k é um número natural maior do que ou igual a 1. Conclua que existem infinitos valores de n para os quais $\varphi(n)$ é um quadrado perfeito. ∎

Problema 9.22 Encontre $\varphi(11^k \cdot p))$, onde p é um número primo. Conclua que existem infinitos valores de n para os quais 10 divide $\varphi(n)$. ∎

10. Problemas Suplementares

10.1 Enunciados dos Problemas Suplementares

Problema 10.1 (SMO-2013) Calcule a soma:

$$\lfloor 1 \rfloor + \lfloor \frac{1}{2} + \rfloor + \lfloor \frac{2}{2} \rfloor + \lfloor \frac{1}{3} \rfloor + \lfloor \frac{2}{3} \rfloor + \lfloor \frac{3}{3} \rfloor + \lfloor \frac{1}{4} \rfloor + \lfloor \frac{2}{4} \rfloor + \lfloor \frac{3}{4} \rfloor + \lfloor \frac{4}{4} \rfloor + \lfloor \frac{1}{5} \rfloor + \cdots,$$

até o $2013-$ésimo termo. ■

Observação-Seja a um número real. Definimos $\lfloor a \rfloor$ como sendo o menor inteiro maior do que ou igual a a.

Problema 10.2 Qual é o menor inteiro positivo múltiplo de 9997, maior do que 9997, que contém somente dígitos ímpares? ■

Problema 10.3 Existem 100 presos em uma prisão. O diretor da prisão decidiu disputar com os prisioneiros o jogo seguinte. Ele coloca um chapéu na cabeça de cada um dos prisioneiros, tendo em cada chapéu escrito um número do conjunto $S = \{1,\ 2,\ 3, \ldots,\ 99,\ 100\}$. Prisioneiros diferentes podem ou não ter os mesmos números em seus chapéus. Cada prisioneiro pode ver todos os números escritos nos chapéus, exceto o do seu. Em seguida, cada prisioneiro é convidado a escrever o número que está escrito em seu chapéu. Se pelo menos um deles escrever o número corretamente, todos eles são livres. Se todos eles estiverem incorretos então são considerados perdedores e serão punidos por isso. Antes do jogo começar, os presos têm uma chance de conversar e desenvolver uma estratégia para vencer. O diretor escuta a estratégia e vai aproveitar alguma falha nela para fazer os prisioneiros perderem.

Prove que existe uma estratégia para os prisioneiros que garante a vitória deles. ■

Problema 10.4 Mostre como você pode distribuir os números inteiros positivos de 1 a 34 colocando um em cada vértice e um em cada ponto médio dos lados de um polígono regular de 17 lados, de modo que a soma dos números ao longo de cada lado do polígono seja constante.

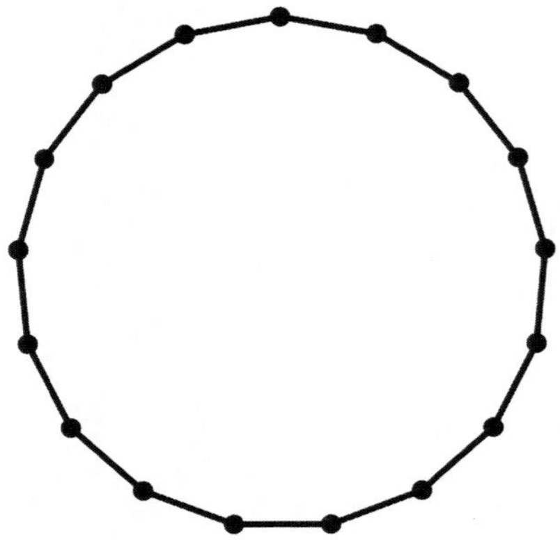

■

Problema 10.5 (México-2007) Sejam m e n números inteiros positivos. Prove que, se o último dígito do número m^2+mn+n^2 é zero, então seus dois últimos dígitos são também zeros. ■

Problema 10.6 Tem-se um tabuleiro $n \times n$, com $n > 100$. Escrevem-se em $n-1$ casas do tabuleiros o número 1 e nas restantes escreve-se o número 0. Uma operação permitida é escolher uma casa do tabuleiro, subtrair 1 do número escrito nela e somar 1 a todos os números escritos na sua linha e coluna. Aplicando sucessivas vezes a operação permitida, é possível tornar iguais todos os números escritos no tabuleiro? ■

Problema 10.7 (OMA-Selectivo Cone Sul-2016-Problema 4) Dizemos que um número inteiro positivo é *bom* se seus três dígitos finais são 133. Demostrar que todo número *bom* possui um divisor primo maior do que 7. ■

Problema 10.8 (OJM-2010) Maria escreve números naturais com três dígitos tais que o dígito central seja maior do que a soma dos outros dois, por exemplo: 273 e 494.

Qual é a maior quantidade de números diferentes poderá escrever Maria? ■

Problema 10.9 Dispõem-se os números naturais como na figura a seguir.

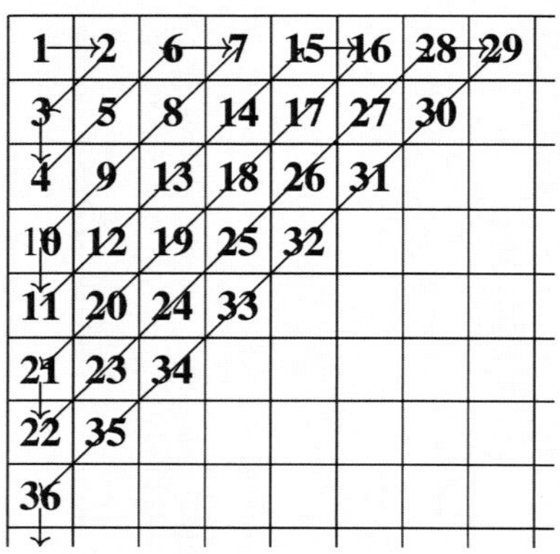

Encontre em que coluna, abaixo de que número da primeira linha, se encontra o número 2012. (Por exemplo: 31 está abaixo de 16, e 34 está abaixo de 6). ■

Problema 10.10 (SMO-2013) Agrupam-se em ordem crescente todos os números inteiros positivos que são relativamente primos com 2012, de tal maneira que o n−ésimo grupo possua $2n-1$ números. Assim, os três primeiros grupos são:

$$(1),\ (3,\ 5,\ 7),\ (9,\ 11,\ 13,\ 15,\ 17)$$

Sabe-se que o número 2013 pertence ao k-ésimo grupo. Encontre o valor de k. ■

Problema 10.11 Dois jogadores, A e B, disputam o jogo seguinte, em que jogam alternadamente. Sobre uma mesa, arranjam-se 20 fichas em torno de um círculo, veja a figura a seguir.

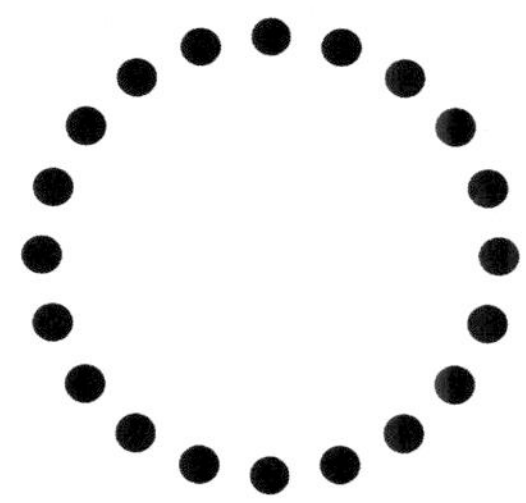

Uma jogada consiste em retirar três das fichas, até que restem duas delas sobre a mesa. Se as duas fichas restantes não são vizinhas no arranjo inicial, vence o jogador A. Se elas forem vizinhas, vence o jogador B. O jogador A começa.

Supondo que ambos os jogadores fazem suas melhores jogadas, quem vence: A ou B? Qual a estratégia vencedora? ■

Problema 10.12 (SMO-2013) Suponha que

$$\frac{1}{2013^{1000}} = a_1 + \frac{a_2}{2!} + \frac{a_3}{3!} + \frac{a_4}{4!} + \ldots + \frac{a_{n-1}}{(n-1)!} + \frac{a_n}{n!}, \qquad (*)$$

onde n é um número inteiro positivo e $a_1,\ a_2,\ a_3, \ldots,\ a_n$ são números inteiros não negativos tais que $a_k < k$, para todo $k = 2,\ 3, \ldots,\ n$, com $a_n > 0$.

Encontre o valor de n. ■

Problema 10.13 (Ibero 2017) Dado um inteiro positivo n, escrevem-se no quadro negro todos seus divisores positivos. Ana e Beto disputam o jogo seguinte em que jogam alternadamente. Uma jogada consiste em pintar um dos divisores de n de vermelho ou azul. Podem escolher a cor que desejam a cada jogada, mas somente podem pintar números que não tenham sido pintados anteriormente. O jogo termina quando todos os números tenham sido pintados. Se o produto dos números pintados de vermelho é um quadrado perfeito, ou se não há qualquer número pintado de vermelho, vence Ana; caso contrário, vence Beto.

Se Ana começa o jogo, determine para cada n que jogador possui uma estratégia vencedora. ■

Problema 10.14 (TT-2015) Seja p um número primo. Encontre os números inteiros positivos n para os quais $p \cdot n$ é um múltiplo de $p+n$. ■

Problema 10.15 (TT-2013) Sejam a, b números inteiros. Chamamos por $(a;\ b)$ o máximo divisor comum de a e b. Seja n um número inteiro positivo tal que:

$$(n;\ n+1) < (n;\ n+2) < \ldots < (n;\ n+35)$$

Prove que: $(n;\ n+35) < (n;\ n+36)$. ■

Problema 10.16 (TT-2012) O número 4 possui uma quantidade ímpar de divisores positivos ímpares, a saber, o 1, e uma quantidade par de divisores positivos, a saber: 2 e 4.

Existe um número inteiro positivo com uma quantidade ímpar de divisores pares positivos e uma quantidade par de divisores ímpares positivos? ■

Problema 10.17 (OJM-2010) Ana e Bernardo disputam um jogo da seguinte maneira: Ana começa dizendo um número inteiro de 1 a 10. Bernardo deve responder dizendo um número inteiro que seja maior ou igual ao dobro e menor ou igual que o triplo do número dito por Ana. Ana na sua vez deve responder com um número que seja maior ou igual que o dobro e menor ou igual que o triplo do que disse Bernardo, e assim sucesivamente. Vence o que primeiro disser um número maior do que 100.

Mostre que Ana sempre vence este jogo, independente de como Bernado jogue. ■

Problema 10.18 (OJM-2010) Hoje é 26 de junho de 2010. Juan é uma criança muito inteligente. Quando eu perguntei quantos anos ele tinha, ele respondeu:
"Eu nasci neste século, em um ano que teve mais quartas-feira do que qualquer outro dia da semana".

Quantos anos tem Juan? ■

Problema 10.19 (OME-2011) Saber qual é o dígito das unidades (na base decimal) do número 2009^{2011} é muito fácil. Mas, quantos zeros precedem este último dígito? ■

Problema 10.20 Se n é um número natural com 6 divisores inteiros positivos, quantos divisores inteiros positivos possui o número n^2? ■

10.2 Solução dos Problemas Suplementares

Problema 10.21 (SMO-2013) Calcule a soma:

$$\lfloor 1\rfloor+\lfloor\frac{1}{2}+\rfloor+\lfloor\frac{2}{2}\rfloor+\lfloor\frac{1}{3}\rfloor+\lfloor\frac{2}{3}\rfloor+\lfloor\frac{3}{3}\rfloor+\lfloor\frac{1}{4}\rfloor+\lfloor\frac{2}{4}\rfloor+\lfloor\frac{3}{4}\rfloor+\lfloor\frac{4}{4}\rfloor+\ldots,$$

até o 2013−ésimo termo.

Observação-Seja a um número real. Definimos $\lfloor a\rfloor$ como sendo o menor inteiro maior do que ou igual a a.

Solução

Observe que para $0\leq r\leq k$, temos $\lfloor\frac{r}{k}\rfloor=0$ e $\lfloor\frac{k}{k}\rfloor=1$. Como a quantidade total de termos da forma $\lfloor\frac{n}{n}\rfloor$ é dada por $\frac{1}{2}n\cdot(n+1)$, temos que a desigualdade:

$$\frac{62\cdot 63}{2}=1953<2013<2016=\frac{63\cdot 64}{2}$$

Portanto, temos que o 2013−ésimo termo da soma é: $\lfloor\frac{60}{63}\rfloor$ e a soma é exatamente igual a 62.

Problema 10.22 Qual é o menor inteiro positivo múltiplo de 9997, maior do que 9997, que contém somente dígitos ímpares?

Solução

Observe que $9997\cdot 10001=99979997$, o que significa dizer que o problema tem solução, pois 99979997 é um múltiplo de 9997 e possui todos os dígitos ímpares. A questão é saber se podemos substituir o número 10001 por um número menor do que ele. Vamos mostrar que isso é possível.
Seja $9997n$ o múltiplo inteiro de 9997 que queremos encontrar. Agora, vamos usar um pequeno truque, escrevendo

$$9997n=(10000-3)n=10000(n-1)+(10000-3n).$$

Como o número que queremos, $9997n$, só possui dígitos ímpares, o número n tem de ser ímpar, pois, caso contrário, o dígito das unidades de $9997n$, que aparece quando multiplicamos 7 pelo dígito das unidades de n, seria par. Uma contradição.
Como n é ímpar, então $n-1$ é par.
Vamos mostrar que $n=3335<10001$, é o inteiro procurado, pois $9997\cdot 3335=33339995$ só tem dígitos ímpares, resolvendo o problema. Para isso, vamos mostrar que qualquer $n<3335$ não satisfaz ao problema.
Se $n<3335$, então $0<10000-3n<10000$. Neste caso, o quinto dígito de $9997n$, contado a partir da direita, é o mesmo que o quinto dígito, a partir da direita, do número $10000(n-1)$, que é par. Portanto, se $n<3335$, o número $9997n$ possui um dígito par, não satisfazendo ao problema. Portanto, o número $33339995=9997\cdot 3335$ é o múltiplo de 9997 procurado.

Observação: De uma maneira geral, podemos concluir que: se $K=10^n-3$, com n um número inteiro e $n\geq 1$, então o número $\frac{10^n+5}{3}$ é o menor número inteiro maior do que 1 que multiplicado por K produz um número só com dígitos ímpares.

Problema 10.23 Existem 100 presos em uma prisão. O diretor da prisão decidiu disputar com os prisioneiros o jogo seguinte. Ele coloca um chapéu na cabeça de cada um dos prisioneiros, tendo em cada chapéu escrito um número do conjunto $S=\{1,\ 2,\ 3,\ldots,\ 99,\ 100\}$. Prisioneiros diferentes podem ou não ter os mesmos números em seus chapéus. Cada prisioneiro pode ver todos os números escritos nos chapéus, exceto o do seu. Em seguida, cada prisioneiro é convidado a escrever o número que está escrito em seu chapéu. Se pelo menos um deles escrever o número corretamente, todos eles são livres. Se todos eles estiverem incorretos então são considerados perdedores e serão punidos por isso. Antes do jogo começar, os presos têm uma chance de conversar e desenvolver uma estratégia para vencer. O diretor escuta a estratégia e vai aproveitar alguma falha nela para fazer os prisioneiros perderem.

Prove que existe uma estratégia para os prisioneiros que garante a vitória deles. ■

Solução

A estratégia para os prisioneiros é associar a cada um deles um número do conjunto

$$S = \{1,\ 2,\ 3, \ldots,\ 99,\ 100,\}$$

de modo que não tenha dois prisioneiros com o mesmo número. Durante o jogo, o prisioneiro de número i faz uma suposição de que a soma total de todos os chapéus deixa resto i na divisão por 100. Sob esta suposição, o prisioneiro fará um palpite do número do seu próprio chapéu. Ele o faz calculando a soma total dos números que estão nos chapéus de seus companheiros e subtraindo i desse número.
Como existem precisamente 100 restos possíveis na divisão por 100, exatamente um dos prisioneiros fará o palpite correto sobre a soma total e conseqüentemente o número correto de seu chapéu, e o diretor não pode fazer nada sobre isso.

Problema 10.24 Mostre como você pode distribuir os números inteiros positivos de 1 a 34 colocando um em cada vértice e um em cada ponto médio dos lados de um polígono regular de 17 lados, de modo que a soma dos números ao longo de cada lado do polígono seja constante.

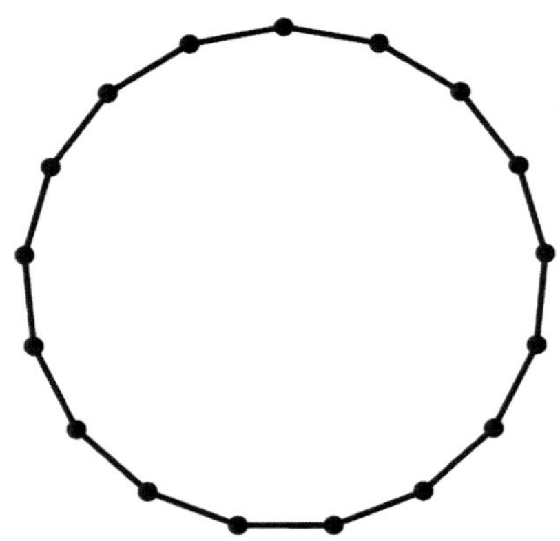

■

Solução

Começando de um vértice qualquer do polígono, numeramos, no sentido anti-horário, os vértices: V_1, V_2, V_3, ..., Nesse sentido, consideramos $V_1 = V_{18}$ e chamamos de M_k o ponto médio do lado que liga o vértice V_k ao vértice V_{k+1}.
Para cada $k = 1,\ 2,\ 3, \ldots,\ 17$, associamos o número $2k-1$ ao ponto médio M_k. Para cada $k = 1,\ 2,\ 3, \ldots,\ 9$, associamos o inteiro $2k$ ao vértice V_{19-2k}, e para cada $k = 10,\ 11, \ldots,\ 17$, associamos o inteiro $2k$ ao vértice V_{36-2k}.
Desse modo, ao ponto médio M_j associamos o valor $2j-1$, ao vértice V_{2j} associamos o valor $36-2j$ e ao vértice V_{2j+1} associamos o valor $18-2j$. Agora, vamos calcular a soma dos números associados ao lado que liga $V_{2j}M_{2j}V_{2j+1}$. O número associado ao vértice V_{2j} é igual a $36-2j$; o número associado ao ponto médio $M_{2j} = M_{2(2j)-1}$ é igual a $4j-1$. O número associado ao vértice V_{2j+1} é igual a $18-2j$. Portanto, a soma dos

números associados ao lado $V_{2j}M_{2j}V_{2j+1}$ é igual a $(36-2j)+(4j-1)+(18-2j)=53$. De maneira análoga, a soma dos números associados ao lado que liga $V_{2j+1}M_{2j+1}V_{2j+2}$ é igual a: $(18-2j)+(4j+1)+(34-2j=53$. Como j é arbitrário, concluímos a prova de que nossa distribuição satisfaz ao problema. Veja, na figura a seguir, a distribuição dos números.

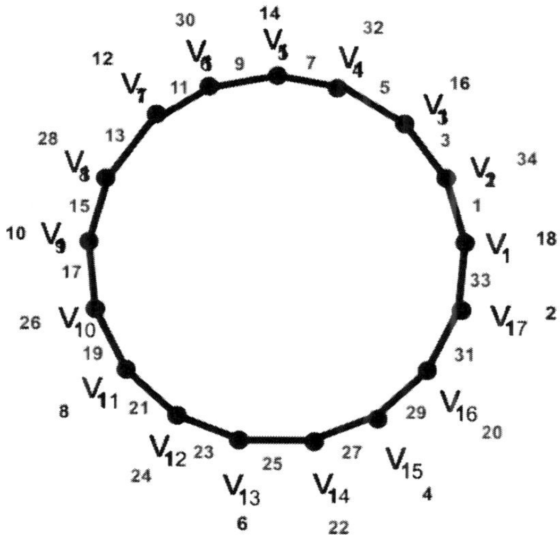

Problema 10.25 (México-2007) Sejam m e n números inteiros positivos. Prove que, se o último dígito do número

$$m^2+mn+n^2$$

é zero, então seus dois últimos dígitos são zeros. ■

Solução

Pelas hipóteses, temos que:

$$m^2+mn+n^2 \equiv 0\ (mod\ 10) \Rightarrow (m-n)\cdot(m^2+mn+n^2) \equiv$$

$$\equiv 0\ (mod\ 10) \Leftrightarrow m^3-n^3 \equiv 0\ (mod\ 10)$$

Logo, $m^3 \equiv n^3\ (mod\ 10)$. Agora, considere a tabela seguinte de congruência módulo 10: Pela tabela, é fácil

k	0	1	2	3	4	5	6	7	8	9
k^3	0	1	8	7	4	5	6	3	2	9

ver que se $m^3 \equiv n^3\ (mod\ 10)$, então $m \equiv n\ (mod\ 10)$. Logo, temos que

$$m^2+mn+n^2 \equiv 0\ (mod\ 10) \equiv 3n^2 \equiv 0\ (mod\ 10) \Rightarrow n^2 \equiv 0\ (mod\ 10).$$

Portanto, $m \equiv n \equiv 0\ (mod\ 10)$, o que implica $m^2+mn+n^2 \equiv 0\ (mod\ 100)$, ou seja, m^2+mn+n^2 é múltiplo de 100, como queríamos provar.

Problema 10.26 Tem-se um tabuleiro $n \times n$, com $n > 100$. Escrevem-se em $n-1$ casas do tabuleiro o número 1 e nas restantes escreve-se o número 0. Uma operação permitida é escolher um quadrado unitário, subtrair 1 do número escrito nele e somar 1 a todos os números escritos na sua linha e coluna.

Aplicando sucessivas vezes a operação permitida, é possível tornar iguais todos os números escritos no tabuleiro?

Solução

A resposta é não. Olhamos para o resto da divisão por 3 de todos os números escritos no tabuleiro. Seja a_{ij} o número escrito na $i-$ésima linha e $j-$ésima coluna. Afirmamos que o número $C = a_{ij} - a_{kj} + a_{km} - a_{im}$ tem o resto na divisão por 3 constante quando se aplica a operação permitida. É fácil ver que, se um dos números for escolhido para se aplicar a operação, o valor da expressão C cresce ou decresce por 3, o que implica que o resto da divisão de C por 3 não se altera. Se nenhum dos quatro números, a_{ij}, a_{kj}, a_{km}, a_{im}, for escolhido para realizar a operação, o valor da expressão C não muda.
Agora, como por hipótese existem $(n-1)$ números 1's no tabuleiro, uma linha, digamos w, tem todas as suas casas compostas por zeros e uma outra, digamos x, possui entre 1 e $n-1$ números 1's escritos. Deste modo, existem quatro números $a_{wy} = 0$, $a_{xy} = 0$, $a_{xz} = 1$ e $a_{wz} = 0$. Assim, o número $a_{wy} - a_{xy} + a_{xz} - a_{wz}$ deixa resto 1 na divisão por 3, o que nos garante que esses números não poderão ser iguais, caso contrário, $a_{wy} - a_{xy} + a_{xz} - a_{wz}$ seria divisível por 3, que é uma contradição. Portanto, com a aplicação da operação permitida sucessivas vezes, não é possível tornar iguais todos os números escritos no tabuleiro.

Problema 10.27 (OMA-Selectivo Cone Sul-2016-Problema 4) Dizemos que um número inteiro positivo é *bom* se seus três dígitos finais são 133.

Demonstrar que todo número *bom* possui um divisor primo maior do que 7.

Solução

(Solução de Emerson Soriano) Inicialmente, observemos que para todo número inteiro positivo k, o resto da divisão de 3^k por 100 admite as seguintes possibilidades:

$$1,\ 3,\ 9,\ 27,\ 81,\ 43,\ 29,\ 87,\ 61,\ 83,\ 49,\ 47,\ 41,\ 23,\ 69,\ 7,\ 21,\ 63,\ 89,\ 67.$$

Por outro lado, as únicas possibilidades para o resto da divisão de 7^k por 100 são: 1, 7, 49, 43.
Vamos supor que existe um número *bom* N cujos fatores primos são todos menores do que ou iguais a 7. É fácil ver que N não é par nem múltiplo de 5. Por outro lado, existem números inteiros não negativos a e b tais que $N = 3^a \cdot 7^b \equiv 133 \pmod{1000}$.
Se $7^b \equiv 1 \pmod{100}$, então $3^a \equiv 33 \pmod{100}$, que é falso.
Se $7^b \equiv 7 \pmod{100}$, então $3^a \equiv 19 \pmod{100}$, que é falso.
Se $7^a \equiv 49 \pmod{100}$, então $3^a \equiv 17 \pmod{100}$, que é falso.
Se $7^b \equiv 43 \pmod{100}$, então $3^a \equiv 31 \pmod{100}$, que é falso.
Portanto, qualquer número *bom* posui algum divisor primo maior do que 7.

Problema 10.28 (OJM-2010) Maria escreve números naturais com três dígitos tais que o dígito central seja maior do que a soma dos outros dois, por exemplo: 273 e 494.

Qual a maior quantidade de números diferentes poderá escrever Maria?

Solução

O primeiro e o terceiro dígitos podem ser escolhidos de k maneiras distintas para que tenham soma igual a k, com $1 \leq k \leq 8$, a saber:

$$1\ e\ k-1,\ 2\ e\ k-2,\ 3\ e\ k-3,\ \ldots,\ k\ e\ 0.$$

Seja c o dígito central, temos que $2 \leq c \leq 9$. Assim, a soma dos outros dois dígitos de um número escrito por Maria deve ser um número natural de 1 a $c-1$. Logo, podemos escolher esses dois dígitos de $1+2+3+\ldots+c-1$ maneiras.
Portanto, calculando todas as somas quando c varia de 2 a 9, obtemos um total de:

$$1+(1+2)+(1+2+3)+\ldots+(1+2+3+4+5+6+7+8)=$$

$$=1+3+6+10+15+21+28+36=120.$$

Problema 10.29 Dispõem-se os números naturais como na figura a seguir.

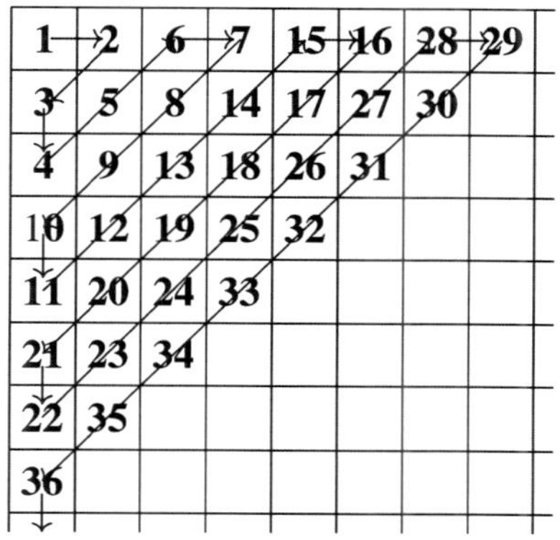

Encontre em que coluna, abaixo de que número da primeira linha, se encontra o número 2012. (Por exemplo: 31 está abaixo de 16, e 34 está abaixo de 6). ■

Solução

Inicialmente, vamos encontrar uma expressão que nos permita identificar todos os números que estão na primeira linha e colunas ímpares, que são os números nas casas pretas da figura a seguir:

1	2	6	7	16	16	28	29

Vamos chamar de i_1, i_2, $i_3, \ldots$ os números escritos nas colunas ímpares da primeira fila. Assim, temos:

$$i_1 = 1;$$

$$i_2 = 6 = 1+5;$$

$$i_3 = 15 = 1+5+9;$$

$$i_4 = 28 = 1+5+9+13,$$

$$\ldots\ \ldots\ \ldots\ \ldots\ \ldots$$

Logo, o número escrito na $n-$ésima coluna ímpar da primeira fila é a soma dos termos de uma progressão aritmética de razão 4 e primeiro termo igual a 1. Assim, temos

$$\begin{aligned} i_n &= 1+5+9+13+28+\ldots+[1+4(n-1)] \\ &= \frac{1+1+4(n-1)}{2}\cdot n \\ &= \frac{2+4n-4}{2}\cdot n \\ &= n\cdot(2n-1). \end{aligned}$$

Agora, vamos estimar para qual n o valor de i_n está mais próximo de 2012. Por tentativa, observamos que:

$$i_{30} = 30 \cdot (2 \cdot 30 - 1) = 30 \cdot 59 = 1770$$

$$i_{31} = 31 \cdot (2 \cdot 31 - 1) = 31 \cdot 61 = 1891$$

$$i_{32} = 32 \cdot (2 \cdot 32 - 1) = 32 \cdot 63 = 2016$$

Assim, temos a seguinte situação:

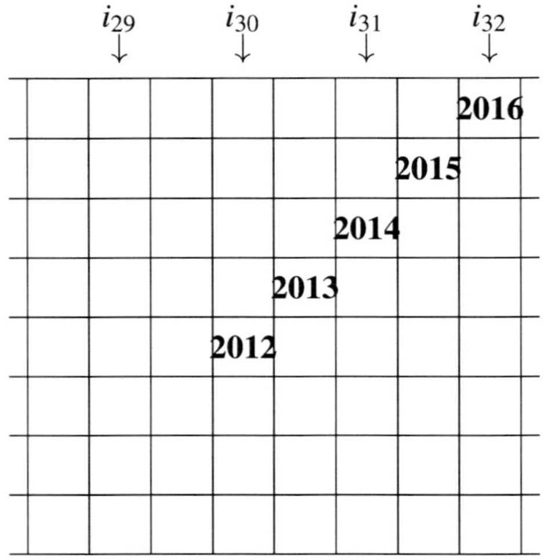

Portanto, o número 2013 vai estar abaixo do número da primeira fila dado por $i_{30} + 1 = 1770 + 1 = 1771$.

Problema 10.30 (SMO-2013) Agrupam-se em ordem crescente todos os números inteiros positivos que são relativamente primos com 2012, de tal maneira que o $n-$ésimo grupo possua $2n - 1$ números. Assim, os três primeiros grupos são:

$$(1),\ (3,\ 5,\ 7),\ (9,\ 11,\ 13,\ 15,\ 17)$$

Sabe-se que o número 2013 pertence ao k-ésimo grupo.

Encontre o valor de k. ■

Solução

Inicialmente, observe que $2012 = 2^2 \cdot 503$ e que existem 1006 múltiplos de 2 menores do que ou iguais a 2012, existem 4 múltiplos de 503 menores do que ou iguais a 2012 e existem 2 múltiplos de 1006 menores do que ou iguais a 2012. Pelo Princípio da Inclusão-Exclusão, existem $1006 + 4 - 2 = 1008$ números inteiros positivos menores do que 2012 que não são relativamente primos com 2012. Logo, existem $2012 - 1008 = 1004$ números inteiros positivos menores do que ou iguais a 2012 que são relativamente primos com 2012. Assim, 2013 é o $1005-$ésimo número inteiro positivo que é relativamente primo com 2012. Por outro lado, a soma dos primeiros n números inteiros positivos ímpares é igual a n^2 e que $31^2 < 1005 < 32^2$, o que implica que 2013 tem de estar no $326-$ésimo grupo. Portanto, $k = 32$.a

Problema 10.31 Dois jogadores, A e B, disputam o jogo seguinte, em que jogam alternadamente. Sobre uma mesa, arranjam-se 20 fichas em torno de um círculo, veja a figura a seguir.

Uma jogada consiste em retirar três das fichas, até que restem duas delas sobre a mesa. Se as duas fichas restantes não são vizinhas no arranjo inicial, vence o jogador A. Se elas forem vizinhas, vence o jogador B. O jogador A começa.

Supondo que ambos os jogadores fazem suas melhores jogadas, quem vence: A ou B? Qual a estratégia vencedora? ■

Solução

O jogador B vence e ele usa a estratégia seguinte:

- Inicialmente, o jogador B numera todas as fichas sequencialmente (digamos, no sentido anti-horário) $1, 2, 3, \ldots, 9$, e as divide em pares de fichas vizinhas:

$$\{1,\ 2\},\ \{3,\ 4\},\ \{\ 5,\ 6\},\ \{7,\ 8\}, \{9,\ 10\},\ \{11,\ 12\},$$

$$\{13,\ 14\},\ \{15,\ 16\}\ , \{17,\ 18\},\ \{19,\ 20\}$$

- Se o jogador A retira três fichas de pares distintos, o jogador B retira as três fichas restantes nos três pares usados.
- Se o jogador A retira as duas fichas de um mesmo par e a outra de outro par, o jogador B retira a outra ficha restante do par usado e retira duas fichas de qualquer outro par existente sobre a mesma.

No final, as duas fichas que sobram formarão um par de fichas vizinhas, garantindo a vitória do jogador B.

Problema 10.32 (SMO-2013) Suponha que

$$\frac{1}{2013^{1000}} = a_1 + \frac{a_2}{2!} + \frac{a_3}{3!} + \frac{a_4}{4!} + \ldots + \frac{a_{n-1}}{(n-1)!} + \frac{a_n}{n!}, \qquad (*)$$

onde n é um número inteiro positivo e $a_1,\ a_2,\ a_3, \ldots,\ a_n$ são números inteiros não negativos tais que $a_k < k$, para todo $k = 2,\ 3, \ldots,\ n$, com $a_n > 0$.

Encontre o valor de n. ■

Solução

Seja $x = \frac{1}{2013^{1000}}$. De $(*)$, multiplicando ambos os lados por $n!$, obtemos:

$$x \cdot n! = a_1 \cdot n! + a_2 \cdot \frac{n!}{2!} + \ldots + a_n \cdot \frac{n!}{n!} \Leftrightarrow$$

$$x \cdot n \cdot (n-1)! = a_1 \cdot n \cdot (n-1)! + a_2 \cdot n \frac{(n-1)!}{2!} + \ldots + a_n \cdot n \frac{(n-1)!}{n!} \Leftrightarrow$$

$$x \cdot (n-1)! = a_1 \cdot (n-1)! + a_2 \frac{(n-1)!}{2!} + a_3 \frac{(n-1)!}{3!} + \ldots + \frac{a_n}{n}.$$

Assim, n é o menor inteiro positivo para o qual $x \cdot n!$ é um número inteiro. Isto é, n é o menor inteiro para o qual 2013^{1000} divide $n!$. Como $2013^{1000} = (3 \cdot 11 \cdot 61)^{1000} = 3^{1000} \cdot 11^{1000} \cdot 61^{1000}$, temos que n é

o menor inteiro positivo para o qual 61^{1000} divide $n!$, pois 61 é o maior número primo que comparece na decomposição em fatores primos de 2013.
Como $\lfloor \frac{1000}{61} \rfloor = 16$, segue que $n = (1000-16)\cdot 61 = 60024$.

Problema 10.33 (Ibero 2017) Dado um inteiro positivo n, escrevem-se no quadro negro todos os seus divisores positivos. Ana e Beto disputam o jogo seguinte em que jogam alternadamente:
Uma jogada consiste em pintar um dos divisores de n de vermelho ou azul. Podem escolher a cor que desejam a cada jogada, mas somente podem pintar números que não tenham sido pintados anteriormente. O jogo termina quando todos os números tenham sido pintados. Se o produto dos números pintados de vermelho é um quadrado perfeito, ou se não há qualquer número pintado de vermelho, vence Ana; caso contrário, vence Beto.

Se Ana começa o jogo, determine para cada n que jogador possui uma estratégia vencedora. ■

Solução

(OMA FOROS-Jujumas, 20/09/2017) Vamos mostrar que Ana vence o jogo se, e só se, n é um quadrado perfeito ou um número primo.
É fácil ver que, se $n = 1$, o problema é trivial e, neste caso, Ana vence, independente da pintura que ela faça.
Se n é um número primo, Ana pinta de azul o número n e vence.
Se $n = k^2$, com k um inteiro positivo, Ana, na sua primeira jogada, pinta o número k de azul. Dessa jogada em diante, ela ordena os divisores restantes d_1, d_2, d_x do menor para o maior e se Beto pinta um divisor d_y, Ana pinta da mesmo cor o divisor d_{x-y}. Assim, como $d_y \cdot d_{x-y} = n$, que é um quadrado perfeito, após cada jogada de Ana, o produto dos números pintados de vermelho será uma potência de n, e como a quantidade de divisores de n é ímpar, Ana faz a última jogada e vence, pois toda potência de n é um quadrado perfeito.
Se n não é quadrado perfeito nem um número primo, tomemos um primo p tal que $p \mid n$. Chamamos de *especiais* os divisores de n que incluem p elevado a uma potência ímpar. Afirmo então que n possui pelo menos dois divisores especiais. Para ver isto, notemos que se n não é potência de um número primo então existe outro divisor primo q, com p e pq sendo especiais, e se n é potência de um primo, então, como n não é número primo nem quadrado perfeito, é pelo menos o cubo de um número primo e p e p^3 são divisores especiais de n.
Observemos agora que n possui uma quantidade par de divisores. A estratégia de Beto consistirá então em pintar divisores não especiais ou até que não haja divisores especiais ou até Ana deixar um único divisor especial sem pintar. Agora, observemos que como n é par e Ana começa, Beto nunca será forçado a pintar o último divisor especial, porque isso significaria que há apenas um outro divisor deixado sem pintura. Logo, Ana ao pintar o antepenúltimo divisor especial, Beto pintará o último divisor especial que sobra de acordo com a paridade do expoente para o qual p é elevado, de modo que, após a jogada de Beto p é elevado a uma potência ímpar entre todos os divisores pintados de vermelho. Uma vez que todos os divisores restantes não são especiais, a paridade do expoente de p permanecerá a mesma até o final do jogo, então ao terminar isso, p estará elevado a uma potência ímpar e Beto vencerá o jogo.

Problema 10.34 (TT-2015) Seja p um número primo. Encontre os números inteiros positivos n para os quais $p \cdot n$ é um múltiplo de $p+n$. ■

Solução

Seja k um número inteiro positivo para o qual $pn = k\cdot(n+p)$. Assim, $p\cdot n = k\cdot n + k\cdot p$ e $n-k = \frac{k\cdot n}{p}$. Observe que $k < n$ e $k < p$ ($n-k$ tem de ser positivo e $\frac{k\cdot n}{p}$ não pode ser maior do que n). Logo, $n = m\cdot p$, onde m é um número inteiro positivo. Então $pm - k = km$. o que implica $p = \frac{k\cdot(m+1)}{m}$ e, logo, $k = lm$, onde l é um número inteiro positivo. Portanto, $p = l\cdot(m+1)$ o que implica que $l = 1$, pois p é um número primo. Portanto, $m = p - 1$ e $n = p \cdot (p-1)$ é a única solução possível.

Problema 10.35 (TT-2013) Sejam a, b números inteiros. Chamamos por $(a;\ b)$ o máximo divisor comum de a e b. Seja n um número inteiro positivo tal que:

$$(n;\ n+1) < (n;\ n+2) < \ldots < (n;\ n+35) \qquad (1)$$

Prove que $(n;\ n+35) < (n;\ n+36)$. ■

Solução

Inicialmente, vamos provar que $(n;\ n+m) \leq m$.
De fato, se p divide ambos os números n e $(n+m)$, então p divide a diferença $(n+m) - n = m$, o que implica que $(n;\ n+m) \leq m$.
Agora, como $(n;\ n+1) = 1$ e $(n;\ n+k)$ cresce para $k = 1,\ 2,\ 3, \ldots,\ 35$, então o resultado acima implica que para todo $m = 1,\ 2,\ 3, \ldots,\ 35$ temos $(n;\ n+m) = m$ e, logo, n é divisível por m. Em particular, n é divisível por 4 e 9 simultaneamente e, assim, n é divisível por 36. Portanto, $n+36$ é também divisível por 36 e $(n;\ n+36) = 36 > (n;\ n+35) = 35$, como queríamos.

Problema 10.36 (TT-2012) O número 4 possui uma quantidade ímpar de divisores positivos ímpares, a saber, o 1, e uma quantidade par de divisores positivos, a saber: 2 e 4.

Existe um número inteiro positivo com uma quantidade ímpar de divisores pares positivos e uma quantidade par de divisores ímpares positivos? ■

Solução

Sabemos que os divisores de um número inteiro positivo n podem ser divididos em pares de maneira tal que o produto dos dois números em cada par seja n, exceto quando n é um quadrado, onde $\sqrt{n}$ não tem como formar um par.
Suponha que exista um número inteiro n com um número par de divisores positivos ímpares e um número ímpar de divisores positivos pares. Ora, tendo no total um número ímpar de divisores positivos, deve ser um quadrado perfeito, digamos que $n = x^2$. Seja $x = 2^k \cdot y$, onde y é um número ímpar . Então $n = 2^{2k} \cdot y^2$ e os divisores positivos ímpares de n são precisamente os divisores de y^2, que constituem uma quantidade ímpar. Portanto, não existe um número inteiro positivo com um número ímpar de divisores pares positivos e uma quantidade par de divisores ímpares positivos.

Problema 10.37 (OJM-2010) Ana e Bernardo disputam um jogo da seguinte maneira: Ana começa dizendo um número inteiro de 1 a 10. Bernardo deve responder dizendo um número inteiro que seja maior ou igual ao dobro e menor ou igual que o triplo do número dito por Ana. Ana na sua vez deve responder com um número que seja maior ou igual que o dobro e menor ou igual que o triplo do que disse Bernardo, e assim sucesivamente. Vence o que primeiro disser um número maior do que 100.

Mostre que Ana sempre vence este jogo, independente de como Bernado jogue. ■

Solução

Se um dos dois jogadores, na sua vez de jogar, diz um número de 34 a 99, perde pois o seguinte a jogar vence dizendo o triplo. Assim, o jogador que diz um número de 17 a 33 vence, pois obriga o outro a responder com um número de 34 a 99.

O que disser um número de 6 a 16 perde, pois o seguinte pode responder com um número de 18 a 32.

Então Ana vence dizendo os números 3, 4 ou 5, pois isto obriga Bernardo a responder com um número entre 6 e 15 (Se Ana diz 1 ou 2 perde, pois Bernardo responde dizendo 3 ou 4, respectivamente).

Problema 10.38 (OME-2011) Saber qual é o dígito das unidades (na base decimal) do número 2009^{2011} é muito fácil. Mas, quantos zeros precedem este último dígito? ▪

Solução

Se $n \geq 1$ é um número inteiro, temos que $2009^n = (9+2000)^n = 9^n + 2000 \cdot K$, onde k é um número inteiro. Isto significa que os últimos três dígitos de 2009^{2011} coincidem com os 3 últimos dígitos de 9^n.
Usando o Binômio de Newton para desenvolver 9^{2001}, temos:

$$9^{2011} = (10-1)^{2011} = (-1)^{2011} - \binom{2011}{1}(-1)^{2010} \cdot 10 + \binom{2011}{2}(-1)^{2009} \cdot 10^2 + K \cdot 10^3 =$$

$$= -1 + 20110 - 2011 \cdot 1005 \cdot 100 + k \cdot 10^3 = -202085391 + k \cdot 10^3 = 609 + K_1 \cdot 10^3$$

Portanto, a resposta é que 9 é o último dígito precedido por um único zero.

Problema 10.39 (OJM-2010) Hoje é 26 de junho de 2010. Juan é uma criança muito inteligente. Quando eu perguntei quantos anos ele tinha, ele respondeu: "Eu nasci neste século, em um ano que teve mais quartas-feiras do que qualquer outro dia da semana".

Em 2010, quantos anos tinha Juan? ▪

Solução

Como um ano não bissexto tem 365 dias, e $365 = 52 \cdot 7 + 1$, o dia primeiro de janeiro e o dia 31 de dezembro caem no mesmo dia da semana e esse dia aparece ao longo do ano 53 vezes, uma a mais do que qualquer dos demais dias (que aparecem 52 vezes a cada uno).
Nos anos bissextos, não há nenhum dia da semana que apareça mais do que todos os demais, porque existem dois dias da semana que aparecen 53 vezes e os outros cinco aparecem 52 vezes.
Este sábado 26 de junho é o día $31+28+31+30+31+26 = 177$ do ano. Como $177 = 25 \cdot 7 + 2$, o dia 02 de janeiro ocorreu num sábado e o primeiro de janeiro numa sexta feira. Isto significa que mais ocorre é a sexta-feira. Na tabela a seguir, mostramos o dia da semana de 1 de janeiro dos anos de 2000 a 2010.

2000	2001	2002	2003	2004	2005	2006	2007	2008	2009	2010
sáb	seg	terç	quarta	quint	sáb	dom	seg	terç	quarta	sexta

Portanto, Juan nasceu em 2003 e, em 2010, completou 7 anos.

Problema 10.40 Se n é um número natural com 6 divisores inteiros positivos, quantos divisores inteiros positivos possui o número n^2? ▪

Solução

O número de divisores, $d(n)$, do número inteiro positivo n é dado por:

$$d(n) = (a_1+1) \cdot (a_2+1) \cdots (a_k+1),$$

onde $a_1, a_2, \ldots, a_k$ são os expoentes dos fatores primos da decomposição de n em fatores primos.
No presente caso, temos $d(n) = 6$ e as únicas maneiras de decompor 6 em dois fatores são: $6 = 3 \cdot 2 = 6 \cdot 1$.

No primeiro caso, temos $n = (a_1)^2 \cdot (a_2)$, que implica $n^2 = (a_1)^4 \cdot (a_2)^2$. Logo, $d(n^2) = (4+1) \cdot (2+1) = 15$. No segundo caso, se trata necessariamente de um número primo p elevado a 5: $n = p^5$. Nesse caso, os divisores de n são: 1, p, p^2, p^3, p^4, p^5. Assim, n possui 6 divisores, e concluímos:

$$n = p^5 \Rightarrow n^2 = p^{10} \Rightarrow d(n^2) = 10 + 1 = 11.$$

Referências

(1) ALSINA, Claudi; NELSEN, Roger B. - When Less is More: Visualizing Basic Inequalities. Mathematical Association of America. Washington. 2009.

(2) ANDRADE, Lenimar N. de, Breves Considerações Sobre a Utilidade dos Sistemas de Computação Algébrica. Revista do Professor de Matemática, $N^0 83$, 2014. SBM. Rio de Janeiro.

(3) ANDREESCU, Titu and Andrica, Dorin; Feng, Zuming. 104 Number Theory Problems From the Training of the USA IMO Team. Birkhäuser. Boston. 2007.

(4) BURTON, David M. Elementary Number Theory. The McGraw-Hill Companies, Inc. New York. USA. 1998.

(5) HEFEZ, Abramo. Elementos de aritmética. Rio de Janeiro: Sociedade Brasileira de Matemática, 2005.

(6) KOSHY, Thomas. Elementary Number Theory. Amstredam. Elsevier. 2007.

(7) OLIVEIRA, José Plínio, de Introdução à Teoria dos Números. Publicação IMPA. Rio de Janeiro. 2000.

(8) TATTERSALL, James J. Elementary Number Theory in Nine Chapters. Cambridge University Press. Cambridge. New York. 1999.

Índice

Impressão e acabamento
Gráfica da Editora Ciência Moderna Ltda.
Tel: (21) 2201 - 6662